高频电子线路的 Multisim 实现

贺秀玲　主编

储琳琳　刘春侠　王　莉　参编

清华大学出版社
北京交通大学出版社
·北京·

内 容 简 介

本书主要介绍高频信号的产生、发射、传输和接收过程，内容包括基本选频网络、高频小信号谐振电路、高频功率放大器谐振电路、正弦波振荡电路、振幅调制和解调电路、非线性调制电路设计、常用反馈控制电路设计及 Multisim 软件在各部分电路的实现。每章都附有小结和习题。

本书可作为高等院校电子信息类与电气信息类专业的教材，也可供相关从业人员参考。

图书在版编目（CIP）数据

高频电子线路的 Multisim 实现 / 贺秀玲主编. —北京：北京交通大学出版社 ：清华大学出版社，2023.6

ISBN 978-7-5121-4972-4

Ⅰ. ① 高…　Ⅱ. ① 贺…　Ⅲ. ① 电子电路–电路设计–计算机辅助设计　Ⅳ. ① TN702.2

中国国家版本馆 CIP 数据核字（2023）第 099634 号

高频电子线路的 **Multisim** 实现

GAOPIN DIANZI XIANLU DE Multisim SHIXIAN

责任编辑：韩素华

出版发行：清 华 大 学 出 版 社　　邮编：100084　　电话：010-62776969

　　　　　北京交通大学出版社　　邮编：100044　　电话：010-51686414

印　刷　者：北京时代华都印刷有限公司

经　　销：全国新华书店

开　　本：185 mm×260 mm　　印张：14.25　　字数：365 千字

版　印　次：2023 年 6 月第 1 版　　2023 年 6 月第 1 次印刷

印　　数：1～1 000 册　　定价：49.00 元

前　言

本书是为高等院校电子信息类与电气工程类专业所编写的模拟高频电子线路教材。高频电子线路是通信工程专业及电子信息类专业的基础核心课程，该课程主要通过对常用电子器件、模拟电路系统的学习，掌握通信传输系统中高频电子线路单元的高频小信号放大电路、变频电路、振荡电路、调制电路和解调电路等单元电路的基本概念、工作原理和电路组成及设计方法。高频电子线路 Multisim 仿真是高频电子线路理论与实践的结合，通过电路的仿真设计，初步培养高频电子线路单元基本测试、调节和设计的能力，实现电子系统工程化。

高频电子线路课程是通信信息类专业模拟电子技术和通信原理的后续课程，高频电子线路是通信传输系统模块电路的实现，高频电路设计和分析与模拟电子技术有相似之处，不过也有一些区别，在学习中可以体会。

本书以非线性电路分析和设计为主要内容，因此，在电路分析中数学公式运用得多，推导计算复杂，学起来比较困难。为此，本书在编写过程中，简化了数学公式的推导，注重高频电子线路实践应用，并用仿真软件 Multisim 完成了电路的可视化设计和调试。此外，本书也增加了工程化意识和创新意识，提高了读者的阅读兴趣。

本书共分为 8 章，主要包括：无线通信系统与 Multisim 简介、高频电子线路基础应用与 Multisim 实现、高频小信号谐振放大器设计与 Multisim 实现、高频功率放大器设计与 Multisim 实现、正弦波振荡电路设计与 Multisim 实现、振幅调制电路设计与 Multisim 实现、非线性调制电路设计与 Multisim 实现及常用反馈控制电路设计与 Multisim 实现。在课程学习中，可以根据具体课时来选择相应的内容。同时本书附有章节小结和习题，供读者使用。本书的特色如下：

（1）本书内容编写合理，注重课程内容整合，力求原理讲解由浅入深，整本书有很好的逻辑性和工程实用性，便于读者使用；

（2）本书注重读者对知识的理解和应用，运用 Multisim 仿真学习相应的高频电子线路模块，在验证电路理论原理的同时，拓展高频电子线路设计思路，培养工程实践能力；

（3）本书注重基础知识的承上启下，同时全书围绕通信传输系统的高频电子线路模块设计，适合电子信息类专业学生阅读和学习，图文并茂，便于读者学习、理解和掌握；

（4）每章后面附有小结，同时配有习题，可供读者对知识的巩固和扩展。

在教学过程中，建议 48～64 课时，同时建议安排一定的实验内容，在课程中穿插仿真，便于学生理解理论内容和实际电路设计，本书的内容、重点和难点见表 0－1。

表 0-1　章节内容简介

章	章题	内容简介	重点知识点	难点知识点
第 1 章	无线通信系统及 Multisim 简介	通信系统的基本概念、组成和各部分电路作用	频段划分、通信系统中变频电路	调制、解调与变频之间的关系
第 2 章	高频电子线路基础应用与 Multisim 实现	LC 谐振回路的特性参数、串并联转换电路、耦合电路和其他形式的谐振电路	谐振电路参数在实际电路设计中的作用及电路分析方法，耦合回路的优点和应用的场合	LC 电路的分析方法、参数的意义和改进的方法及实际电路应用
第 3 章	高频小信号谐振放大器设计与 Multisim 实现	小信号放大器的分析方法、电路的组成和各部分电路设计及电路稳定措施	高频小信号电路分析方法及高频小信号放大器电路设计	高频电路分析方法与中/低频电路分析方法的区别
第 4 章	高频功率放大器设计与 Multisim 实现	高频功率放大器的原理、电路设计、实用电路设计方法及功率合成技术	丙类功率放大电路原理、能量计算、实用电路分析和设计及功率合成技术电路设计	丙类功率放大电路原理分析和设计方案及其他高频功率放大器设计方案及应用
第 5 章	正弦波振荡电路设计与 Multisim 实现	正弦波电路产生正弦波的条件、各类实用电路分析和设计方法	能正确判断电路是否产生正弦波及产生正弦波的电路设计，在电路设计中各类正弦波模型的使用和扩展	正弦波电路设计，电路性能分析和各种电路适用场合
第 6 章	振幅调制电路设计与 Multisim 实现	振幅调制电路的设计方法及分析方法，混频电路的设计、应用及干扰的分析和解决措施	振幅调制电路设计及解调电路的分类和适用范围，混频电路的设计	调制电路的分类设计与失真分析及改进电路措施，混频干扰的解决措施
第 7 章	非线性调制电路设计与 Multisim 实现	非线性调制的原理分析、分类和电路设计	调频电路设计及鉴频电路设计	调频和调相原理及电路设计
第 8 章	常用反馈控制电路设计与 Multisim 实现	在电路设计中，稳定输出的几种电路形式介绍	电路的控制参数和应用场合	常用反馈控制电路设计原理和方法

　　本书由贺秀玲担任主编。编写分工如下：刘春侠编写了第 2 章的内容，储琳琳和王莉编写了各章的电路 Multisim 仿真设计，其余内容由贺秀玲编写。本书在编写过程中，参考了部分国内外教材和技术资料，在此对原作者表示诚挚的敬意和真诚的感谢！

　　由于编著水平有限，书中难免存在不妥之处，恳请广大读者予以指正。

编　者

2023 年 5 月

目　录

第1章　无线通信系统及 Multisim 简介

1.1　无线通信发展简介

1.1.1　通信发展简史

早期无线通信出现在前工业化时期，这时使用狼烟、火炬、闪光镜、信号弹或旗语，在视距内传输信息。为了传输得更远，人们建立了接力观测站，直到 18 世纪晚期伏特（A.Volta）发明了电池，才开始出现直流电路，不久出现了低频交流电路。1831 年，法拉第发现电磁感应定律，1837 年，莫尔斯发明电报，1864 年，英国物理学家麦克斯韦（J. Clerk Maxwell）总结前人在电磁学方面的工作，得出电磁场方程，证明了电磁波的存在，1895 年，马可尼发明的无线电等电磁技术开辟了电信（telecommunication）的新纪元。

（1）1876 年，贝尔发明电话，能够直接将语言信号变为电信号，沿导线传送。电报、电话的发明，为迅速准确地传递信息提供了新手段，是通信技术的重大突破。

（2）1887 年，德国物理学家赫兹以卓越的实验技巧证实了电磁波是客观存在的，并证明了电磁波在自由空间传输的速度与光波传输速度相同，并能产生反射、折射、驻波等与光波传输相同的现象，为通信的无线传输提供了可能。

（3）1895 年，意大利的马可尼首次在几百米的距离实现电磁波通信；1901 年，首次完成横渡大西洋的通信，从此无线电通信进入了实用阶段。

（4）1904 年，弗莱明（Fleming）发明了电子二极管（diode），人类社会进入无线电电子学时代。

（5）1907 年，李·德·福雷斯特（Lee de Forest）发明了电子三极管（triode），用它可组成多种重要功能的电子线路，如放大电路、振荡电路、变频电路、调制电路及解调电路等通信电子线路。

（6）1948 年，肖克莱（W. Shockley）等人发明了晶体三极管（transistor），它在节约电能、缩小体积与质量、延长寿命等方面远远超过了电子三极管，因而成为电子技术历史上的第二个里程碑，取代了电子管的地位，成为极其重要的电子器件。

（7）1928 年，奈奎斯特准则和取样定理及 1948 年的香农定理在理论上为数字通信准备了条件。

（8）从 20 世纪 60 年代开始出现了将"管""路"结合起来的集成电路，几十年来取得了极大的成就，中、大及超大规模的集成电路的出现，特别是数字电路发展成为主流后，人类社会开始进入信息时代，这也是电子技术历史上的第三个里程碑。

（9）20世纪40年代，有人提出静止卫星的概念，但是无法实现。随着航天技术的发展，在1963年第一次实现同步卫星通信，开辟了空间通信的新纪元。

（10）20世纪60年代，发明了激光，20世纪70年代，发明了光导纤维，光通信得到了发展。

1.1.2 移动通信发展简介

现代的移动通信起源于20世纪20年代，距今已经有100多年的历史。大致算来，现代通信系统经历了四个阶段。

第一个阶段是20世纪20年代至40年代，在这期间初步进行了电磁波传播特性的测试，并且在短波几个频段上开发出了专有移动通信系统，代表性的应用是美国底特律市警察使用的车载无线通信系统。该系统的工作频率是2 MHz，到40年代提高到30～40 MHz，工作频率较低，工作方式是单工或半双工方式。

第二个阶段是20世纪40年代至60年代，公用移动通信业务开始问世。1946年，根据美国联邦通信委员会（Federal Communications Commission，FCC）的计划，贝尔系统在圣路易斯建立第一个公共汽车电话网，称为"城市系统"。该电话网使用了3个频道，频率间隔是120 kHz，通信方式为单工。随后法国、英国开始研制公用移动电话系统。美国贝尔实验室完成了人工交换系统的接续问题，标志着专有移动网向公用移动网转变，但是人工接续，容量较小。

第三个阶段是20世纪60年代至70年代中期，美国推出改进型移动电话系统（improved mobile telephone service，IMTS），使用的频段是150 MHz和450 MHz，采用大区制、中小容量，实现了无线频道自动选择并能自动接续到共有电话网。德国也推出了具有相同技术水平的 B 网（B 网是地区使用模拟电话系统），这个阶段是移动通信的改善和过渡，实现了自动选频和自动接续功能。

第四个阶段是20世纪70年代中后期，这个阶段主要是移动通信系统，总体来说又划分成以下几个阶段。

20世纪70年代至80年代，集成电路技术、微型计算机和微处理器快速发展，美国贝尔实验室推出了蜂窝式模拟移动通信系统，即第一代移动通信（1G），使得移动通信真正进入了个人领域。第一代移动通信采用模拟语音调制技术和频分多址（frequency division multiple access，FDMA）技术，传输速率约为2.4 kbit/s，由于受到传输带宽的限制，不支持移动通信长途漫游，只能是一种区域性的移动通信，其代表制式有美国的高级移动电话系统（advanced mobile phone system，AMPS）、英国的全入网通信系统（total access communications system，TACS）、日本的 Join Tactical Ground Station 等。第一代移动通信的缺点是容量有限，制式太多，互不兼容，保密性差，通话质量不高，不能提供数据业务和漫游。

20世纪80年代中期至20世纪末是第二代移动通信技术（2G）时期，代表为GSM，IS-95（Qualcom）即全球通信系统。使用电路交换的数字通信系统，接入技术是时分多址（time division multiple access，TDMA），频段为900 MHz 的公共欧洲电信业务规范，数据速率为9.6～32 kbit/s，优点是支持数据语音通信，容量大，保密性好。1993年，我国开通了第一个数字蜂窝移动系统。

从20世纪90年代中期至21世纪初，第三代移动通信（3G）通过2.5G产品通用无线分组业务（general packet radio service，GPRS）系统的过渡，3G（3G 技术名为IMT-2000）走上了通信舞台的前沿。工作在 2 000 MHz 频段，最高业务速率可达 2 000 kbit/s，逐渐从电路交换过渡到 IP 分组交换。第三代移动通信有三大标准体制，分别是欧洲和日本提出的宽带码分多址（wide band code division multiple access，W–CDMA）、美国提出的码分多址（code division multiple access，CDMA 2000）和中国提出的时分同步码分多址（time division-synchronous code division multiple access，TD–SCDMA）。第三代移动通信的优点是频谱利用率高，支持高速传输的多媒体业务，传输信道支持上下链路不对称需求，传输速率室内至少 2 Mbit/s，步行环境至少 384 kbit/s，车速环境至少 144 kbit/s，传输速率按需分配，支持无缝漫游。

2005 年 10 月，国际电信联盟正式将 B3G/4G 移动通信技术命名为 IMT-Advanced（international mobile telecommunication-advanced）。4G 的主要标准是 WiMAX（全球微波互联接入）和 LTE（long term evolution）。LTE 设计的主要目标是"三高"：高峰值速率、高频谱效率和高移动性；"两低"：低时延和低成本；"一平"以分组域业务为主要目标，在整体架构上基于分组交换的扁平化架构。频段从 700 MHz 到 2.6 GHz，编号 1～32 为 FDD 频段，编号 33～40 为 TDD 频段，定义了 40 个工作频段，上下行支持成对或非成对频谱。LTE 的下行采用 OFDM 技术提供增强的频谱效率和能力，上行基于 SC–FDMA（单载波频分多址接入）。OFDM 和 SC–FDMA 的子载波宽度确定为 15 kHz，采用该参数值，可以兼顾系统效率和移动性。

移动通信已经深刻地改变了人们的生活，但人们对更高性能的移动通信的追求从未停止。为了应对未来爆炸性的移动数据流量增长、海量的设备连接、不断涌现的各类新业务和应用场景，第五代移动通信（5G）系统应运而生。

5G 将渗透到未来社会的各个领域，以用户为中心构建全方位的信息生态系统。5G 将使信息突破时空限制，提供极佳的交互体验，为用户带来身临其境的信息盛宴；5G 将拉进万物的距离，通过无缝融合的方式，便捷地实现人与万物的智能互联，5G 将为用户提供超高流量密度、超高连接密度和超高移动性等多场景的一致服务业务及用户感知的智能优化，同时将为网络带来超百倍的能效提升和超百倍的比特成本降低，最终实现"信息随心至，万物触手及"的总体愿景。

1.1.3　短距离无线通信发展概述

短距离无线通信一般覆盖范围小，通信距离在几十米到几百米之间；发射功率较低，发射器一般小于 100 mW，同时免付费、免申请的 ISM 频段，一般用于设备功耗受限的场合。短距离无线通信主要分为无线局域网 Wi-Fi、蓝牙、ZigBee、60 GHz、可见光通信、低功耗广域网、无线物联网等。常用短距离无线通信的性能见表 1–1。

表 1–1　常用短距离无线通信的性能

序号	名称	传输速度	通信距离/m	频段/ GHz	国际标准	功耗/ mA	成本	主要应用
1	Wi-Fi	11～1 200 Mbit/s	100～300	2.4、5	IEEE 802.11	10～50	较高	无线上网
2	蓝牙	1～48 Mbit/s	50～300	2.4	IEEE 802.15.1	<30（对 BLE：<15）	较低	通信、多媒体、工业等
3	ZigBee	20～250 Kbit/s	0～100	2.4	IEEE 802.15.4	5～15	较低	无线传感器、医疗

1.2 无线电信号在通信中的传输

1.2.1 电子通信系统的组成

高频电子线路广泛应用于通信系统和各种电子设备中，下面对通信系统进行简单的介绍。

通信系统是实现信号从发送端开始到接收端结束整个通信传输过程的系统。下面以通信系统一般模型为例，简要介绍通信传输的基本过程，如图 1-1 所示。

图 1-1 通信的基本过程

（1）信号源：是把各种消息转换成原始电信号，根据信号源消息的种类不同可以分为模拟信号源和数字信号源，模拟信号源输出模拟信号，如话筒（声音——音频信号）、摄像机（图像——视频信号）；数字信号源则输出离散的数字信号，如键盘（字符——数字信号）等计算机各种终端。模拟信号可以转化成数字信号。

（2）发送设备：把信号源发出的信号转换成适合信道传输的信号，同时为了在传输过程中提高抗干扰性，信号要进行适当的信道编码，并且需要足够的功率发射传输较远距离的信号。因此发送设备涵盖的内容较多，可能包括放大、变换、滤波、编码等，在多路传输中还包括复用等。

（3）传输信道：信号传输的媒介，包括有线信道和无线信道，无线信道可以是自由空间；有线信道如电缆和光纤等。在信号传输过程中会附加各种噪声和干扰，这些会使信号传输过程中的通信质量下降。

（4）接收设备：接收端将接收的信号进行放大和反变换（如译码、解调等），其目的是从收到的减损信号中正确恢复出原始的电信号。在多路复用信号中还包括解除多路复用，实现正确分路的功能。此外，还要尽可能减小在传输过程中噪声和干扰所带来的影响。

（5）收信设备：在传输过程中目的地是信宿，把原始电信号恢复成相应的消息，如扬声器等。

图 1-1 是通信系统的共性，根据研究对象及关注的问题不同，图 1-1 中各方框图中的内容和作用有所不同，在不同形势下会有更具体的通信模型，同时按照传输信号是模拟信号还是数字信号，相应地把通信系统分为模拟通信系统和数字通信系统，现阶段主要应用的是数字通信系统。

1.2.2 高频电子线路主要研究的内容

无线电信号在传播过程中，为了减少损耗、降低天线高度及提高抗干扰性，信号需要进行放大、调制和解调主要过程。

调制是信号发送端将低频信号调制成高频信号的过程，可以使用携带有用信息的信号控制高频信号的某一个参数完成，如控制高频信号振幅有调幅〔amplitude modulation，AM、幅移键控（amplitude shift keying，ASK）等]，控制高频信号频率或相位有调频/调相（FM、FSK/PSK 等）。解调是接收端为了恢复低频信号而设置的，是调制的反过程。

1. 发射机

发射机是通信系统的核心部件，是为了使基带信号有效的和可靠的传输而设计的。图 1-2 是调幅方式的中波广播发射机组成方框图。

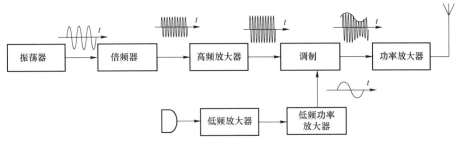

图 1-2　调幅方式的中波广播发射机组成框图

振荡器产生高频信号，但是由于频率没有达到调制对高频信号的需求，因此使用倍频器提高高频信号的频率，在传输过程中需要放大信号幅度，采用高频放大器放大信号，在调制过程中本例采用调幅方式进行信号发送，为了使传输距离较远，在信号发送之前进行功率放大，采用功率放大器。同理，调制信号在进入调制器之前也要进行幅度和功率放大，二者的不同是，高频放大器与低频放大器的原理和结构不尽相同。

2. 接收机

接收机是接收端为接收信号而设计的。调幅方式的无线广播接收机组成框图，如图 1-3 所示。

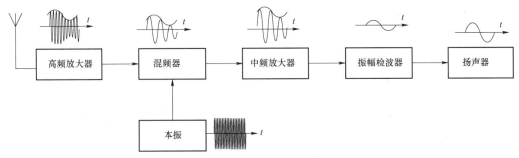

图 1-3　调幅方式的无线广播接收机组成框图

在接收信号过程中，高频放大器可能由一级或多级放大器组成，具体根据接收信号的强弱和高频放大器的放大倍数来决定，同时高频放大器根据接收信号频率的不同必须频率可调。混频器是把接收的高频信号降低为振幅检波器需要的中频信号，本振是正弦波振荡电路，其产生的正弦波频率达不到混频输出要求，需要倍频器等电路配合，产生较高频率的正弦波，同时频率为定值，进入混频器后与接收信号混频，输出频率差值，进入中频放大器进行信号放大，在放大过程中可能有一级或多级放大器。检波器的主要目的是恢复调制的电信号，在检波器后面需要有低频幅度放大器和功率放大器，产生足够大的功率，推动扬声器输出音量足够大的语音信号。

以上介绍的接收机通常称为超外差接收机，在这种接收机中，调制信号均需变成中频信号进行放大，目的是提高接收机接收弱信号的能力。同时使用混频器把接收信号从高频变成中频，因为调制信号在中频实现放大，要求品质因数（Q）较低，容易实现稳定的高增益放大，但同时混频器带来了最大缺点，即组合干扰较多，特别是镜像干扰抑制较差，因此需要后续解决。

随着电子技术的不断发展，数字电子技术逐步在传输过程中被使用，电路中需要增加模拟/数字转化器（A/D），同时在接收机类型上也增加了数字中频结构和直接变换结构等，解决了混频器中镜像干扰，数字结构中频结构将混频正交化，在数字中频中可以共享 RF/IF 模块，由于解调和同步都是数字化处理，结构灵活，便于小型化和集成，很快得到了广泛的应用。

在无线电系统中，为了提高系统的稳定性，还需要某些反馈电路，包括自动增益控制电路、自动电平控制电路和自动相位控制电路等，同时考虑信号在传输过程中的干扰问题，在电路中增加一些元件、器件、组件等，这些单元电路有有源电路、无源电路、线性电路和非线性电路等，在实际电路分析和设计中要复杂得多，但是复杂的电路在分析和设计中都是基于简单的模型处理，因此在学习过程中应注重理论分析和模型设计。

通过对发射机和接收机的分析，通信系统中包括的高频电子线路模块有以下几个部分，也是本书的重点内容：

（1）高频振荡器（载波信号、信号源信号和本振振荡信号）；

（2）放大器（高频小信号放大器及高频功率放大器）；

（3）混频和变频器（高频信号变换和处理）；

（4）调制和解调（高频信号变换和处理）；

（5）自动增益控制电路（高频电子线路稳定性处理）。

1.3 通信信道特性

信道是通信过程中必不可少的组成部分，而信道噪声是不可避免的，因此对信道传输特性的研究是必须的。信道按照传输媒介分为有线信道和无线信道。

有线信道目前主要使用的是双线对称电缆、同轴电缆和光纤等，各自的特点见表 1-2。

表 1-2 有线通信的媒介及特点

双线对称电缆：主要用于低速数据通信，由若干对双线组成电缆，每一对线是一个传输路径，一般每对线扭绞起来，可以消除信号的相互干扰	同轴电缆：主要用于高频信号传输，由若干小电缆组成一个大电缆，电缆外皮有金属外套，主要起屏蔽作用，防止小电缆之间的干扰，目前正在被光纤替代	光纤：材料是非常细的玻璃丝（直径是 100 μm 或更细），工作频率高，损耗小，容量大，光纤通信已经成为目前有线通信的主流

无线信道传输主要的媒介是自由空间，电磁波从天线辐射出去后，经过自由空间到达接收天线的传播途径大致分为 3 类，分别是地波、天波和视距传播，其具体特征见表 1-3。

表 1-3 电磁波传播的方式及特性

类别	地波传输方式	天波传输方式	视距传播方式
示意图			
适用频率/MHz	<2	2～30	>30
特性	有绕射能力	被电离层反射	直线传播、穿透电离层
用途	AM 广播	远程、短波通信	卫星和外太空通信；超短波及微波通信
距离	数百或数千米	<4 000 km（一跳）	与天线高度有关 $(D = \sqrt{50h})$

1. 地波

无线电波沿地面传播，因为地球表面有电阻的导体，因此一部分电磁波沿着地表传播，一部分被消耗，并且电磁波频率越高，消耗越严重，故地面传播适合频率较低的电磁波。由于地面导电性能在短时间内没什么变化，因此传输特性比较稳定可靠。

2. 天波

一般在离地面 100～500 km 的电离层反射后到达接收天线。

一般来说，包围地球的大气层的空气密度随着离地面高度的增加而减小，一般在离地面大约 20 km 以下，空气密度比较大，所有的大气现象——风、雨、雪等都是在这一层产生的，大气层这一层叫对流层。在离地面 50 km 以上，空气比较稀薄，同时太阳辐射与宇宙射线辐射等作用已经很强烈了，因而空气产生电离，这些被电离的空气称为电离层，这些电离层根据距离地面的高度又分为 D、E、F 层等。因为频率越高，电子和离子振荡的频率越小，因而吸收能量就越少，同时由于电磁波频率越高，穿透能力越强，当电磁波频率达到一定值后，就会穿透电离层，不能返回地面，因此通信频率一般只限于短波波段。

3. 视距传播

频率较高的电磁波由于不能被电离层反射回来，只能通过地面架设天线的方式传播，天线的高度（h）与传输距离（D）有关。

自由空间传播的载体是电磁波，电磁波的频谱很宽，图 1-4 为电磁波的频（波）谱图，其波长与频率的关系为：

$$c = \lambda f \tag{1-1}$$

式中：c——光速，3×10^8 m/s；

λ，f——无线电波的波长与频率。

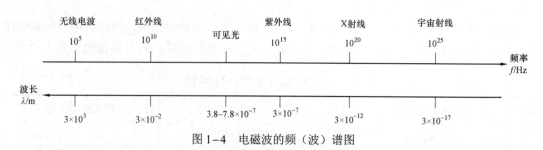

图1-4 电磁波的频（波）谱图

因此无线电波是一种频率相对较低的电磁波，无线电波的频率是一种不可再生的资源。可以对电磁波的波长或频率进行分段，其不同的波长或频段传输的特性不同，应用的场景也不同，见表1-4。

表1-4 电磁波频（波）谱的划分

名称	甚低频	低频	中频	高频	甚高频	超高频	特高频	极高频
符号	VLF	LF	MF	HF	VHF	UHF	SHF	EHF
频率	10～30 kHz（现已很少用）	30～300 kHz	0.3～3 MHz（535～1 605 kHz 为广播波段）	3～30 MHz	30～300 MHz	0.3～3 GHz	3～30 GHz	30～300 GHz
波段	超长波	长波	中波	短波	米波	分米波	厘米波	毫米波
波长	30～10 km	10～1 km	1 km～100 m	100～10 m	10～1 m	1～0.1 m	10～1 cm	10～1 mm
传播特性	随时间衰减低，极其可靠	夜间传播与VLF相同，但是不可靠，白天吸收电磁波大于VLF，频率越高，吸收越大，而且随时间变化	夜间衰减低，白天衰减高，夏天衰减比冬天大。长距离通信不如低频可靠，频率越高越不可靠	远距离电离层通信，传输空间决定衰减	特性与光纤相似，与电离层无关（能穿透电离层而不能反射）	与VHF相同	与VHF相同	与VHF相同
主要用途	高功率、长距离、点对点的通信，连续工作	长距离、点对点的通信，船舶助航用	广播、船舶通信、飞机通信、警察用无线电、船港电话	中距离和远距离通信，各种广播	短距离通信、电视、调频、雷达、导航	短距离通信、波导通信、雷达、卫星通信	射电天文学、雷达	光通信
传输介质	双线、地波	双线、地波	电离层反射、同轴电缆、地波	电离层反射、同轴电缆、地波	天波（电离层与对流层散射）、同轴线	视线中继、对流层散射	视线传输	光纤

高频是一个相对的频段，是指短波频段，其实广义的"高频"频段是非常宽的，指的是射频，只要电路尺寸比工作波长小得多，可以用集中参数进行分析和实现，通常认为是"高频"部分。

1.4　Multisim 软件在通信系统中的应用简介

1.4.1　Multisim 软件特点

Multisim 软件是一个专门用于电子电路仿真与设计的电子设计自动化（electronic design automation，EDA）工具软件。作为 Windows 下运行的个人桌面电子设计工具，Multisim 是一个完整的集成化设计环境。Multisim 计算机仿真与虚拟仪器技术结合可以很好地解决理论教学与实验脱节这一问题，可以在教学过程中一边授课，一边演示，加强学生对理论知识的理解和提高对电路的实际应用能力，把理论知识用计算机仿真真实地再现出来，并且可以用虚拟仪器技术创造出真正属于自己的仪表。高频电子线路是一门以通信系统高频电路设计为核心的电路设计课程，涉及非线性元器件构成的非线性电路，理论复杂，有 Multisim 辅助教学，可以提高对课程的理论理解和电路的应用能力，同时提高电子线路设计能力。Multisim 软件具有以下特点。

1. 直观的图形界面

整个操作界面就像一个电子实验工作台，绘制电路所需的元器件和仿真所需的测试仪器均可直接拖放到屏幕上，单击鼠标即可用导线将它们连接起来。软件仪器的控制面板和操作方式都与实物相似，测量数据、波形和特性曲线如同在真实仪器上看到的一样。

2. 丰富的元器件

该软件提供了世界主流元器件供应商的 17 000 多种元件，同时能方便地对元器件的各种参数进行编辑、修改，能利用模型生成器及代码模式创建模型等功能，创建自己的元器件。

3. 强大的仿真能力

以 SPICE3F5 和 Xspice 的内核作为仿真的引擎，通过 Electronic workbench 带有的增强设计功能将数字和混合模式的仿真性能进行优化，包括 SPICE 仿真、RF 仿真、MCU 仿真、VHDL 仿真、电路向导等功能。

4. 丰富的测试仪器

该软件提供了 22 种虚拟仪器进行电路参数分析和测量，包括 multimeter（万用表）、function generatoer（函数信号发生器）、oscilloscope（示波器）、bode plotter（波特仪）、spectrum analyzer（频谱仪）、network analyzer（网络分析仪）、frequency counter（频率计数器）、IV analyzer（伏安特性分析仪）等电路分析的各种仪器，还能根据电路运行情况进行实时分析。

这些仪器的设置和使用与真实的实验器材一样，可以动态互交显示。除了 Multisim 提供的默认的仪器外，还可以创建 LabVIEW 的自定义仪器，使得在图形环境中可以进行灵活的升级测试、测量及控制应用程序。

5. 完备的分析手段

Multisim 提供了许多分析功能，如：DC operating point analysis（直流工作点分析）、ac analysis（交流分析）、transient analysis（瞬态分析）、fourier analysis（傅里叶分析）、noise analysis（噪声分析）、distortion analysis（失真度分析）等。

6. 独特的射频（RF）模块

该软件提供基本射频电路的设计、分析和仿真。射频模块由 RF-specific（射频特殊元件，包括自定义的 RF SPICE 模型）、用于创建用户自定义的 RF 模型的模型生成器、两个 RF-specific 仪器［spectrum analyzer（频谱分析仪）和 network analyzer（网络分析仪）］、一些 RF-specific 分析（电路特性、匹配网络单元、噪声系数）等组成。

综上，Multisim 软件是比较理想的辅助高频电子线路教学的工具。

1.4.2　Multisim 软件集成环境

Multisim 14 以图形界面为主，采用菜单、工具栏和热键相结合的方式，具有一般 Windows 应用软件的界面风格，用户可以根据自己的习惯和熟悉程度自如使用。启动 Multisim 14 以后，界面如图 1−5 所示。

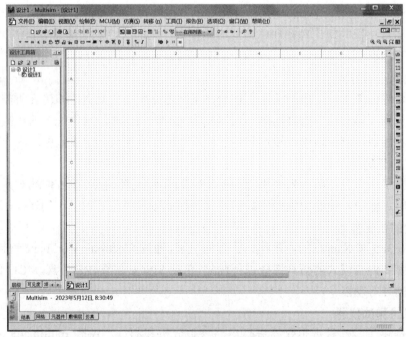

图 1−5　Multisim 14 界面

Multisim 14 界面分为通用菜单栏、工具栏、元件库栏、仪器栏、缩放栏、设计栏、仿真栏、工具栏、元器件库栏、电路图编辑窗口等。

下面以创建电路图为例简单介绍 Multisim 14 的基本使用。

1. 创建电路文件

在菜单栏选择【文件】|【设计】命令，如图 1−6 所示，单击 Create 按钮，创建新文件，在菜单栏选择【文件】|【另存为】命令，保存文件。

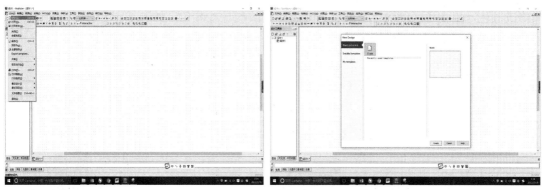

图 1-6 创建设计文档

2. 电路原理图绘制

在电路设计栏中，选择菜单栏【绘制】|【元器件】命令，可以放置需要的电路元器件，或者也可以利用快捷工具栏放置器件，如图 1-7 所示。

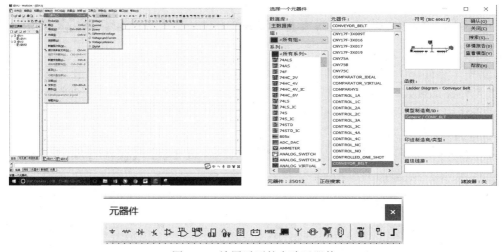

图 1-7 放置需要的电路元器件

元器件库菜单栏从左到右依次是：电源库、基本元件库、二极管库、晶体管库、模拟元器件库、TTL 元器件库、CMOS 元器件库、其他数字元器件、模数混合元器件库、指示器件库、功率元件库、混合元件库、外设元器件库、电机元件库、NI 元件库、MCU 元件库、层次块调用库、总线库。根据需要自行选择即可，同时可以自动调制元器件布局。

3. 连接线路

元器件布局完毕后，进行电路连线，Multisim 14 有自动连线和手工连线两种。

1）自动连线

自动连线是在元器件不多的情况下采用的方法。自动连线是将光标移动到元器件的引脚上，当光标自动变成"+"时，单击鼠标开始连线，移动光标，屏幕自动拖出一条导线，将光标移动到下一个元器件引脚，再次单击鼠标，系统会自动生成一条连线。

在光标移动过程中，右击鼠标，连线自动取消。

连线默认是红色的，可以自行修改颜色，方法是：右击鼠标，选择【网络颜色】可以整

体修改颜色，单击【区段颜色】可以修改需要修改的导线颜色，如图 1-8 所示。也可以在菜单栏选择【选项】|【电路图属性】命令，整体修改导线颜色属性及电路其他性质。

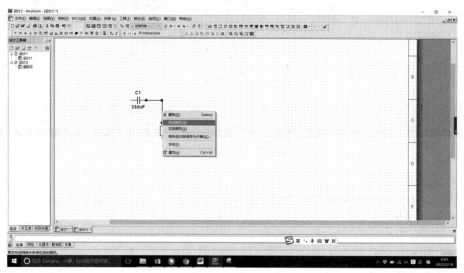

图 1-8　电路元器件导线颜色修改

2）手工连线

当电路图比较大时，为了防止交叉太多或产生不必要的绕行，可以手工布线。其方法是：在自动连线中需要转折的地方单击一下鼠标即可。

4. 电路分析

在电路分析中，可以直接放置测量的仪器或选择菜单【仿真】|【仪器（I）】，然后再选择具体的分析项目命令，如图 1-9 所示。

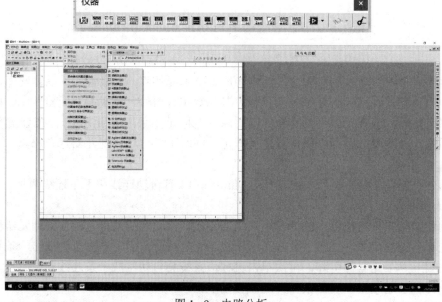

图 1-9　电路分析

上文简单地讲述了 Multisim 14 的基本使用过程，如果需要具体了解，请参考相应的 Multisim 书籍。该软件的功能非常强大，本书主要是辅助教学和学生实验设计，因此只介绍了常用的功能。

本 章 小 结

本章主要讲述无线通信发展简史、通信系统主要组成模块及各部分模块的主要作用。以调幅方式的中波广播为例，讲述了通信系统发射机主要组成模块：振荡器、倍频器、高频放大器、调制电路、高频功率放大器及低频放大器和低频功率放大器的功能与作用，接收机主要组成模块高频放大器、混频器、本振信号产生器、中频放大器、振幅检波器的功能和作用，其中高频器件是本书要学习的重点。

信道是通信过程传播的媒介，分为有线信道和无线信道，有线信道目前传输的主要媒介是光纤，无线信道是电磁波在自由空间传播，电磁波可按频率（或波长）划分成不同的频段（或波段）。不同频段电波的传播方式和能力不同，因而它们的应用范围也不同。

在本章中简要介绍了 Multisim 14 软件的使用，在后续课程中采用该软件进行辅助教学。

习 题 1

1. 画出无线电通信发送系统框图，并用波形说明各部分作用。

2. 无线通信为什么要用高频信号？"高频"信号指的是什么？

3. 无线通信为什么要进行调制？调制有什么作用？

4. 无线电波段或频段是如何划分的？简述各频段传输情况和应用情况。

5. 超外差接收机的混频作用是什么？如果接收机的频率是 2 100 MHz，希望它变成 70 MHz 中频，画出实现方框图，并标明各部分时域波形和频率。

第2章 高频电子线路基础应用与 Multisim 实现

2.1 选 频 网 络

选频网络的功能是选出所需的信号并进行适当的放大，对不需要的信号进行抑制。选频网络在高频电子线路中有广泛的应用，如高频小信号放大器、高频功率放大器、振荡器、滤波器及调制和解调电路等。本章将从高频电子线路应用的元器件开始，分析选频电路模型结构、电路元器件参数设计及实际应用中的改进电路。

2.1.1 高频电子线路中的元器件

1. 电阻

在电路及模拟电子技术中，由于讲解的是中低频电子线路，因此电阻表现纯阻的特性，但是在高频电子线路中，电阻表现出电抗的特性，如图 2-1 所示。在图 2-1 中，L_r 为引线电感，C_r 为分布电容，R 为电阻，分布电容和引线电感越小，高频特性越好，但是频率越高，电阻的电抗特性越明显，在使用时要尽量减少分布电容和引线电感的影响，使电阻在高频中表现为纯电阻特性。电阻的高频特性与电阻的材料、尺寸大小和封装有直接的关系。一般来说，表面贴装电阻比引线电阻高频特性要好，在高频电子线路设计中，器件的选择非常重要。

2. 电容

一个实际的电容器除了表现电容特性之外，还具有损耗电阻 R_C 和分布电感 L_C，如图 2-2 所示。在分析高频电子线路过程中只考虑电容和损耗电阻，电容的等效电路可以分为串联电阻和并联电阻两种电路。

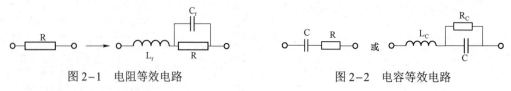

图 2-1　电阻等效电路　　　　　　　　图 2-2　电容等效电路

3. 电感

一个实际的电感线圈除了表现电感特性之外，还具有损耗电阻和分布电容特性，如图 2-3 所示。在分析高频电子线路过程中只考虑电感和损耗电阻的影响，忽略分布电容的效果，电感线圈的等效电路可以分为串联电阻和并联电阻两种电路，以常用串联电阻电路为例分析，如图 2-3 所示。

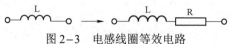

图 2-3　电感线圈等效电路

2.1.2　高频电子线路中的基本选频网络

选频网络是高频电子线路中广泛应用的电路，电路的主要作用是选出所需的频率分量，滤除不需要的频率分量，同时选频电路具有阻抗变换的作用。通常，高频电子线路中的选频网络分为两类，一类是电阻、电容和电感元件组成的振荡电路，即谐振电路，包括串联谐振电路和并联谐振电路，另一类是改进选频网络的阻抗变换电路、滤波电路、双调谐电路等。本节讨论基本电路组成和性能。

由电感和电容组成单个振荡电路称为单谐振电路，基本的电路包括电源、电容和电阻串联组成的串联谐振电路及电容与电感并联组成的并联谐振电路。

1.　串联谐振电路的基本性质

图 2-4 是串联谐振电路模型，r 是电感的内阻，即电感在电路中的损耗，此时电容的损耗可以忽略不计，其电路的矢量图如图 2-5 所示，电路阻抗特性表达式如下：

$$Z = r + j\omega L + \frac{1}{j\omega C} = r + j\left(\omega L - \frac{1}{\omega C}\right) = r + jX \tag{2-1}$$

$$|Z| = \sqrt{r^2 + X^2}$$

$$\varphi = \arctan\frac{X}{r}$$

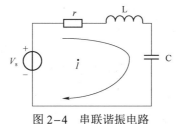

图 2-4　串联谐振电路

在串联谐振电路中，阻抗有 3 个特性，可对应电路电流关系，具体分析如下：

$$\dot{I} = \frac{\dot{V}_s}{Z} \tag{2-2}$$

（1）$X=0$，即：$\omega_0 L = \dfrac{1}{\omega_0 C}$，电路是阻性，其中 $\omega = \omega_0$，电路谐振，谐振频率 $\omega_0 = \dfrac{1}{\sqrt{LC}}$，

$f_0 = \dfrac{1}{2\pi\sqrt{LC}}$，此时 $\varphi = 0$，阻抗最小 $Z = r$，电流最大 $\dot{I}_0 = I_{\max} = \dfrac{V_s}{r}$，矢量图如图 2-5（a）

所示。

（2）$X<0$，即：$\omega L < \dfrac{1}{\omega C}$，电路是容性，此时，$\omega < \omega_0$，电路失谐，$\varphi = \arctan\dfrac{X}{r}$，

阻抗增大，电流减少，矢量图如图 2-5（b）所示。

（3）$X>0$，即：$\omega L > \dfrac{1}{\omega C}$，电路是感性，此时，$\omega > \omega_0$，电路失谐，$\varphi = \arctan\dfrac{X}{r}$，

阻抗增大，电流减少，矢量图如图 2-5（c）所示。

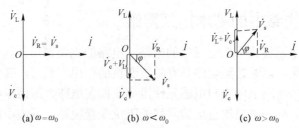

(a) $\omega = \omega_0$　　　　　　(b) $\omega < \omega_0$　　　　　　(c) $\omega > \omega_0$

V_L—电感线圈电压；V_C—电容器电压；V_R—电阻电压。

图 2-5　串联谐振电路矢量图

当串联电路发生谐振时，信号的谐振频率为 f_0，回路阻抗最小，$Z = r$，当信号源为电压源时，回路电流最大，$\dot{I}_0 = I_{\max} = \dfrac{V_s}{r}$，当频率偏离 f_0 时，回路阻抗 $|Z|$ 增大，偏离越远，增大越大，回路电流减小，因此电路具有带通选频特性（对不同频率信号，阻抗不同，选频放大倍数不同），具体如图 2-6 所示。

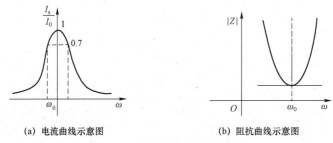

(a) 电流曲线示意图　　　　　　　　　(b) 阻抗曲线示意图

图 2-6　电流和阻抗曲线示意图

2. 串联谐振电路的谐振特性

当电路发生谐振时，电路为阻性，并达到阻抗最小，电流达到最大，谐振电路工作在最佳状态，$\omega_0 L = \dfrac{1}{\omega_0 C}$，其电路的特性参数如下。

1）电路品质因数

电路品质因数 Q，其值为

$$Q = \frac{P_{无功}}{P_{有功}} = \frac{I^2 \omega_0 L}{I^2 r} = \frac{I^2 / \omega_0 C}{I^2 r} = \frac{\omega_0 L}{r} = \frac{1}{\omega_0 C r} \tag{2-3}$$

品质因数是无功功率与有功功率之比，即储能与耗能之比。在高频电子线路中，一般 ω_0 较大，Q 值很大，往往达到几十到几百。

2）电容器与电感线圈两端的电压

电容器与电感线圈两端的电压，具体如下：

$$\dot{V}_L = \dot{I}_0 j\omega_0 L = \frac{\dot{V}_s}{r} j\omega_0 L = jQ\dot{V}_s \tag{2-4}$$

$$\dot{V}_c = \dot{I}_0 \frac{1}{j\omega_0 C} = \frac{\dot{V}_s}{r} \frac{1}{j\omega_0 C} = -jQ\dot{V}_s \tag{2-5}$$

从式（2-4）与式（2-5）可以看出，在高频电子线路中，电容器与电感线圈两端的电压很大。例如，若 $V_s = 100\ \text{V}$，$Q = 100$，则在谐振时，L、C 两端的电压高达 10 000 V，因此，在设计电路时，必须考虑电路中元器件的耐压值，这是串联谐振电路特有的现象。

3）电路的谐振曲线与通频带

串联谐振电路输出电流随信号频率而变化，称为电路的选频特性。在任意频率下，电路电流与谐振状态下电路电流之比为：

$$\frac{\dot{I}}{\dot{I}_0} = \frac{\dfrac{V_s}{r + \text{j}\left(\omega L - \dfrac{1}{\omega C}\right)}}{\dfrac{V_s}{r}} = \frac{r}{r + \text{j}\left(\omega L - \dfrac{1}{\omega C}\right)} \tag{2-6}$$

$$\frac{\dot{I}}{\dot{I}_0} = \frac{1}{1 + \text{j}\dfrac{\omega_0 L}{r}\left(\dfrac{\omega}{\omega_0} - \dfrac{\omega_0}{\omega}\right)} = \frac{1}{1 + \text{j}Q\left(\dfrac{\omega}{\omega_0} - \dfrac{\omega_0}{\omega}\right)} \approx \frac{1}{1 + \text{j}Q\dfrac{2\Delta\omega}{\omega_0}} = \frac{1}{1 + \text{j}Q\dfrac{2\Delta f}{f_0}} \tag{2-7}$$

令 $\xi = Q\left(\dfrac{\omega}{\omega_0} - \dfrac{\omega_0}{\omega}\right) \approx Q\dfrac{2\Delta\omega}{\omega_0} = Q\dfrac{2\Delta f}{f_0}$，其中 $\Delta\omega = \omega - \omega_0(\Delta f = f - f_0)$，则

$$\frac{\dot{I}}{\dot{I}_0} = \frac{1}{1 + \text{j}\xi} \tag{2-8}$$

ξ 与频偏有关，称为广义失谐。

幅频特性：回路电流与谐振电路电流大小的比值，其谐振曲线如图 2-7（a）所示，其值如下：

$$\frac{I}{I_0} = \frac{1}{\sqrt{1 + \left(Q\dfrac{2\Delta\omega}{\omega_0}\right)^2}} = \frac{1}{\sqrt{1 + \xi^2}} \tag{2-9}$$

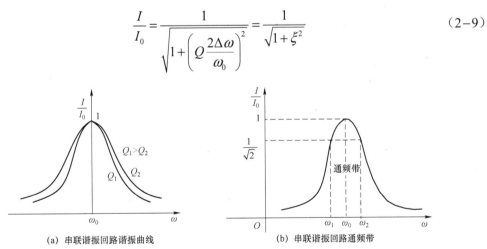

(a) 串联谐振回路谐振曲线　　　　　　(b) 串联谐振回路通频带

图 2-7　串联谐振回路曲线与通频带示意图

当 $\omega = \omega_0$ 时，电路发生谐振，曲线达到最大值，偏离谐振频率，曲线幅值下降，偏离越远，其幅值下降越快。在不同品质因数进行比较的过程中，品质因数 Q 越大，偏离谐振频率后幅值下降越快，曲线越窄，选择性越好。

电路通频带为：$2\Delta\omega_{0.7} = 2(\omega - \omega_0)$ 或 $2\Delta f_{0.7} = 2(f - f_0)$，$2\Delta\omega_{0.7}(2\Delta f_{0.7})$ 指电流的幅值降至

为谐振时幅值的 $\dfrac{1}{\sqrt{2}}$ 对应的频带宽度，即 $\dfrac{I}{I_0}=\dfrac{1}{\sqrt{2}}$ 时求解的 $2\Delta\omega_{0.7}(2\Delta f_{0.7})$，具体求解过程如下，对应的特性曲线如图 2-7 所示。

$$\frac{I}{I_0}=\frac{1}{\sqrt{1+\xi^2}}=\frac{1}{\sqrt{2}}$$

$$\xi=2\frac{|\omega_{1,2}-\omega_0|}{\omega_0}Q=1$$

$$2\Delta\omega_{0.7}=\frac{\omega_0}{Q}$$

$$\mathrm{BW}_{0.7}=2\Delta f_{0.7}=\frac{f_0}{Q} \qquad (2-10)$$

通过计算可知，$\Delta\omega=\omega_2-\omega_0=\omega_0-\omega_1$，谐振曲线左右对称。通频带见式（2-10），由此可以看出，通频带与品质因数在谐振频率一定的情况下成反比，即 Q 越大，通频带越窄，相反 Q 越小，通频带越宽。而 Q 值越大，选择性越好。可见，通频带与选择性是矛盾的，在实际设计电路中，应根据实际情况设计合理的 Q 值。

相频特性：串联谐振电路其相频特性随着 Q 值增大，曲线越陡峭，非线性表现越强。在语音通信中，主要关心的是幅频特性，而在图形等细节问题上，相频特性起主要作用。串联谐振电路相频特性曲线如图 2-8 所示。

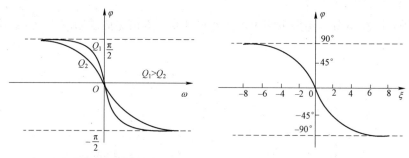

(a) 串联谐振回路相频特性曲线　　　　(b) 串联谐振回路通用相频特性曲线

图 2-8　串联谐振电路相频特性曲线

$$\frac{\dot{I}}{I_0}=\frac{1}{1+\mathrm{j}\dfrac{\omega_0 L}{r}\left(\dfrac{\omega}{\omega_0}-\dfrac{\omega_0}{\omega}\right)}=\frac{1}{1+\mathrm{j}Q\left(\dfrac{\omega}{\omega_0}-\dfrac{\omega_0}{\omega}\right)}$$

$$\varphi=-\arctan Q\left(\frac{\omega}{\omega_0}-\frac{\omega_0}{\omega}\right)\approx-\arctan\frac{2\Delta\omega}{\omega_0} \qquad (2-11)$$

用广义失谐量表示为：

$$\varphi=-\arctan\xi \qquad (2-12)$$

当电路发生谐振时 $\omega=\omega_0$，回路电流与电压的相位相同，此时 $\varphi=0°$；当 $\omega>\omega_0$ 时，电路体现感性，回路电流滞后电压一个角度，$\varphi<0°$；当 $\omega<\omega_0$ 时，电路体现容性，回路电流

超前电压一个角度，$\varphi > 0°$。

如图 2-8（a）所示，Q 值越大，相频特性曲线在 ω_0 附近变化越陡峭。图 2-8（b）是通用相频特性曲线，它适用于不同参数的串联谐振回路。

4）矩形系数

矩形系数是衡量实际幅频特性曲线与理想特性曲线接近程度的指标，其理想值为 1，定义如下：

$$K_{0.1} = \frac{\text{BW}_{0.1}}{\text{BW}_{0.7}} \tag{2-13}$$

式中：$\text{BW}_{0.1}$ ——当电流的幅值降至谐振幅值的 $\frac{1}{10}$ 时对应的频带宽度；

$\text{BW}_{0.7}$ ——带宽。

$$\frac{I}{I_0} = \frac{1}{\sqrt{1 + \left(Q\dfrac{2\Delta f_{0.1}}{f_0} \right)^2}} = \frac{1}{10}$$

$$K_{0.1} = \frac{\text{BW}_{0.1}}{\text{BW}_{0.7}} = \frac{2\Delta f_{0.1}}{2\Delta f_{0.7}} = \sqrt{10^2 - 1} \approx 9.95 \tag{2-14}$$

一个单谐振回路的矩形系数基本是一个定值，接近 10，远大于 1，因此单谐振回路与理想谐振回路的差别较大。

3. 并联谐振电路基本性质

1）谐振电路

并联谐振电路是指电容器与电感线圈并联，如图 2-9（a）所示，其中 r 是电感线圈 L 内阻。在并联电路中，为了分析方便，信号源用理想电流源，并将电路等效成如图 2-9（b）所示的电路。

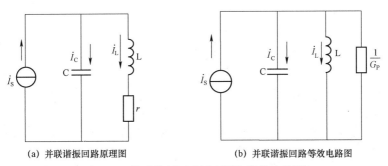

(a) 并联谐振回路原理图　　　　　　(b) 并联谐振回路等效电路图

图 2-9　并联谐振回路原理图与等效电路图

$$Z = \frac{(r + j\omega L)\dfrac{1}{\omega C}}{r + j\omega L + \dfrac{1}{j\omega C}} = \frac{(r + j\omega L)\dfrac{1}{\omega C}}{r + j\left(\omega L - \dfrac{1}{\omega C} \right)} \tag{2-15}$$

在式（2-15）中，r 是电感线圈的内阻，因此 $r \ll \omega L$，于是式（2-15）可以化简为

$$Z = \frac{(r + j\omega L)\dfrac{1}{\omega C}}{r + j\left(\omega L - \dfrac{1}{\omega C}\right)} \approx \frac{\dfrac{L}{C}}{r + j\left(\omega L - \dfrac{1}{\omega C}\right)} = \frac{1}{\dfrac{Cr}{L} + j\left(\omega C - \dfrac{1}{\omega L}\right)} = \frac{1}{G_P + jB} \qquad (2-16)$$

$$\dot{V} = \dot{I}_S Z = \frac{\dot{I}_S}{G_P + jB} \qquad (2-17)$$

$$Y = G_P + jB = \frac{Cr}{L} + j\left(\omega C - \frac{1}{\omega L}\right)$$

式中，$G_P = \dfrac{Cr}{L}$，为电导，$B = \omega C - \dfrac{1}{\omega L}$，为电纳。

由式（2-17）可以把并联电路等效成图 2-9（b）。其电压的振幅为：

$$V = \frac{I_S}{Y} = \frac{I_S}{\sqrt{G_P^2 + B^2}} = \frac{I_S}{\sqrt{G_P^2 + \left(\omega C - \dfrac{1}{\omega L}\right)^2}}$$

当电路发生谐振时，$B = 0$，谐振频率的计算过程如下：

$$\omega_p C - \frac{1}{\omega_p L} = 0$$

$$\omega_p C = \frac{1}{\omega_p L} \Rightarrow \omega_p = \frac{1}{\sqrt{LC}}$$

$$f_p = \frac{1}{2\pi\sqrt{LC}} \qquad (2-18)$$

当电路发生谐振时，其谐振电路为阻性，等效电阻及电路的品质因数 Q_P 为

$$R_P = \frac{L}{Cr} = Q_P \omega_p L = \frac{Q_P}{\omega_p C} \qquad (2-19)$$

$$Q_P = \frac{R_P}{\omega_p L} = R_P \omega_p C \qquad (2-20)$$

式中，$R_P = \dfrac{1}{G_P}$

2）电路性能

当电路发生谐振时，电路为阻性，电容器的电抗与电感线圈的电抗大小相等、方向相反，

即 $j\omega_p C = \dfrac{1}{j\omega_p L}$，$Y = \dfrac{1}{R_P} = G_P$。当电路失谐时，当 $\omega < \omega_p$ 时，电路为感性，当 $\omega > \omega_p$ 时，电

路为容性，并且随着失谐，阻抗减小，相移增大，相频特性曲线为负斜率，且品质因数 Q_P 越大，曲线越陡，相频特性呈线性关系的范围与 Q_P 成反比，具体如图 2-10 所示。

当电路发生并联谐振时，电流特性与等效阻抗的关系见式（2-21）～式（2-23）。在设计高频电路的过程中，由于 Q_P 较大，需要考虑电路电容器和电感线圈的耐流值。

$$\dot{I}_\text{L} = \dot{I}_\text{S} \frac{R_\text{P}}{j\omega_0 L} = -jQ_\text{P}\dot{I}_\text{S} \qquad (2-21)$$

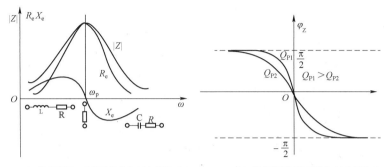

（a）并联谐振回路等效阻抗与频率的关系　　　（b）并联谐振回路相位与频率的关系

图 2-10　并联谐振回路等效阻抗与频率的关系

$$\dot{I}_\text{C} = \dot{I}_\text{S} R_\text{P} j\omega_0 C = jQ_\text{P}\dot{I}_\text{S} \qquad (2-22)$$

$$\dot{I}_\text{R} = \dot{I}_\text{S} \qquad (2-23)$$

电路的选择性与串联谐振电路等同，只是选频特性曲线是工作电压与谐振电路的电压之比，即 $\dfrac{V}{V_0}$，这里不再赘述。

2.1.3　串、并联谐振电路比较

1. 电路结构不同，应用场合不同

串、并联谐振电路一般应用在电路设计的某个环节，在串、并联谐振电路分析中使用了不同的信号源（串联谐振电路使用电压源，并联谐振电路使用电流源），两种电源的内阻不同（理想电压源的内阻为零，理想电流源的内阻为无穷大），主要原因是并联谐振电路一般在电路设计中接在放大电路的输出端（晶体管或场效应管），这种电路输出电阻较大，适合使用并联谐振电路，因此并联谐振电路更适合在电路设计中使用，应用更广泛。

2. Q 值越大越好

在电路中为了提高选择性，要求品质因数 Q 值越大越好。

$$Q_\text{串} = \frac{X_\text{S}}{R_\text{S}}, \quad Q_\text{并} = \frac{R_\text{P}}{X_\text{P}}$$

式中：X_S, R_S ——串联谐振电路中的参数；

　　　　X_P, R_P ——并联谐振电路中的参数。

3. 串、并联谐振电路公式比较

串、并联谐振电路公式比较见表 2-1。

表 2-1　串、并联谐振电路公式比较

串联谐振电路	并联谐振电路
$Z = r + jX = r + j\left(\omega L - \dfrac{1}{\omega C}\right)$	$Y = G_\text{P} + jB = G_\text{P} + j\left(\omega C - \dfrac{1}{\omega L}\right)$

续表

串联谐振电路	并联谐振电路
$\varphi = \arctan \dfrac{\omega L - \dfrac{1}{\omega C}}{r}$	$\varphi = \arctan \dfrac{\omega C - \dfrac{1}{\omega L}}{G_P}$
$V_L = V_C = QV_S$：串联谐振也称电压谐振	$I_L = I_C = Q_P I_S$：并联谐振也称电流谐振
$\dfrac{I}{I_0} = \dfrac{1}{\sqrt{1 + \left(Q\dfrac{2\Delta\omega}{\omega_0}\right)^2}} = \dfrac{1}{\sqrt{1+\xi^2}}$	$\dfrac{V}{V_0} = \dfrac{1}{\sqrt{1 + \left(Q_P\dfrac{2\Delta\omega}{\omega_0}\right)^2}} = \dfrac{1}{\sqrt{1+\xi^2}}$
$f_0 = \dfrac{1}{2\pi\sqrt{LC}}$	$f_0 = \dfrac{1}{2\pi\sqrt{LC}}$
$K_{0.1} = \dfrac{\mathrm{BW}_{0.1}}{\mathrm{BW}_{0.7}}$	$K_{0.1} = \dfrac{\mathrm{BW}_{0.1}}{\mathrm{BW}_{0.7}}$
$\mathrm{BW}_{0.7} = 2\Delta f_{0.7} = \dfrac{f_0}{Q}$	$\mathrm{BW}_{0.7} = 2\Delta f_{0.7} = \dfrac{f_0}{Q_P}$
$Q = \dfrac{X_S}{R_S} = \dfrac{\omega_0 L}{r} = \dfrac{1}{\omega_0 Cr}$	$Q_P = \dfrac{R_P}{X_P} = \dfrac{R_P}{\omega_0 L} = R_P \omega_0 C$

备注：以后空载品质因数 $Q_P = Q = Q_0$，不再区分。

2.1.4　串、并联谐振电路在 Multisim 中的仿真验证

在 Multisim 仿真结果中可以得出串联谐振电路的幅频特性和相频特性，与理论结果相似，有一定的偏差，这是理论模型与实际电路设计中存在的，在电路中应充分考虑。

图 2-11（a）是仿真串联谐振电路，图 2-11（b）是仿真串联谐振电路的幅频特性，通过图形可以得出，当 LC 电路发生串联谐振时，阻抗最小，其谐振频率为 158.782 kHz，图 2-11（c）是仿真串联谐振电路相频特性，其变化为 $\pm\dfrac{\pi}{2}$，也在正弦波谐振频率处发生相位转变，根据电路理论分析正弦波的频率 $f_0 = \dfrac{1}{2\pi\sqrt{LC}}$，在仿真电路设计中，$L_1 = 1\,\mathrm{mH}$，$C_1 = 1\,\mathrm{nF}$，$f_0 = 159.2\,\mathrm{kHz}$，所测结果 158.782 kHz 与理论计算基本相符。

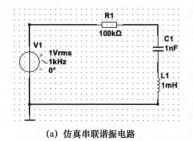

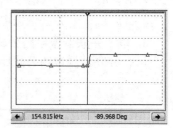

（a）仿真串联谐振电路　　（b）仿真串联谐振电路的幅频特性　　（c）仿真串联谐振电路的相频特性

图 2-11　仿真串联谐振电路及其特性

同理，可以仿真出并联谐振电路特性，证明谐振电路具有实际可应用性。

实际中使用并联谐振电路较多，在设计中需要根据实际情况选用多个电容器和电感线圈达到设计要求，其中阻容耦合是其中一种常用的并联谐振电路。图 2-12（a）为仿真并联谐振电路，其幅频特性如图 2-12（b）所示，相频特性如图 2-12（c）所示，与电路理论分析内容基本一致。

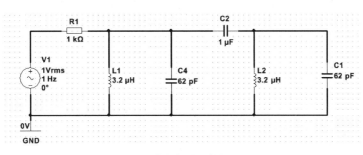

(a) 仿真并联谐振电路

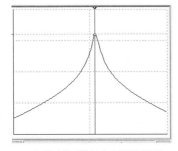

（b）仿真并联谐振电路的幅频特性

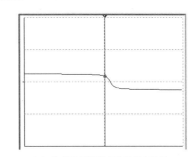

（c）仿真并联谐振电路的相频特性

图 2-12　仿真并联谐振电路及其特性

在复杂电路中，用理论等效的方法计算已经非常麻烦，因此用仿真的方法很容易得出谐振电路幅值与相位的关系，并且在仿真中可以测量结果。在设计复杂电路前为了验证仿真电路的正确性和每一个模块设计的正确性，可以先用仿真验证设计结果，以避免设计的复杂性和元器件的浪费。

注：仿真电路设计电路图的信号源是为在仿真中波特图提供信号，并不是 LC 谐振电路的信号源。

2.2　改进选频网络

2.2.1　信号源内阻及负载对谐振电路的影响

在实际应用的电路中，信号源本身有内阻，同时设计的谐振电路要驱动负载，下面讨论谐振电路在实际应用中参数的变化情况。在实际中 LC 谐振电路常用于放大器输出端，因此本书主要讲解并联谐振电路，后续实际应用电路多讨论并联谐振电路的参数，串、并联的各种参数统一表示。

如图 2-13 所示电路，在实际应用中，信号源有内阻，用 R_S 表示，电路驱动负载用 R_L 表示。在理想模型中加入 R_S 和 R_L，电路的选择性、通频带及谐振频率如何变化呢？

1. Q_e 与 G_P 的关系

电路的选择性和通频带主要由品质因数决定，则根据图 2-13 可得有载品质因数 Q_e 为：

$$Q_e = \frac{1}{G'_P X_P} = \frac{1}{\omega_P L (G_P + G_S + G_L)} = \frac{\omega_0 C}{(G_P + G_S + G_L)} \tag{2-24}$$

式中：G_P ——电感线圈电导，$G_P = \dfrac{1}{R_P}$；

G_S ——信号源电导，$G_S = \dfrac{1}{R_S}$；

G_L ——负载电导，$G_L = \dfrac{1}{R_L}$。

理想 LC 并联谐振电路的空载品质因数 Q_0 为：

$$Q_0 = \frac{1}{\omega_0 L G_P} = \frac{\omega_0 C}{G_P} \tag{2-25}$$

因为 $(G_P + G_S + G_L) > G_P$，所以 $Q_e < Q_0$。

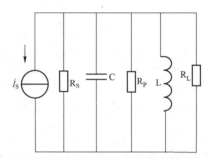

图 2-13　考虑内阻和负载后并联等效电路

2. 谐振频率

$$f_0 = \frac{1}{2\pi\sqrt{LC}} \tag{2-26}$$

结论：在实际应用 LC 振荡电路时，由于品质因数减小，因此电路的选择性变差，通频带变宽，负载电阻和信号源内阻越小，品质因数越小，对电路的影响越大；谐振频率由 LC 本身的参数决定，因此 f_0 不变。

【例 2-1】设一个放大器以简单并联谐振回路作为负载，信号源中心频率 $f_0 = 10$ MHz，回路电容 $C = 50$ pF，计算所需的电感线圈电感值。设线圈的品质因数 $Q_0 = 100$，试计算回路谐振电阻及回路带宽。若放大器所需带宽为 0.5 MHz，则回路中并联多大的电阻才能满足放大器带宽的要求？

解：（1）计算 L 的值：因为

$$f_0 = \frac{1}{2\pi\sqrt{LC}}$$

所以

$$L = \frac{1}{(2\pi f_0)^2 C} = 5.07\,(\mu H)$$

（2）回路中谐振电阻及带宽：因为

$$Q_0 = 2\pi f_0 C R_P$$

所以

$$R_P = \frac{Q_0}{2\pi f_0 C} = 31.8\,(k\Omega)$$

（3）满足带宽为 $BW_{0.7} = 0.5\,MHz$ 需要并联的电阻 R_L：因为

$$Q_e = \frac{f_0}{BW_{0.7}} = 2\pi f_0 C R_P' = 20$$

所以

$$R_P' = \frac{Q_e}{2\pi f_0 C} = 6.37\,(k\Omega)$$

$$R_P' = R_L \mathbin{/\mkern-5mu/} R_P = \frac{R_L R_P}{R_L + R_P} \Rightarrow R_L = 7.97\,(k\Omega)$$

为了改善实际应用电路的选择性，减小负载和信号源电阻对谐振电路的影响，提出了3 种阻抗变换电路：变压器耦合阻抗变换电路[如图 2-14（a）所示]、自耦变压器耦合阻抗变换电路[如图 2-14（b）所示]、电容分压式阻抗变换电路[如图 2-14（c）所示]。

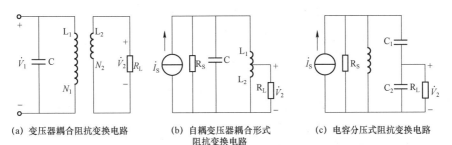

（a）变压器耦合阻抗变换电路　　（b）自耦变压器耦合形式　　（c）电容分压式阻抗变换电路
　　　　　　　　　　　　　　　　　阻抗变换电路

图 2-14　3 种基本阻抗变换电路

在各种变换电路理论分析中，主要是改善信号源内阻和负载对谐振电路特性的影响，因此在信号源内阻和负载电阻连接电路形式的过程中，应充分考虑实际电路的效果和应用的场合。

在图 2-14 所示的电路中主要是改变负载电阻在谐振电路中的影响，因此根据在电路中能量守恒的原则，可以得到式（2-27）。各种等效电路中接入系数 P 的计算方法有所不同，具体如下：

$$R_L' = \frac{R_L}{p^2} \tag{2-27}$$

式中：R_L'——等效到谐振电路 LC 的等效电阻；

$\quad\ p$——接入系数。

根据具体的电路计算方法不同，下面分析 3 种情况下电路的等效电路接入系数的计算方法。

（1）变压器耦合阻抗变换电路。变压器耦合阻抗变换电路的等效公式为：

$$R'_L = \left(\frac{N_1}{N_2}\right)^2 R_L = \frac{1}{p^2} R_L = n^2 R_L \qquad （2-28）$$

此时 $p = \dfrac{N_2}{N_1}$，即负载电阻对应的变压器线圈匝数 N_2 与等效后振荡电路中电感线圈的匝数 N_1 之比；$n = \dfrac{N_1}{N_2}$，变压器原线圈匝数 N_1 与副线圈匝数 N_2 比。

（2）自耦变压器耦合阻抗变换电路其等效电路如图 2-15 所示，其接入系数的算法如下。

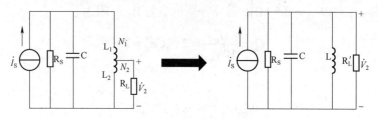

图 2-15　电感阻抗变换电路等效变化

电感线圈抽头阻抗变换电路：

$$p = \frac{N_2}{N_1 + N_2} = \frac{\omega L_2}{\omega L_1 + \omega L_2} = \frac{L_2}{L_1 + L_2} \qquad （2-29）$$

$$R'_L = \frac{R_L}{p^2}$$

式中：N_1——上半段线圈的匝数；

N_2——接入负载 R_L 线圈的匝数，

线圈的总匝数为：$N_1 + N_2$；

L_1——上半段线圈的自感系数；

L_2——接入负载 R_L 线圈的自感系数，

线圈的自感系数为：$L = L_1 + L_2$。

（3）电容分压式阻抗变换电路如图 2-16 所示，其接入算法如下。

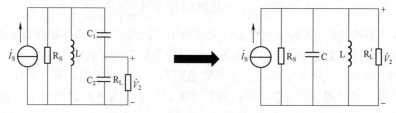

图 2-16　电容分压式电路等效变化

电容分压式阻抗变换电路：

$$p = \frac{\dfrac{1}{\omega C_2}}{\dfrac{1}{\omega C_1} + \dfrac{1}{\omega C_2}} = \frac{C_1}{C_1 + C_2}，\quad 其中 C = \frac{C_1 C_2}{C_1 + C_2} \qquad （2-30）$$

$$R'_L = p^2 R_L$$

在 3 种分压式解法电路中，其等效方法原理和计算都是基本相同的，只是等效的阻抗或电源不同而已，在计算电源等效时，根据能量守恒的关系可得：

（1）电流源或电流：$I'_S = pI_S$，其中 I'_S 是等效到谐振回路中的电流大小，I_S 是实际接到电路中的电流值；

（2）电压源或电压：$V'_S = \dfrac{1}{p}V_S$，其中 V'_S 是等效到谐振回路中的电压大小，V_S 是实际接到电路中的电压值；

（3）电路中的阻抗：$Z'_L = \dfrac{1}{p^2}Z_L$，其中 Z'_L 是等效到谐振回路中的阻抗大小，Z_L 是实际接到电路中的阻抗值；

（4）电路中的导纳：$Y'_L = p^2 Z_L$，其中 Y'_L 是等效到谐振回路中的导纳大小，Y_L 是实际接到电路中导纳值。

上述结论在分析电路的过程中要灵活应用，阻抗变换最终目的是改善电路的选择性，使 LC 谐振电路性能达到理想电路模型。

【例 2-2】电路图如图 2-17 所示，等效电路如图 2-18 所示。给定回路的谐振频率 $f_0 = 8.7\,\text{MHz}$，谐振电阻 $R_P = 20\,\text{k}\Omega$，空载品质因数 $Q_0 = 100$，信号源内阻 $R_S = 4\,\text{k}\Omega$，$p_1 = 0.314$，负载 $R_L = 2\,\text{k}\Omega$，$p_2 = 0.224$，求有载品质因数 Q_e 和通频带 $\text{BW}_{0.7}$。

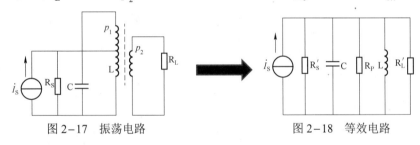

图 2-17　振荡电路　　　　　　　　图 2-18　等效电路

解：（1）有载品质因数 Q_e

$$R'_S = \frac{1}{p_1^2} R_S \approx 40\,(\text{k}\Omega)$$

$$R'_L = \frac{1}{p_1^2} R_L \approx 40\,(\text{k}\Omega)$$

$$R'_P = R_P \,//\, R'_S \,//\, R'_L = 10\,(\text{k}\Omega)$$

$$Q_0 = \frac{R_P}{\omega_0 L} \Rightarrow \omega_0 L = \frac{R_P}{Q_0} = 200\,(\Omega)$$

$$Q_e = \frac{R'_P}{\omega_0 L} = 50$$

（2）通频带 $\text{BW}_{0.7}$

$$\text{BW}_{0.7} = \frac{f_0}{Q_e} = 174\,(\text{kHz})$$

结论：由于信号源电阻的影响使品质因数下降，选择性变差，通频带变宽。

【例 2-3】某接收机收入电路简化电路如图 2-19 所示，已知 $C_1 = 5\text{ pF}$，$C_2 = 15\text{ pF}$，$R_S = 75\,\Omega$，$R_L = 300\,\Omega$，为使电路匹配，负载 R_L 等效到 LC 谐振电路输入端的等效电阻 $R'_L = R'_S$，线圈的初、次匝数比 N_1 / N_2 应该是多少？

解：$R'_L = \dfrac{1}{p_2^2} R_L = \left(\dfrac{C_1 + C_2}{C_1}\right)^2 \times 300 = 16 \times 300 = 4\,800\,(\Omega)$

$$R'_S = \frac{1}{p_1^2} R_S \Rightarrow 4\,800 = \frac{1}{p_1^2} \times 75 \Rightarrow p_1 = \frac{N_1}{N_2} = 0.125$$

结论：通过自耦变压器耦合变换电路和电容分压式阻抗变换电路，可以得出采用图 2-20 电路接法，可使接入 LC 谐振回路中的信号源电阻和负载电阻值增大 $\dfrac{1}{P_1^2}$ 倍，使得品质因数与图 2-19 相比增大，提高了电路的选择性。

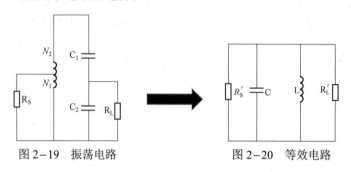

图 2-19　振荡电路　　　　　　　　　图 2-20　等效电路

2.2.2　耦合振荡电路

单调谐 LC 谐振电路的矩形系数接近 10，与理想品质因数数值 1 偏离较大，导致滤波性能较差，多级放大电路 LC 谐振电路矩形系数比单级放大电路矩形系数有所改善，但是随着级数增大，电路的损耗和元器件不断增多，电路复杂度增加，为此双调谐谐振电路在改善矩形系数时，优势明显，因此常被高频电路采用。

1. 多级单调谐电路性能

n 级放大器与单调谐 LC 电路的通频带和矩形系数 $K_{0.1}$ 通过放大器级联进行简单计算可得到通频带 [见式（2-31）] 和矩形系数 [见式（2-32）]。

$$\text{BW}_{0.7} = \sqrt{2^{\frac{1}{n}} - 1}\,\frac{f_0}{Q} \tag{2-31}$$

$$K_{0.1} = \frac{\sqrt{10^{\frac{2}{n}} - 1}}{\sqrt{2^{\frac{1}{n}} - 1}} \tag{2-32}$$

多级放大器与单调谐 LC 谐振电路级联通过式（2-32）计算，见表 2-2，从表 2-2 可以看出，矩形系数在级联三极放大器之前改善明显，但是到第四级后，矩形系数改善有限，即使到无穷大，矩形系数达到极限 2.56，距离理想矩形系数 1 还是有一定的差距。

表 2-2　$K_{0.1}$ 与 n 的关系

n	1	2	3	4	5	6	7	8	9	10	∞
$K_{0.1}$	9.95	4.8	3.75	3.4	3.2	3.1	3.0	2.94	2.92	2.9	2.56

2. 双耦合振荡电路

针对单耦合电路特性不够理想、带内不平坦、带外衰减变化又很慢的问题，多级单耦合电路级联，矩形系数基本保持在 3～4，但是采用双耦合电路，矩形系数可达 1.5。双耦合电路是指两个耦合电路通过变压器耦合，如图 2-21 所示；或者通过电容耦合方式进行级联，如图 2-22 所示。

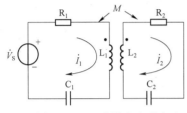

图 2-21　互感耦合串联电路

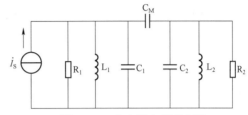

图 2-22　电容耦合并联电路

1）互感耦合串联电路

（1）耦合系数，即耦合元件电抗的绝对值，与初次级回路中同性质元件电抗值的几何中项之比，用 K 表示，K 值的大小直接影响幅频特性曲线，能有效地改善电路的特性。

$$K = \frac{\omega M}{\sqrt{\omega L_1 \omega L_2}} = \frac{M}{\sqrt{L_1 L_2}} = \frac{C_M}{\sqrt{(C_1 + C_M)(C_2 + C_M)}} \qquad (2-33)$$

① 弱耦合：$K < 1\%$ 称为极弱耦合，$1\% < K < 5\%$ 称为弱耦合；

② 强耦合：$5\% < K < 90\%$ 称为强耦合，$K > 90\%$ 称为极强耦合；

③ 全耦合：$K = 100\%$。

（2）电路分析。在图 2-21 电路中：

$$Z_{11} = R_1 + j\omega L_1 + \frac{1}{j\omega C_1} = R_1 + j\left(\omega L_1 - \frac{1}{\omega C_1}\right) = R_{11} + jX_{11} \qquad (2-34)$$

$$Z_{22} = R_2 + j\omega L_2 + \frac{1}{j\omega C_2} = R_2 + j\left(\omega L_2 - \frac{1}{\omega C_2}\right) = R_{22} + jX_{22} \qquad (2-35)$$

$$\begin{cases} \dot{V}_S = Z_{11}\dot{I}_1 - j\omega M\dot{I}_2 \\ 0 = Z_{22}\dot{I}_2 - j\omega M\dot{I}_1 \end{cases}$$

$$\dot{I}_1 = \frac{\dot{V}_S}{Z_{11} + \dfrac{(\omega M)^2}{Z_{22}}} = \frac{\dot{V}_S}{Z_{11} + Z_{f1}} \qquad (2-36)$$

$$\dot{I}_2 = \frac{j\omega M\dot{I}_1}{Z_{22}} = \frac{j\omega M \dfrac{\dot{V}_S}{Z_{11}}}{Z_{22} + \dfrac{(\omega M)^2}{Z_{11}}} = \frac{j\omega M \dfrac{\dot{V}_S}{Z_{11}}}{Z_{22} + Z_{f2}} \qquad (2-37)$$

$$Z_{f1} = \frac{(\omega M)^2}{Z_{22}} = \frac{(\omega M)^2}{R_{22} + jX_{22}} = \frac{(\omega M)^2}{R_{22}^2 + X_{22}^2} R_{22} - j\frac{(\omega M)^2}{R_{22}^2 + X_{22}^2} X_{22} \tag{2-38}$$

$$Z_{f2} = \frac{(\omega M)^2}{Z_{11}} = \frac{(\omega M)^2}{R_{11} + jX_{11}} = \frac{(\omega M)^2}{R_{11}^2 + X_{11}^2} R_{11} - j\frac{(\omega M)^2}{R_{11}^2 + X_{11}^2} X_{11} \tag{2-39}$$

$$\dot{V}_2 = j\omega M \frac{\dot{V}_S}{Z_{11}} = j\omega M \dot{I}_1$$

结论：Z_{f1} 是次级线圈反射到初级回路的反射阻抗；Z_{f2} 是初级线圈反射到次级回路的反射阻抗；$\dot{V}_2$ 是初级线圈电流通过互感 M 的作用在次级线圈产生的等效感应电动势。当发生全谐振时，即两个谐振回路与信号源频率相同，初、次级线圈 $Z_{11} = R_{11}$，$Z_{22} = R_{22}$，两个电路体现阻性。初次级电抗为 0，但是电阻的影响依然存在，见式（2-40）和式（2-41）。

$$\dot{I}_1 = \frac{\dot{V}_S}{R_{11} + \frac{(\omega M)^2}{R_{22}}} = \frac{\dot{V}_S}{R_{11} + R_{f1}} \tag{2-40}$$

$$\dot{I}_2 = \frac{j\omega M \frac{\dot{V}_S}{R_{11}}}{R_{22} + \frac{(\omega M)^2}{R_{11}}} = \frac{j\omega M \frac{\dot{V}_S}{R_{11}}}{R_{22} + R_{f2}} \tag{2-41}$$

电路发生全谐振，电路中次级线圈电流并没有达到最大值，为使其最大，应使 $R_{22} = \frac{(\omega M)^2}{R_{11}}$，则 $\omega M = \sqrt{R_{22} R_{11}}$，则

$$\dot{I}_{2max} = j\frac{\dot{V}_S}{2\sqrt{R_{22} R_{11}}} \tag{2-42}$$

此时称为最佳耦合下的全谐振。

（3）耦合电路频率特性。为了简化电路，设 $L_1 = L_2 = L$，$C_1 = C_2 = C$，$R_{22} = R_{11} = R$，$Z_{22} = Z_{11} = Z = R(1 + j\xi)$

$$\dot{I}_1 = \frac{\dot{V}_S}{R(1 + j\xi) + \frac{(\omega M)^2}{R(1 + j\xi)}} = \frac{(1 + j\xi)\dot{V}_S / R}{(1 + j\xi)^2 + \left(\frac{\omega M}{R}\right)^2} \tag{2-43}$$

$$\dot{I}_2 = \frac{j\omega M \frac{\dot{V}_S}{R + (1 + j\xi)}}{R(1 + j\xi) + \frac{(\omega M)^2}{R(1 + j\xi)}} = \frac{j\omega M \dot{V}_S / R^2}{(1 + j\xi)^2 + \left(\frac{\omega M}{R}\right)^2} \tag{2-44}$$

令 $\eta = \frac{\omega M}{R}$，称为耦合因数，它与 K 的关系如下：

$$\eta = \frac{\omega M}{R} = \frac{K\omega L}{R} = KQ$$

$$\dot{I}_1 = \frac{(1+\mathrm{j}\xi)\dot{V}_\mathrm{s}/R}{(1+\mathrm{j}\xi)^2+\eta^2} \qquad (2-45)$$

$$\dot{I}_2 = \frac{\mathrm{j}\eta\dot{V}_\mathrm{s}/R}{(1+\mathrm{j}\xi)^2+\eta^2} \qquad (2-46)$$

将式（2-42）代入（2-46）可得：

$$\dot{I}_2 = \frac{2\eta\dot{I}_{2\max}}{(1+\mathrm{j}\xi)^2+\eta^2} \qquad (2-47)$$

$$\frac{\dot{I}_2}{\dot{I}_{2\max}} = \frac{2\eta}{(1+\mathrm{j}\xi)^2+\eta^2} = \frac{2\eta}{(1-\xi^2+\eta^2)+2\mathrm{j}\xi} \qquad (2-48)$$

其幅频特性为：

$$\alpha = \left|\frac{\dot{I}_2}{\dot{I}_{2\max}}\right| = \frac{2\eta}{\sqrt{(1-\xi^2+\eta^2)^2+4\xi^2}} = \frac{2\eta}{\sqrt{(1+\eta^2)^2+2(1-\eta^2)\xi^2+\xi^4}} \qquad (2-49)$$

由式（2-49）可知，ξ 是频率的函数，α 以 ξ 为自变量的偶函数，用 η 为因变量，刻画出归一化谐振特性曲线，如图 2-23 所示。

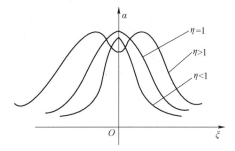

图 2-23　次级回路电压归一化的频率响应曲线

① 当 $\eta=1$ 时，即 $KQ=1$，称为临界耦合，则此时电路在谐振点上，即 $\xi=0$，$f=f_0$ 位置，电流达到最大，是最佳耦合状态的全谐振状态，此时 $\alpha=1$，是单峰状态，式（2-49）变为：

$$\alpha = \frac{2}{\sqrt{4+\xi^4}} \qquad (2-50)$$

当 $\alpha=\dfrac{1}{\sqrt{2}}$ 时，对应的频带宽度为：

$$\mathrm{BW}_{0.7} = 2\Delta f_{0.7} = \sqrt{2}\,\frac{f_0}{Q} \qquad (2-51)$$

当 $\alpha=\dfrac{1}{10}$ 时，对应的频带宽度为：

$$\mathrm{BW}_{0.1} = 2\Delta f_{0.1} = \sqrt[4]{100-1}\,\frac{\sqrt{2}f_0}{Q} \qquad (2-52)$$

矩形系数为：

$$K_{0.1} = \frac{\mathrm{BW}_{0.1}}{\mathrm{BW}_{0.7}} = \frac{2\Delta f_{0.1}}{2\Delta f_{0.7}} = \sqrt[4]{100-1} = 3.15 \qquad (2-53)$$

结论：临界耦合，矩形系数比单调谐电路矩形系数小得多，滤波性能得到明显的改善，相对比多级级联的单调谐谐振电路，其改善效果也是非常明显的。

② 当 $\eta < 1$ 时，即 $KQ < 1$，称为弱耦合，则此时电路中谐振点电流减小，即 $\xi = 0$，$f = f_0$ 位置，代入式（2-49），对应的值见式（2-54），在失谐点，α 随着 ξ 增加而减小，其电流变小，通频带变窄，曲线是单峰，参见图 2-23。

$$\alpha = \frac{2\eta}{1+\eta^2} \qquad (2-54)$$

③ 当 $\eta > 1$ 时，即 $KQ > 1$，称为强耦合，参见图 2-23。α 在 ξ 较小时，α 随着 ξ 增加而增加，当 ξ 较大时 α 随着 ξ 增加而减小，即 $\xi = 0$，$f = f_0$ 两侧位置，出现双峰，对应电流最大值，随着 η 的增大，两峰值距离逐渐变大，谷点下凹也越厉害，谷点最低点在 $\xi = 0$ 的位置。令 $\xi = 0$，求出 α 用 δ 表示，对应的值为

$$\delta = \frac{2\eta}{1+\eta^2} \qquad (2-55)$$

两峰值之间的距离可对式（2-49）中 ξ 求导数，并令导数等于 0，可得结果如下：

$$\xi(1-\xi^2+\eta^2) = 0$$

求得 3 个根分别为（3 个最值点）：

$$\begin{cases} \xi_0 = 0 \\ \xi_1 = -\sqrt{\eta^2-1} \\ \xi_2 = +\sqrt{\eta^2-1} \end{cases} \qquad (2-56)$$

结论：ξ_0：曲线最小值，谷点；ξ_1、ξ_2 曲线最大值，两个峰值点。

显然，通频带与 η 有关，理想情况应该在 $\eta > 1$ 时，通频带较宽，矩形系数接近 1。求解如下：

$$\alpha = \left| \frac{\dot{I}_2}{\dot{I}_{2\max}} \right| = \frac{2\eta}{\sqrt{(1-\xi^2+\eta^2)^2 + 4\xi^2}} = \frac{2\eta}{\sqrt{(1+\eta^2)^2 + 2(1-\eta^2)\xi^2 + \xi^4}} = \frac{1}{\sqrt{2}}$$

$$\xi = \pm\sqrt{\eta^2 + 2\eta - 1}$$

$$\mathrm{BW}_{0.7} = 2\Delta f_{0.7} = \sqrt{\eta^2 + 2\eta - 1}\, \frac{f_0}{Q} \qquad (2-57)$$

备注：① 在求取通频带时，谷点的值不能低于 $\frac{1}{\sqrt{2}}$，即 $\delta = \frac{2\eta_{\max}}{1+\eta_{\max}^2} = \frac{1}{\sqrt{2}}$，则 $\eta = 2.41$，

$\mathrm{BW}_{0.7} = 2\Delta f_{0.7} = 3.1 \dfrac{f_0}{Q}$，与单谐振电路相比，$Q$ 点相同的情况下，通频带是单谐振回路的 3.1 倍；

② 工程上一般两峰之间的宽度为：$\dfrac{\Delta f_1}{f_0} = k$，因为 k 越大，谷点下凹越厉害，此时 $k = 1.5K_C$

（K_C：耦合因数）。例如，某接收机耦合回路，$f_0 = 465 \text{ kHz}$，$\Delta f_1 = 10 \text{ kHz}$，可得 $k = \dfrac{\Delta f_1}{f_0} = \dfrac{10}{465} = 0.021\,5$，因此 $K_C = \dfrac{0.021\,5}{1.5} = 0.014\,33$，于是可得 $Q = \dfrac{1}{K_C} = 69.78$。

2）电容耦合回路

耦合系数：

$$K_{C=K} = \frac{C_M}{\sqrt{(C_1 + C_M)(C_2 + C_M)}} = \frac{C_M}{C + C_M} \quad (C_1 = C_2 = C) \qquad （2-58）$$

$$\alpha = \left| \frac{\dot{V}_2}{\dot{V}_{2\max}} \right| = \frac{2\eta}{\sqrt{\left(1 - \xi^2 + \eta^2\right)^2 + 4\xi^2}} = \frac{2\eta}{\sqrt{\left(1 + \eta^2\right)^2 + 2\left(1 - \eta^2\right)\xi^2 + \xi^4}} \qquad （2-59）$$

电容耦合电路与电感耦合电路的电路性能是一致的，当 $\eta = 1$ 时，临界耦合，当 $\eta < 1$ 时，弱耦合，最佳是当 η 略大于 1 强耦合时，矩形系数接近 1.5 左右。

3. 耦合形式的特性曲线与仿真验证

在谐振特性曲线中，$\eta = 1$，是电流最大值（$\alpha = 1$）单峰值，与单调谐回路基本相似，但是通频带是单调谐回路的 $\sqrt{2}$ 倍，$\eta < 1$，弱耦合，是单峰，但是 $\alpha < 1$，电流小于最大值，峰值减少，最佳是当 η 略大于 1 强耦合时，谐振点出现谷值，并在谐振点两侧出现双峰，矩形系数接近 1.5 左右，通频带较宽，滤波性能最佳。

在耦合回路中，幅频特性 $\eta = K_C Q$ 以电容耦合回路为例，在图 2-24 所示电容耦合并联电路中，C_M 是耦合电容，其不同取值结果决定电路幅频特性曲线的形状和电路的矩形系数，具体仿真参数分析如图 2-25 所示。

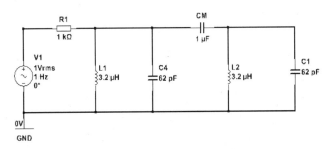

图 2-24　电容耦合并联电路

（1）当 $C_M = 3 \text{ pF}$ 时，此时 $\eta < 1$，弱耦合，是单峰，与单谐振回路相似，幅值最大。

（2）当 $C_M = 11 \text{ pF}$ 时，此时 $\eta < 1$，弱耦合，是单峰，与单谐振回路相比，幅值减小，带宽增大，是单峰。

（3）当 $C_M = 26 \text{ pF}$ 时，此时 $\eta > 1$，强耦合，是双峰，与单谐振回路相比，出现谷值，幅值减小，带宽增大。

（4）当 $C_M = 50 \text{ pF}$ 时，此时 $\eta > 1$，强耦合，是双峰，与 $C_M = 26 \text{ pF}$ 相比，谷值增大，两峰值距离加大，带宽增大。

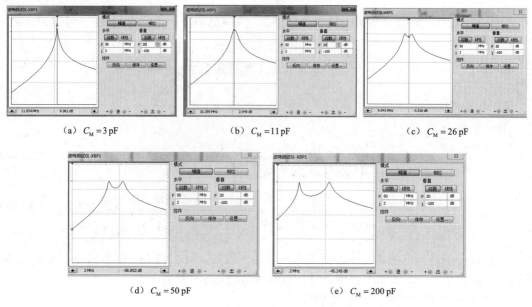

（a）$C_M = 3\,pF$　　　　（b）$C_M = 11\,pF$　　　　（c）$C_M = 26\,pF$

（d）$C_M = 50\,pF$　　　　　　（e）$C_M = 200\,pF$

图 2-25　电容耦合电路幅频特性曲线

（5）当 $C_M = 200\,pF$ 时，此时 $\eta > 1$，强耦合，是双峰，与 $C_M = 50\,pF$ 相比，谷值增大，两峰值距离加大，虽然此时带宽增大，但是由于谷值大于 3 dB，在实际电路中不能使用。

结论：使用仿真电路进行分析，可以容易定性得出电路的性能，在实际电路设计中能很好的借鉴。

通过串联谐振、并联谐振、耦合回路的讨论，想得到理想滤波器是不可能的，因此要获得理想滤波器，需要采用逼近理想滤波器的方法，实际上有下面几种逼近的方法。

（1）巴特沃斯（Butterworth）逼近：在频域范围内，和其他逼近方法相比，幅频特性起伏最小或最平，也叫平坦滤波器。

（2）切比雪夫（Chebyshev）逼近：这种方法逼近幅频特性的幅度起伏以振荡形式均匀分布。

（3）贝塞尔（Bessel）逼近：频率特性中相频特性起伏很小或和其他滤波器逼近相比最平。

（4）椭圆函数逼近：这种方法逼近的滤波器，幅频特性具有陡峭的边缘和狭窄的过渡带。这些滤波器的算法在使用过程中可以自行查文献学习。

2.3　其他形式的滤波器电路

在高频电子线路中，除了使用串联谐振、并联谐振、耦合电路作为选频外，还经常使用其他形式的滤波器来完成选频作用，如 LC 集中选择性滤波器、陶瓷滤波器、表面声波滤波器等。滤波器是一种器件，一般由专业的企业选用特殊材料或选频电路进行制作和封装，并具有特定的频率，一般不可调，下面介绍常用几种滤波器的原理和特性。

2.3.1　LC 集中选择性滤波器

专业厂家将一定的 LC 电路组合进行封装，一般是由 5 节单节滤波器组成 6 个调谐电路，生成一个选频网络，其基本电路按照频率是否通过可以分为以下几种电路，原理如图 2-26 所示。

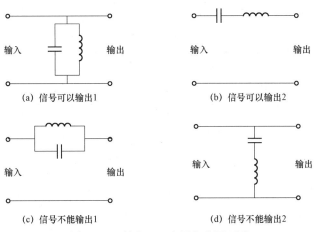

(a) 信号可以输出 1　　　　　　(b) 信号可以输出 2

(c) 信号不能输出 1　　　　　　(d) 信号不能输出 2

图 2-26　基本 LC 选频电路原理图

根据串联 LC 对谐振频率低阻抗，并联 LC 对谐振频率高阻抗的谐振特性，图 2-26（a）和图 2-26（b）谐振频率的信号可以输出，图 2-26（c）和图 2-26（d）谐振频率的信号不能输出。将基本 LC 电路组合封装后称为 LC 集中选择性滤波器，如图 2-27 所示。LC 集中选择性带通滤波器，可使某一带宽的频率信号通过，同时矩形系数较小，是标准的 LC 选频电路。

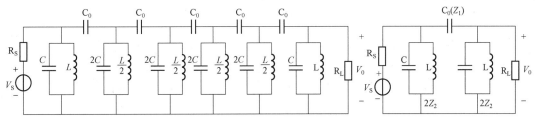

图 2-27　LC 集中选择性滤波器原理图

2.3.2　石英晶体滤波器

为了得到工作频率稳定度高的滤波器，要求滤波元件有较高的品质因数，对于 LC 谐振电路来说，品质因数较低（一般在 100～200），矩形系数较大，不能满足高频电子线路稳定度的要求，研究发现用特殊的方式切割的石英晶体片可构成振荡器，品质因数可达几万甚至几百万，稳定度非常高，其幅频特性曲线阻带衰减快，通带衰减小，所以应用广泛，在高频电子线路中常应用在高稳定性的振荡电路中，也用作高频窄带滤波器。

1. 石英晶体的物理特性

石英晶体主要成分是 SiO_2，是六角锥体结构，图 2-28 是石英晶体自然结晶和横截面图。根据石英晶体的物理性质，在石英晶体内画出 3 条对称轴 XX、YY、ZZ，分别叫电轴、机械轴和光轴。

压电石英晶体是各向异性的晶体，是石英晶体按照不同方位从石英晶体切割而来，分别分为 X 切型、Y 切型、AT 切型，分别如图 2-29（a）、（b）、（c）所示。

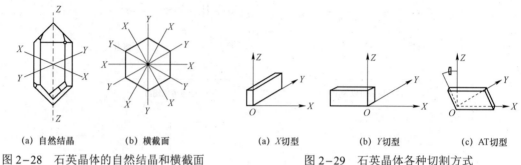

(a) 自然结晶　(b) 横截面	(a) X切型　(b) Y切型　(c) AT切型
图 2-28　石英晶体的自然结晶和横截面	图 2-29　石英晶体各种切割方式

2. 石英晶体滤波器原理

石英晶体切片利用压电效应，即当石英晶体受到机械力时，它表面产生电荷，如果机械力由压力变张力，则晶体表面电荷极性就反过来。当石英晶体固有频率与外加电源的频率相等时，石英晶体就会发生谐振，这时机械振动幅度最大，产生的电荷最多，其外部电流达到最大值，等效原理图如图 2-30（c）所示，电路符号如图 2-30（b）所示，其内部构造如图 2-30（a）所示。

图 2-30（c）中 C_0 代表石英晶体支架静电容量，C_S、L_S 和 r_S 代表本身特性，一般情况下 $C_S \ll C_0$，L_S 一般是几亨到十分之几亨，C_S 一般是百分之几皮法，r_S 一般是几欧到几百欧，因此石英晶体的阻抗非常大（几百千欧左右），Q 值极高，一般是几万至几百万，稳定性非常好。

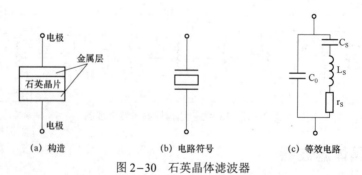

(a) 构造　　　　　　　(b) 电路符号　　　　　　(c) 等效电路

图 2-30　石英晶体滤波器

根据石英晶体的电路特性，石英晶体能发生两个谐振频率，一是在频率较低时，C_S、L_S 和 r_S 首先发生串联谐振，电路体现阻性；谐振频率为 $\omega_s(f_s)$，当 $\omega > \omega_s$ 时，C_S、L_S 和 r_S 串联支路体现感性，与 C_0 发生并联谐振，谐振频率为 $\omega_p(f_p)$，随着频率的继续增大，整个电路又体现容性，具体分析如下。

（1）串联谐振频率：

$$\omega_\text{S} = \frac{1}{\sqrt{L_\text{S}C_\text{S}}} \Rightarrow f_\text{S} = \frac{1}{2\pi\sqrt{L_\text{S}C_\text{S}}} \qquad (2-60)$$

（2）并联谐振频率：

$$\omega_\text{P} = \frac{1}{\sqrt{L_\text{S}\dfrac{C_\text{S}C_0}{C_\text{S}+C_0}}} \Rightarrow f_\text{P} = \frac{1}{2\pi\sqrt{L_\text{S}\dfrac{C_\text{S}C_0}{C_\text{S}+C_0}}} = f_\text{S}\sqrt{1+\frac{C_\text{S}}{C_0}} \qquad (2-61)$$

但由于 $C_\text{S} \ll C_0$，因此 ω_S 与 ω_P 非常接近，随着 C_0 的增大，石英晶体又体现容性。

（3）晶体的品质因数：

$$Q = \frac{\omega L_\text{S}}{R_\text{S}} \qquad (2-62)$$

石英晶体在谐振电路中主要体现感性，R_S 是电感内阻，较小，因此在高频中 Q 非常大，同时石英晶体振荡器的特性主要取决于晶体的物理特性和切割工艺，电路稳定性非常好，不受外界的时间、温度等影响。由于 $C_\text{S} \ll C_0$，通过式（2-61）可以看出，在外接电路时，对石英晶体振荡电路影响非常小，当晶体发生串联谐振时，阻抗较低，并联谐振时阻抗很高。

3. 陶瓷滤波器

利用压电效应选择某些陶瓷材料构成的滤波器叫陶瓷滤波器，陶瓷滤波器主要是由锆钛酸铅 [Pb（ZrTi）] 压电陶瓷材料（PZT）制成的。制作时在陶瓷的两面涂以银浆（一氧化银），加高温后还原成银，牢固地附着在陶瓷面上，形成两个电极，再经过直流高压极化后，具有和石英晶体类似的压电效应，因此它可以代替石英晶体滤波器使用。与其他滤波器相比，陶瓷滤波器可以制成各种形状，适合滤波器小型化，且耐热性能好，稳定性高，Q 为几百，选频特性比石英晶体差，但是带宽比石英晶体宽，具体构造、电路符号和等效电路如图 2-31 所示。

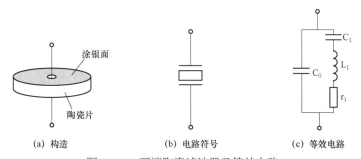

图 2-31　两端陶瓷滤波器及等效电路

将谐振频率不同的压电陶瓷片适当地组合连接，就可以获得接近理想矩形的幅频特性。如使用 9 个压电陶瓷片可以连接成四端陶瓷滤波器，构造和电路符号如图 2-32 所示。

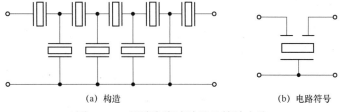

图 2-32　四端陶瓷滤波器及等效电路

2.3.3 声表面滤波器

声表面滤波器是利用局部扰动产生一种通过固体介质内或沿表面传送的波,是采用铌酸锂、石英或镉钛等压电材料为衬底(基体)的电声换能元件,利用衬底对电场作用时膨胀和收缩效应完成能量转换,其结构示意图如图 2-33 所示。

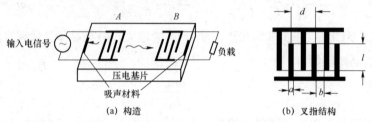

(a) 构造　　　　　　　　　　(b) 叉指结构

图 2-33　声表面滤波器的结构示意图

图 2-33 中有左、右两对交叉指型(简称"叉指")电极分别是发端换能器和收端换能器。基本工作过程是一个时变的电信号(交流信号源)输入,引起晶体(压电衬底)振动,并沿表面产生声波(表面波和体波),在压电衬底另一端接收换能器把声波变换成电信号,实现能量转换。

(1)沿着弹性体表面传递声波,有 n 节换能器,$(n+1)$ 个电极或 $N=\dfrac{n}{2}$ 个周期段。指间距 b 和指宽 a 决定声波波长。

(2)换能器的频率:$f_0 = \dfrac{v}{d}$,v 传播速度,声音在半导体中的传播速度是 $3\times10^3\,\mathrm{m/s}$,在真空中的传播速度是 $3\times10^8\,\mathrm{m/s}$。

(3)周期段长(波长):$\lambda_0 = d = 2(a+b)$。

(4)振幅:当外加信号的频率 $f_s = f_0$ 时,各节发生的表面声波同向叠加,振幅最大,总振幅为 $A_s = nA_0$(A_0——每节所激发声波强度振幅),当 f_s 偏离 f_0 时,总振幅强度减小(每一节振幅基本不变,但相位发生了变化),表面声波幅频特性曲线是 $\dfrac{\sin x}{x}$ 抽样函数形式, $x = N\pi\,\Delta f/f_0\,(\Delta f = f - f_0)$。

目前声表面的中心频率为 10 MHz～1 GHz,相对带宽为 0.5%～50%,矩形系数为 1.2,插入损耗最低仅 0.7 dB。但是声波滤波器由于经过多次转换,会有回波干扰。声表面滤波器也和晶振一样,分为 DIP 和 SMD 两大类,常用于电视机、收音机、录像机等电器类产品,英文简称 SAW(surface acoustic wave filters)。它是一种集成滤波器件,这种滤波器体积小、质量轻、工作频率高,尤其适合于高频、超高频工作。

2.3.4 不同滤波器特点和性能比较

2.3.3 节介绍几种常用的 LC 集中选频滤波器、石英晶体滤波器、陶瓷滤波器和声表面滤波器,下面总结一下这几种滤波器的特点和性能。

(1)LC 集中选择性滤波器:由专业厂家设计生产,带宽可调,可宽可窄,设计方便,但是品质因数和稳定性不如其他几种滤波器,并且体积较大。

(2)石英晶体滤波器:品质因数可达几万,非常高,性能稳定,但是通频带较窄,常用于高放大倍数而其他性能指标一般的滤波电路中。

（3）陶瓷滤波器：品质因数适中，能达到几百，性能稳定，带宽较宽，价格便宜，频率较低，常用于测量仪器。

（4）声表面滤波器：中心频率较高，矩形系数较好，性能稳定，带宽较宽，在电路设计中可采用集成电路加工工艺，制造简单，成本低，重复性和设计性灵活性高，可大量生产，是广泛应用的滤波器，常用于频率较高的电路设计中，起到选频作用。

本 章 小 结

本章主要讲解高频电路中元器件特性，包括高频电路中无源元件的特性、电路中有源器件的特性；谐振电路特性，包括串联谐振电路和并联谐振电路、并联谐振电路的耦合连接、接入系数；谐振电路的幅频特性和相频特性，耦合电路特性，包括互感耦合和电容耦合谐振电路特性等，并用 Multisim14 进行了性能的仿真，验证了理论知识，扩展了应用。

习 题 2

1. 已知一并联谐振回路的频率 $f_0 = 1\,\text{MHz}$，要求对 $990\,\text{kHz}$ 的干扰信号有足够的衰减，问并联回路如何设计？

2. 试定性分析图 2-34 所示电路在什么情况下呈现串联或并联的谐振状态？

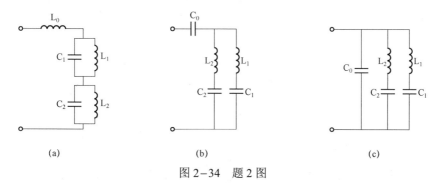

图 2-34 题 2 图

3. 已知并联谐振回路的 $L = 1\,\mu\text{H}$，$C = 20\,\text{pF}$，$Q_0 = 100$，求该并联回路的谐振频率 f_0、谐振电阻 R_p 及通频带 $\text{BW}_{0.7}$。

4. 并联谐振回路如图 2-35 所示，已知：$C = 300\,\text{pF}$，$L_2 = 390\,\mu\text{H}$，$Q_0 = 100$，信号源内阻 $R_\text{S} = 100\,\text{k}\Omega$，负载电阻 $R_\text{L} = 200\,\text{k}\Omega$，求该回路的谐振频率、谐振电阻、通频带。

5. 已知并联谐振回路的 $f_0 = 10\,\text{MHz}$，$C = 50\,\text{pF}$，$\text{BW}_{0.7} = 150\,\text{kHz}$，求回路的 L 和 Q_0 及 $\Delta f = 600\,\text{kHz}$ 时电压衰减倍数。如将通频带加宽为 300 kHz，应在回路两端并接一个多大的电阻？

6. 并联谐振回路如图 2-36 所示。已知：$f_0 = 10\,\text{MHz}$，$Q_0 = 100$，$R_\text{S} = 12\,\text{k}\Omega$，$R_\text{L} = 1\,\text{k}\Omega$，$C = 40\,\text{pF}$，匝比 $n_1 = N_{13}/N_{23} = 1.3$，$n_2 = N_{13}/N_{45} = 4$，试求谐振回路有载谐振电阻 R_p、有载品质因数 Q_e 和回路通频带 $\text{BW}_{0.7}$。

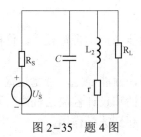

图 2-35 题 4 图

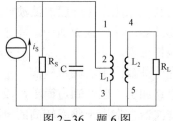

图 2-36 题 6 图

7. 有一并联回路在某频段工作，频率最低频率是 535 kHz，最高频率是 1 605 kHz，现有两个可变电容器，一个电容器最小电容值为 12 pF，最大电容量为 100 pF；另一个电容器最小电容值为 15 pF，最大容量为 450 pF，试问：

（1）应采用哪个电容器？为什么？

（2）回路电感应为多少？

（3）绘制实际的并联回路。

8. 给定串联谐振回路的谐振频率为 $f_0 = 1.5\,\text{MHz}$，$C_0 = 100\,\text{pF}$，谐振时电阻 $R = 5\,\Omega$，试求 Q_0 和 L_0，若信号电源振幅 $V_{sm} = 1\,\text{mV}$。试求谐振时回路中的电流 I_0 及回路元件上的电压 V_{L0} 和 V_{C0}。

9. 串联回路如图 2-37 所示。已知：$f_0 = 1\,\text{MHz}$，电压振幅 $V_{sm} = 0.1V$，将 1-1 端短接，当电容 $C = 100\,\text{pF}$ 时谐振，此时电容 C 两端的电压为 10 V，如将 1-1 串接一阻抗 Z_x（电阻与电容串联），则回路失谐，当调节电容 $C = 200\,\text{pF}$ 时电路再次谐振，电容 C 两端的电压为 2.5 V，试求线圈电感 L、空载品质因数 Q_0 和未知阻抗 Z_x。

10. 并联谐振回路如图 2-38 所示。已知通频带 $2\Delta f_{0.7}$ 和电容 C，若总导纳为 $g_\Sigma = g_s + G_P + G_L$，试证明：$g_\Sigma = 4\pi\Delta f_{0.7}C$。若给定 $C = 20\,\text{pF}$，$2\Delta f_{0.7} = 6\,\text{MHz}$，$R_P = 10\,\text{k}\Omega$，$R_s = 10\,\text{k}\Omega$，求 R_L。

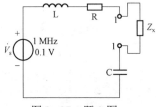

图 2-37 题 9 图

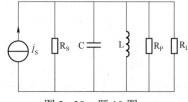

图 2-38 题 10 图

11. 并联谐振回路如图 2-39 所示。信号源和负载都是部分接入，已知 R_s、R_L，并知回路的参数 L、C_1、C_2 和空载品质因数 Q_0，试求：

（1）f_0 和 $2\Delta f_{0.7}$；

（2）R_L 不变，要求总负载与信号源匹配，如何调整回路参数？

12. 为什么耦合回路在耦合大到一定程度时，谐振曲线会出现双峰？

13. 解释耦合回路在 $\omega_{01} = \omega_{02}$，$Q_1 = Q_2$ 时，会出现下列物理现象：

（1）当 $\eta < 1$ 时，I_{2m} 在 $\xi = 0$ 处是峰值，而且随着耦合加强，峰值增加；

（2）当 $\eta > 1$ 时，I_{2m} 在 $\xi = 0$ 处是谷值，而且随着耦合加强，谷值下降；

（3）当 $\eta > 1$ 时，出现双峰，而且随着 η 值增大，双峰之间距离加大。

14. 假设有一中频放大电路的等效电路，如图 2-40 所示，试回答下列问题：

（1）如果次级线圈短路，则反射到初级的阻抗等于多少？初级等效电路（并联型）应该怎么画？

（2）如果次级线圈开路，则反射到初级的阻抗等于多少？初级等效电路应该怎么画？

（3）如果 $\omega L_2 = \dfrac{1}{\omega C_2}$，则反射到初级的阻抗等于多少？

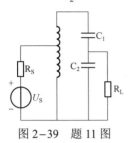
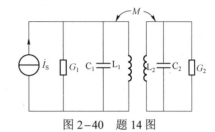

图 2−39 题 11 图   图 2−40 题 14 图

15. 有一耦合回路如图 2−41 所示。已知 $f_{01} = f_{02} = 1\,\text{MHz}$，$\rho_1 = \rho_2 = 1\,\text{k}\Omega$（$\rho = \omega_0 L$），$R_1 = R_2 = 20\,\Omega$，$\eta = 1$。试求：

（1）回路参数 L_1、L_2、C_1、C_2 和 M；

（2）图 2−41 中 a−b 端的等效阻抗 Z_p；

（3）初级回路的等效品质因数 Q_1；

（4）回路的通频带 $\text{BW}_{0.7}$；

（5）如果调节 C_2 使 $f_{02} = 950\,\text{kHz}$（信号源仍然为 $1\,\text{MHz}$），求反射到初级回路的串联阻抗。它是感性还是容性？

16. 如图 2−41 所示的电路形式，已知 $L_1 = L_2 = 100\,\mu\text{H}$，$R_1 = R_2 = 5\,\Omega$，$M = 1\,\mu\text{H}$，$\omega_{01} = \omega_{02} = 10^7\,\text{rad}/\text{s}$，电路处于全谐振状态。试求：

（1）a−b 端的等效阻抗；

（2）两回路的耦合因数；

（3）耦合回路的相对通频带。

17. 有一双电感复杂并联回路如图 2−42 所示。已知 $L_1 + L_2 = 500\,\mu\text{H}$，$C = 500\,\text{pF}$，为了使电源中的二次谐波能被回路滤掉，应如何分配 L_1 和 L_2？

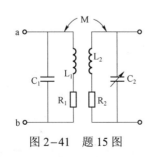
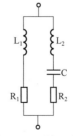

图 2−41 题 15 图   图 2−42 题 17 图

18. 已知一 RLC 串联谐振回路谐振频率 $f_0 = 300\,\text{kHz}$，回路电容 $C = 2\,000\,\text{pF}$，设规定在通频带的边界 f_1 和 f_2 处的回路电流是谐振电流的 $1/1.25$，回路中电阻 R 或 Q 值应等于多少才能获得 $10\,\text{kHz}$ 的通频带？它与一般的通频带定义相比较，Q 值相差多少？

第3章 高频小信号谐振放大器设计与 Multisim 实现

3.1 概　　述

高频小信号谐振放大器与模拟电子技术中低频小信号放大器的主要区别是，在这种放大器中，输入信号为高频信号，中心频率达到几千 Hz 至几十 MHz，频带范围与中心频率相比小得多，通常是窄带放大器。高频小信号放大器电路核心元件是非线性元器件，输出除了放大的输入信号外，还有很多干扰信号，为了得到放大的输入信号，去除干扰信号，负载常采用谐振电路的形式。在使用高频谐振放大器过程中，放大器不但能放大信号，还具有选频和阻抗变换的作用。在高频放大器中，除了窄带放大器外，还有宽带放大器，中心频率达到几 MHz 至几百 MHz，用于较宽的弱信号放大，这种放大器一般选用无选频作用的变压器做负载，其相对带宽较大，在一定范围内近似认为增益不变。本章主要讨论和分析的是窄带放大器。

1. 增益

放大器输出电压（功率）与输入电压（功率）之比，称为放大器的增益或放大倍数，常用 A_v（或 A_p）表示（有时以 dB 数来计算），表示形式如式（3-1）～式（3-4）所示。

$$A_v = \frac{V_o}{V_i} \tag{3-1}$$

$$A_p = \frac{P_o}{P_i} \tag{3-2}$$

$$A_v\,(\mathrm{dB}) = 20\lg \frac{V_o}{V_i} \tag{3-3}$$

$$A_p\,(\mathrm{dB}) = 10\lg \frac{P_o}{P_i} \tag{3-4}$$

在设计放大器时希望放大倍数越大越好，并且尽可能用比较少的级数。放大器增益的大小，取决于所用晶体管特性参数，电路所要求的通频带宽度，良好的匹配特性和稳定工作等参数。

2. 通频带

通频带也称 3 dB 带宽，是指放大器的电压增益下降到最大增益（最大增益出现在中心频率处）的 0.707（$\frac{1}{\sqrt{2}}$ 或 3 dB）时的上、下限频率之差，即频带宽度，常用 $BW_{0.7}$（或 $2\Delta f_{0.7}$）表示，与谐振回路定义的通频带是一致的。放大器通频带的性能取决于品质因数，同时通频带会随着放大器级数的增加而变窄，增益变大。在不同的应用中，放大器的差异很大，需要根据具体情况而选择性能指标。如收音机的中频放大器通频带是 6～8 kHz，而电视机接收中频放大器通频带为 6 MHz 左右。图 3−1 绘制了理想放大器的滤波器的幅频特性，从图 3−1 可知，理想滤波器的幅频特性应为矩形，图 3−2 绘制了实际放大器的滤波器的幅频特性，与理想滤波器差距较大。

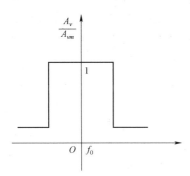

图 3−1　理想放大器的滤波器的幅频特性

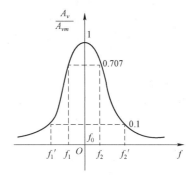

图 3−2　实际放大器的滤波器的幅频特性

$$BW_{0.7} = 2\Delta f_{0.7} = f_2 - f_1 = 2(f_0 - f_1) = 2(f_2 - f_0) \tag{3−5}$$

3. 选择性和抑制比

（1）选择性：放大器的选择性可用矩形系数衡量，矩形系数越接近 1 越好，其理想图形如图 3−1 所示。放大器的矩形系数与谐振回路定义一致，是指放大器放大倍数下降到中心频率 f_0 幅度的 0.1 倍对应的带宽 $BW_{0.1}$（或 $2\Delta f_{0.1}$）与 $BW_{0.7}$（或 $2\Delta f_{0.7}$）之比，如图 3−2 所示，其计算公式如下

$$K_{0.1} = \frac{BW_{0.1}}{BW_{0.7}} = \frac{2\Delta f_{0.1}}{2\Delta f_{0.7}} = \frac{f_2' - f_1'}{f_2 - f_1} \tag{3−6}$$

（2）抑制比：通常指对某一干扰信号的抗拒比，即选择性好坏，如图 3−3 所示，大小可用分贝表示，其定义如下

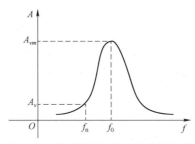

图 3−3　说明抑制比的幅频特性曲线

$$d = \frac{A_{vm}}{A_v} \tag{3−7}$$

$$d = 20\lg\frac{A_{vm}}{A_v} \qquad\qquad (3-8)$$

例如，当 $A_{vm}=100$，$A_v=1$ 时，$d=100$ 或 $d(\text{dB})=20\lg100=40$，因此抑制比越大越好。

4. 工作稳定性

工作稳定性指放大器的工作状态（直流偏置），当晶体管参数、电路元件参数等发生变化时，放大器主要性能是稳定的。电路不稳定表现为电路增益发生变化、中心频率与理想值发生偏移，通频带变窄、曲线变形等，同时不稳定会使放大器产生自激振荡，致使放大器完全不能工作。因此为了使放大器稳定的工作，必须采用一定的措施，如限制每一级增益、选用内反馈小的晶体管，或者应用中和法、失配法，采取必要的工艺措施（元件排列、接地、屏蔽等），以使放大器不自激或远离自激，且在工程应用中主要特性的变化不超过允许范围等。

5. 噪声系数

在电路某一指定点处的信号功率 P_s 与噪声功率 P_n 之比，称为信噪比，信噪比分为输入信噪比和输出信噪比。噪声系数指输入信噪比与输出信噪比之比。具体公式如下

$$F_n = \frac{\text{输入信噪比}}{\text{输出信噪比}} = \frac{\dfrac{P_{si}}{P_{ni}}}{\dfrac{P_{so}}{P_{no}}} \qquad\qquad (3-9)$$

噪声总是有害无益的，内部噪声越小越好，因此噪声系数接近 1 最好。在设计放大器电路时，第一、二级放大器的噪声起决定性作用，因此要求其噪声系数接近 1，为了减少内部噪声对放大器的影响，在设计中应采用低噪声器件，正确选择放大器的工作点，并设计合适的电路等。

以上指标既矛盾又统一，如增益与稳定性、通频带与选择性等，在实际中根据需要，合理选择主次指标进行分析和讨论。

3.2　高频小信号谐振放大器原理及设计方法

高频小信号谐振放大器主要由两部分组成，一是放大器，二是谐振回路，同时配备一定的外围电路。本章讨论的高频小信号放大器工作在甲类状态，要求信号进行幅度放大，失真小，因此常采用共射极解法，下面讨论放大器分析方法。

3.2.1　高频小信号谐振放大器原理

高频小信号谐振方法的典型电路如图 3-4 所示，LC 组成谐振电路，VT_1、R_1、R_2、R_3、C_1、C_2 组成谐振放大电路。

因为高频小信号谐振放大器是由两部分构成，谐振回路在第 2 章已经分析过了，本章主要分析晶体管放大器。在高频电子线路中，晶体管放大器采用共射极解法，同时采用静态工

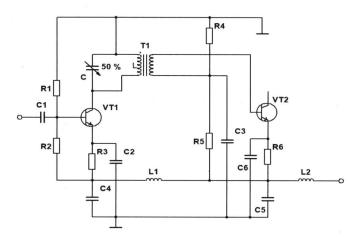

图 3-4　高频小信号谐振放大器的典型电路

作点稳定电路，当输入信号是高频信号小信号时，从物理特征出发等效成混合"π"型等效电路，元器件参数明确，但是这种电路计算不方便，因此在分析电路时使用四端口网络"Y"型等效电路，图 3-5 是晶体管放大器共射极接法交流通路，图 3-6 是晶体管放大器"Y"型等效电路图。

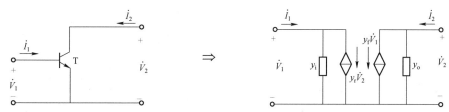

图 3-5　晶体管放大器共射极接法交流通路　　图 3-6　晶体管放大器"Y"型等效电路图

"Y"型等效电路分析是使用测量的方法进行电路等效的，因此计算和分析电路简单，在图 3-5 和图 3-6 中，$\dot{V}_1$ 是输入电压，$\dot{V}_2$ 是输出电压，电路采用共发射极解法，$\dot{I}_1$ 是输入电流，$\dot{I}_2$ 是输出电流。在图 3-6 "Y"型等效电路分析中电流为参变量，电压为自变量，则列出的四端口网络方程如下：

$$\dot{I}_1 = y_i \dot{V}_1 + y_r \dot{V}_2 \qquad\qquad (3-10)$$

$$\dot{I}_2 = y_f \dot{V}_1 + y_o \dot{V}_2 \qquad\qquad (3-11)$$

式中：

y_i——输出短路时输入导纳，$y_i = \dfrac{\dot{I}_1}{\dot{V}_1}\bigg|_{\dot{V}_2=0}$；

y_r——输入短路时反向传输导纳，$y_r = \dfrac{\dot{I}_1}{\dot{V}_2}\bigg|_{\dot{V}_1=0}$；

y_f——输出短路时正向传输导纳，$y_f = \dfrac{\dot{I}_2}{\dot{V}_1}\bigg|_{\dot{V}_2=0}$；

y_o——输入短路时输出导纳，$y_o = \dfrac{\dot{I}_2}{\dot{V}_2}\bigg|_{\dot{V}_1=0}$。

根据上述的表达式可以描绘出其对应的"Y"参数等效电路的各参数之间的关系，如图 3-6 所示。

1. 高频小信号放大器电路分析

在输入信号是小信号的条件下，实际应用中信号源有内阻，驱动一定的负载，其基本放大电路如图 3-7 所示，为了分析计算方便，采用"Y"参数等效电路，如图 3-8 所示，在等效过程中，放大器参数根据工作条件的不同，各元器件的"Y"，即导纳可能是实数，也可能是复数形式，参数角标用"e"表示是共发射极解法，根据图 3-8 所示列出电路方程如下。

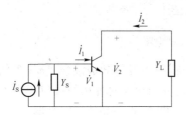 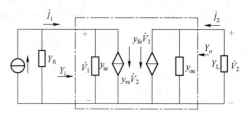

图 3-7　晶体管放大电路图　　　　　　　图 3-8　晶体管放大器"Y"参数等效电路

$$\dot{I}_1 = y_{ie}\dot{V}_1 + y_{re}\dot{V}_2 \tag{3-12}$$

$$\dot{I}_2 = y_{fe}\dot{V}_1 + y_{oe}\dot{V}_2 \tag{3-13}$$

$$\dot{I}_2 = -Y_L\dot{V}_2 \tag{3-14}$$

此时，与图 3-6 晶体管"Y"型等效电路参数相比，$y_i = y_{ie}$，$y_o = y_{oe}$，$y_f = y_{fe}$，$y_r = y_{re}$。

2. 混合"π"型等效电路

上述分析的"Y"型的等效电路不仅适合晶体管放大器，也适合任何四端口网络，在这种电路中，没有考虑晶体管放大器内部的物理过程。混合"π"参数等效电路是用集中 RLC 物理过程发生的内部物理关系的等效电路，为了能方便简洁地计算放大的性能指标并分析其工作性能，保证其稳定工作过程，需要把"π"型等效电路等效成"Y"型等效电路，具体如图 3-9 和图 3-10 所示。

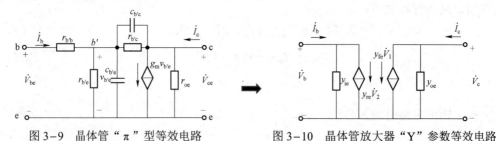

图 3-9　晶体管"π"型等效电路　　　　　图 3-10　晶体管放大器"Y"参数等效电路

在混合"π"型等效电路中，各个元器件名称和典型值如下：

$r_{b'b}$：基区体电阻，15～50 Ω；

$r_{b'e}$：发射结电阻 r_e 折合到基极回路的等效电阻，几十Ω～几 kΩ，$r_{b'e} = \dfrac{26\beta_0}{I_E}$，式中 β_0 为

共发射极晶体管的低频电流放大倍数，I_E 为发射极直流电流，mA；

$r_{b'c}$：集电结电阻，$10\ \Omega \sim 10\ \mathrm{k}\Omega$；

r_{ce}：集电结–发射结电阻，几十 Ω 以上；

$C_{b'e}$：发射结电容，$10\ \mathrm{pF} \sim$ 几百 pF；

$C_{b'c}$：集电结电容，约几 pF；

g_m：晶体管放大器跨导，几十 mS 以下，$g_m = \dfrac{\beta_0}{r_{b'e}} = \dfrac{I_c\,(\mathrm{mA})}{26\,(\mathrm{mV})}$；

$$\dot{I}_b = \frac{1}{r_{b'b}}\dot{V}_{be} - \frac{1}{r_{b'b}}\dot{V}_{b'e} \tag{3-15}$$

$$\dot{I}_c = g_m \dot{V}_{b'e} - y_{b'c}\dot{V}_{b'e} + \left(y_{b'c} + g_{ce}\right)\dot{V}_{ce} \tag{3-16}$$

$$0 = -\frac{1}{r_{b'b}}\dot{V}_{be} + \left(\frac{1}{r_{b'b}} + y_{b'e} + y_{b'c}\right)\dot{V}_{b'e} - y_{b'c}\dot{V}_{ce} \tag{3-17}$$

将上面 3 个方程整理，并消去 $\dot{V}_{b'e}$ 可得，并令：$\dot{V}_b = \dot{V}_{be}$，$\dot{V}_c = \dot{V}_{ce}$

$$\dot{I}_b = \frac{y_{b'e} + y_{b'c}}{1 + r_{b'b}\left(y_{b'e} + y_{b'c}\right)}\dot{V}_b - \frac{y_{b'c}}{1 + r_{b'b}\left(y_{b'e} + y_{b'c}\right)}\dot{V}_c \tag{3-18}$$

$$\dot{I}_c = \frac{g_m - y_{b'c}}{1 + r_{b'b}\left(y_{b'e} + y_{b'c}\right)}\dot{V}_b + \left[g_{ce} + y_{b'c} + \frac{y_{b'c}r_{b'b}\left(g_m - y_{b'e}\right)}{1 + r_{b'b}\left(y_{b'e} + y_{b'c}\right)}\right]\dot{V}_c \tag{3-19}$$

通过以上的整理和计算，可以得出，混合"π"型等效电路等效成"Y"型等效电路，各参数分别如下：

$$y_{ie} \approx \frac{y_{b'e}}{1 + r_{b'b}y_{b'e}} = \frac{g_{b'e} + j\omega C_{b'e}}{\left(1 + r_{b'b}g_{b'e}\right) + j\omega C_{b'e}r_{b'b}} = g_{ie} + j\omega C_{ie} \tag{3-20}$$

$$y_{re} \approx -\frac{y_{b'c}}{1 + r_{b'b}y_{b'e}} = -\frac{g_{b'c} + j\omega C_{b'c}}{\left(1 + r_{b'b}g_{b'e}\right) + j\omega C_{b'e}r_{b'b}} = \left|y_{re}\right| \angle \varphi_{re} \tag{3-21}$$

$$y_{fe} \approx \frac{g_m}{1 + r_{b'b}y_{b'e}} = \frac{g_m}{\left(1 + r_{b'b}g_{b'e}\right) + j\omega C_{b'e}r_{b'b}} = \left|y_{fe}\right| \angle \varphi_{fe} \tag{3-22}$$

$$y_{oe} \approx g_{ce} + y_{b'c} + \frac{y_{b'c}r_{b'b}g_m}{1 + r_{b'b}y_{b'e}}$$

$$= g_{ce} + j\omega C_{b'c} + r_{b'b}g_m \frac{g_{b'c} + j\omega C_{b'c}}{\left(1 + r_{b'b}g_{b'e}\right) + j\omega C_{b'e}r_{b'b}} = g_{oe} + j\omega C_{oe} \tag{3-23}$$

同时，在表达式中，与基本的"Y"参数电路对比可知，输入电压 $\dot{V}_1 = \dot{V}_b$，输出电压 $\dot{V}_2 = \dot{V}_c$，输入电流 $\dot{I}_1 = \dot{I}_b$，输出电流 $\dot{I}_2 = \dot{I}_c$。

通过计算可得出，在高频电路中"Y"各项参数为复数，都是频率的函数，输入导纳 y_{ie} 和输出导纳 y_{oe} 都比低频放大器大，而 y_{fe} 却比低频放大器小，并且工作频率越高，这种差别越大，这些参数可以查晶体管手册获得。

在高频电子线路中，除了运用模型计算相关参数外，必须熟悉晶体管的频率参数。

3.2.2　晶体管高频参数

1. 截止频率 f_β

晶体管放大器电路的电流放大倍数 β 将随工作频率上升而下降，当 β 下降到低频 β_0 的 $1/\sqrt{2}$ 时的频率称为 β 截止频率，用 f_β 表示。

$$\beta = \frac{\beta_0}{1 + \mathrm{j}\dfrac{f}{f_\beta}} \tag{3-24}$$

其大小为：

$$|\beta| = \frac{\beta_0}{\sqrt{1 + \left(\dfrac{f}{f_\beta}\right)^2}} \tag{3-25}$$

因为 $\beta_0 \gg 1$，在频率为 f_β 时，当 $|\beta|$ 值下降到 β_0 的 $1/\sqrt{2}$，仍然比 1 大得多，因此晶体管还能起到放大作用。

2. 特征频率 f_T

当频率升高时，$|\beta|$ 下降到 1 时，这时的频率称为特征频率，用 f_T 表示，如图 3-11 所示。

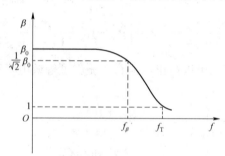

图 3-11　β 截止频率和特征频率

根据式（3-25），可以计算特征频率与截止频率的关系，见下列计算：

$$|\beta| = \frac{\beta_0}{\sqrt{1 + \left(\dfrac{f}{f_\beta}\right)^2}} = 1$$

$$f_\mathrm{T} = f_\beta \sqrt{\beta_0^2 - 1} \tag{3-26}$$

当 $\beta_0 \gg 1$ 时，$f_\mathrm{T} = \beta_0 f_\beta$ 或 $\beta_0 = \dfrac{f_\mathrm{T}}{f_\beta}$，同时可以证明，当工作频率 $f \gg f_\beta$ 时，$|\beta| \approx \dfrac{f_\mathrm{T}}{f}$ 或 $f_\mathrm{T} = |\beta| f$，运用此表达式，在已知晶体管的特征频率及工作频率的情况下，可以估计晶体管在此时刻的放大倍数 β。

3. 最高振荡频率 f_max

当晶体管的功率增益为 1 时对应的工作频率称为最高振荡频率，此时可计算 f_max 的大小为：

$$f_{\max} \approx \frac{1}{2\pi}\sqrt{\frac{g_{\mathrm{m}}}{4r_{\mathrm{b'b}}C_{\mathrm{b'e}}C_{\mathrm{b'c}}}} \qquad (3-27)$$

$f_{\max}$ 表示晶体管能适用的最高极限频率，在此频率工作时，晶体管已经失去了功率放大功能，当 $f > f_{\max}$ 时，无论怎样都不能使晶体管产生振荡，最高频率由此而来。

在通常情况下，为了使晶体管稳定工作，且有一定的功率增益，实际工作频率应是最高频率的 $1/4 \sim 1/3$。

在以上频率中，其大小顺序是 $f_{\max}$ 最高，f_{T} 次之，f_{β} 最小。

3.2.3　单调谐高频小信号放大器性能分析

1. 电压增益

在实际放大电路应用中，一般一级放大电路放大倍数不能满足实际需要，因此需要多级放大电路，因为多级放大电路组成形式相同，因此从分析一级放大电路性能入手，从而扩展到多级性能分析。高频小信号谐振放大器主要是放大小信号，很多高频信号都是窄带信号，其中心频率 f_0 远大于信号带宽 Δf，即相对带宽 $\dfrac{\Delta f}{f_0}$ 一般为百分之几，因此其负载不再是线性电路。谐振回路构成的各种滤波器，它不仅具有放大作用，还具有滤波和阻抗变换作用，这种结构的电路也叫小信号选频放大器。图 3-12 是共发射极解法晶体管高频小信号谐振放大器电路与其等效的交流通路。

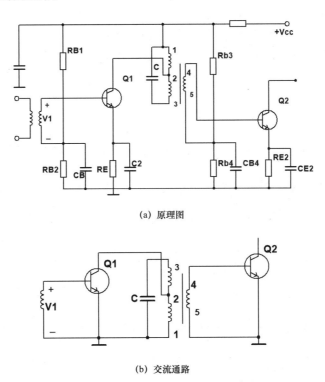

(a) 原理图

(b) 交流通路

图 3-12　晶体管高频小信号谐振放大器电路与交流通路

在放大器分析中，因为输入为小信号，可以等效成"Y"型四端口网络，谐振回路连接放大器输出，输出集电极电流近似恒流源，因此等效成并联谐振回路，具体等效电路如图3-13所示。

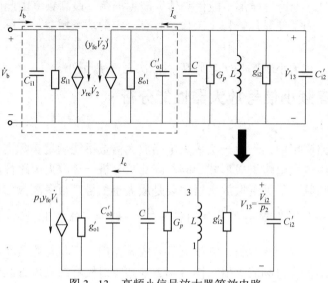

图3-13　高频小信号放大器等效电路

在图 3-13 中，C_{i1}、g_{i1} 是第一级放大电路的输入导纳，$y_{re}\dot{V}_2$ 是输入电流源，因为晶体管放大器输入与输出是断路，因此无须等效输入回路的阻抗和电流源，在放大器电路分析和计算中直接去掉即可；C_{o1}、g_{o1} 是第一级放大电路的输出回路电路参数，$y_{fe}\dot{V}_i$ 是等效输出电流源；C'_{o1}、g'_{o1} 是第一级放大电路的输出回路等效到谐振回路中 LC 的参数，$(y_{fe}\dot{V}_i)'$ 第一级放大电路的输出电流源等效到谐振回路 LC 中的电流源；C_{i2}、g_{i2} 是第二级放大电路的输入参数；C'_{i2}、g'_{i2} 是第二级放大电路等效到谐振回路中的参数，具体电路如图3-13所示。晶体管放大器 bc 端开路，并设 $p_1 = \dfrac{N_{23}}{N_{13}}$，$p_2 = \dfrac{N_{45}}{N_{13}}$，将放大器和第二级输入作为负载等效到

LC 谐振回路中可得：$g'_{o1} = p_1^2 g_{o1}$；$C'_{o1} = p_1^2 C_{o1}$；$g'_{i2} = p_2^2 g_{i2}$；$C'_{i2} = p_2^2 C_{i2}$；$(y_{fe}V_i)' = p_1 y_{fe}V_i$；

$V_{13} = \dfrac{V_{45}}{p_2}$。放大器的放大倍数为：

$$V_{13} = \frac{V_{i2}}{p_2} = \frac{电流}{总导纳} = \frac{-p_1 V_{fe}\dot{V}_i}{Y_\Sigma} = \frac{-p_1 y_{fe}\dot{V}_i}{G'_P + j\left(\omega C_\Sigma - \dfrac{1}{\omega L}\right)} \qquad (3-28)$$

式中：$Y_\Sigma = G_p + p_1^2 g_{o1} + p_2^2 g_{i2} + j\omega\left(C + p_1^2 C_{o1} + p_2^2 C_{i2}\right) + \dfrac{1}{j\omega L} = G'_p + j\left(\omega C_\Sigma - \dfrac{1}{\omega L}\right)$。

$$\dot{A}_v = \frac{-p_1 p_2 y_{fe}}{G'_p + j\left(\omega C_\Sigma - \dfrac{1}{\omega L}\right)} = \frac{-p_1 p_2 y_{fe}}{G'_p\left(1 + jQ_e\dfrac{2\Delta\omega}{\omega_0}\right)} = \frac{-p_1 p_2 y_{fe}}{G'_p\left(1 + jQ_e\dfrac{2\Delta f}{f_0}\right)}$$

式中：$Q_e = \dfrac{1}{G_p' \omega_0 L} = \dfrac{\omega_0 C}{G_p'}$，$\Delta \omega = |\omega - \omega_0| \Rightarrow \Delta f = |f - f_0|$。

当电路发生谐振时，即：$\omega_0 C_\Sigma - \dfrac{1}{\omega_0 L} = 0$ 电路的放大倍数达到最大，电路成为阻性电路：

$$\dot{A}_{vo} = \frac{-p_1 p_2 y_{fe}}{G_p'} = \frac{-p_1 p_2 y_{fe}}{G_p + p_1^2 g_{o1} + p_2^2 g_{i2}} \tag{3-29}$$

$$\omega_0 C_\Sigma - \frac{1}{\omega_0 L} = 0 \Rightarrow \omega_0 = \frac{1}{\sqrt{LC_\Sigma}} \Rightarrow f_0 = \frac{1}{2\pi\sqrt{LC_\Sigma}} \tag{3-30}$$

$$\frac{\dot{A}_v}{\dot{A}_{vo}} = \frac{1}{\left(1 + jQ_e \dfrac{2\Delta f}{f_0}\right)}$$

$$\mathrm{BW}_{0.7} = \frac{f_0}{Q_e} \tag{3-31}$$

$$\left|\frac{\dot{A}_v}{\dot{A}_{vo}}\right| = \left|\frac{1}{\left(1 + jQ_e \dfrac{2\Delta f_{0.7}}{f_0}\right)}\right| = \frac{1}{\sqrt{2}}$$

$$\left|\frac{\dot{A}_v}{\dot{A}_{vo}}\right| = \left|\frac{1}{\left(1 + jQ_e \dfrac{2\Delta f_{0.1}}{f_0}\right)}\right| = \frac{1}{10}$$

$$K_{0.1} = \frac{\mathrm{BW}_{0.1}}{\mathrm{BW}_{0.7}} = \frac{2\Delta f_{0.1}}{2\Delta f_{0.7}} = \sqrt{10^2 - 1} \approx 9.95 \tag{3-32}$$

在放大电路中，A_{vo} 是负值，说明输入与输出相位相差 180°，但是由于 y_{fe} 是复数，有一定的相位 φ_{fe}，因此实际相位是 $180° - \varphi_{fe}$，只有在低频时，$\varphi_{fe} = 0°$，输出与输入电路相位才相差 180°。通常在放大电路中，电路的作用是放大参数的幅值并希望电路得到放大倍数的最大幅值，当电路发生谐振时，输出电压的幅值最大，此时电路为纯电阻电路，因此幅值可以表示为：

$$|A_{vo}| = \frac{-p_1 p_2 |y_{fe}|}{G_p'} = \frac{-p_1 p_2 |y_{fe}|}{G_p + p_1^2 g_{o1} + p_2^2 g_{i2}} \tag{3-33}$$

结论：由放大电路在谐振时计算可知，$G_p' = G_p + p_1^2 g_{o1} + p_2^2 g_{i2} > G_p$，谐振电导增大，$Q_e$ 减小，电路的选择性变差，但是通频带 $\mathrm{BW}_{0.7}$ 变宽；由式（3-32）可知，单调谐回路矩形系数近似为 10 左右，较大，滤波器性能较差；由式（3-33）可知，放大倍数与 $|y_{fe}|$ 成正比，与 G_p' 成反比，$|y_{fe}|$ 越大，放大倍数越大，相反，G_p' 越大，放大倍数越小。

在实际放大电路中，为了获得最大功率，应合理选取 p_1 和 p_2 的值，使得负载导纳 Y_L 能与晶体管电路的输出导纳匹配，如图 3-14 所示，其匹配条件为：

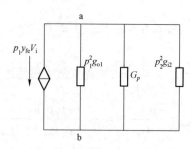

图 3-14 谐振简化电路图

$$p_1^2 g_{o1} + G_p = p_2^2 g_{i2} = \frac{G_p'}{2}$$

当 G_p 可忽略，$p_1 = \sqrt{\dfrac{G_p'}{2g_{o1}}}$，$p_2 = \sqrt{\dfrac{G_p'}{2g_{i2}}}$，则：

$$(A_{vo})_{max} = -\frac{y_{fe}}{2\sqrt{g_{o1}g_{i2}}} \tag{3-34}$$

【例 3-1】某高频管在 25 MHz 时，共发射极接法的 y 参数为 $g_o = 0.1 \times 10^{-3}\,\text{S}$，$g_i = 10^{-2}\,\text{S}$，$|y_{fe}| = 30\,\text{mS}$。则当它作为 25 MHz 放大器时，匹配状态的电压增益为：

$$(A_{vo})_{max} = -\frac{y_{fe}}{2\sqrt{g_{o1}g_{i2}}} = -15$$

2. 功率增益与插入损耗

1）功率增益

当电路发生谐振时，电路成为纯电阻电路，在图 3-14 中，放大电路的功率增益计算如下所示：

$$P_i = V_i^2 g_{i1}$$

$$P_o = V_{ab}^2 p_2^2 g_{i2} = \left(\frac{p_1 |y_{fe}| |V_i|}{G_p'}\right)^2 p_2^2 g_{i2}$$

式中：g_{i1}——第一级放大电路的输入电阻；

g_{i2}——第二级放大电路的输入电阻，即第一级负载，一般采用的放大器采用相同的晶体管，因此 $g_{i1} = g_{i2}$。

$$A_{Po} = \frac{P_o}{P_i} = \frac{p_1^2 p_2^2 g_{i2} |y_{fe}|^2}{g_{i1}(G_p')^2} = \left(\frac{p_1 p_2 |y_{fe}|}{G_p'}\right)^2 \frac{g_{i2}}{g_{i1}} = |A_{vo}|^2 \frac{g_{i2}}{g_{i1}} = |A_{vo}|^2 \tag{3-35}$$

用分贝表示：$10\lg A_{Po} = 10\lg |A_{vo}|^2 = 20\lg |A_{vo}|$

$$(A_{Po})_{max} = \frac{|y_{fe}|^2}{4 g_{o1} g_{i2}} \tag{3-36}$$

2）插入损耗

$$K_I = \frac{\text{无损耗时的输出功率} P_1}{\text{有损耗时的输出功率} P_1'}$$

无损耗时的输出功率指不考虑谐振导纳 G_p 时的输出功率，其计算如下：

$$P_1 = V_{ab}^2 p_2^2 g_{i2} = \left(\frac{p_1 |y_{fe}| V_i}{p_1^2 g_{o1} + p_2^2 g_{i2}} \right)^2 p_2^2 g_{i2} \qquad (3-37)$$

有损耗时的输出功率指考虑谐振电导 G_p 时的输出功率，其计算如下：

$$P_1' = V_{ab}^2 p_2^2 g_{i2}' = \left(\frac{p_1 |y_{fe}| V_i}{p_1^2 g_{o1} + G_p + p_2^2 g_{i2}} \right)^2 p_2^2 g_{i2} = \left(\frac{p_1 |y_{fe}| V_i}{G_p'} \right)^2 p_2^2 g_{i2} \qquad (3-38)$$

插入损耗为：

$$K_I = \frac{P_1}{P_1'} = \left(\frac{G_p'}{p_1^2 g_{o1} + p_2^2 g_{i2}} \right)^2 = \left(\frac{G_p'}{G_p' - G_p} \right)^2 = \left(\frac{1}{1 - \dfrac{G_p}{G_p'}} \right)^2 = \left(\frac{1}{1 - \dfrac{Q_e}{Q_0}} \right)^2 \qquad (3-39)$$

$$Q_e = \frac{1}{G_p' \omega_0 L}$$

$$Q_0 = \frac{1}{G_p \omega_0 L}$$

如用分贝表示有：

$$10 \lg K_I = 10 \lg \frac{P_1}{P_1'} = 20 \lg \left(\frac{1}{1 - \dfrac{Q_e}{Q_0}} \right) \qquad (3-40)$$

则匹配后功率放大倍数为：

$$(A_{Po})_{max} = \frac{|y_{fe}|^2}{4 g_{o1} g_{i2}} \left(1 - \frac{Q_e}{Q_0} \right)^2 \qquad (3-41)$$

则匹配后电压放大倍数为：

$$(A_{vo})_{max} = \frac{|y_{fe}|}{2 \sqrt{g_{o1} g_{i2}}} \left(1 - \frac{Q_e}{Q_0} \right) \qquad (3-42)$$

【例 3-2】图 3-15 为调幅收音机中频放大器，两级晶体管均为 3AG31，调谐回路为 TTF-2-3 型变压器，$L_{13} = 560 \, \mu H$，$Q_0 = 100$，$N_{12} = 46$ 匝，$N_{13} = 162$ 匝，$N_{45} = 13$ 匝，工作频率为 465 kHz。3AG31 参数如下：$g_{ie} = 1.0 \, mS$；$C_{ie} = 400 \, pF$；$g_{oe} = 110 \, uS$；$C_{oe} = 62 \, pF$；$|y_{fe}| = 28 \, mS$；$\varphi_{fe} = 340°$；$|y_{re}| = 2.5 \, uS$；$\varphi_{re} = 290°$，计算放大器谐振时（1）电压增益；（2）通频带；（3）矩形系数。

解：$p_1 = \dfrac{N_{12}}{N_{13}} = \dfrac{46}{162} = 0.28$　　　$p_2 = \dfrac{N_{45}}{N_{13}} = \dfrac{13}{162} = 0.08$

$$G_p = \frac{1}{Q_0 \omega_0 L_{13}} = \frac{1}{Q_0 2 \pi f_0 L_{13}} = 6.12 \times 10^{-6} \, (S)$$

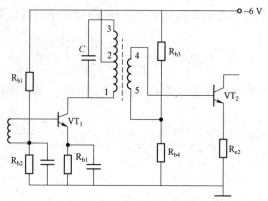

图 3-15　例 3-2 电路图

$$G_p' = p_1^2 g_{oe} + p_2^2 g_{ie} + G_p = 2.1 \times 10^{-5}(\text{S})$$

$$A_{v0} = \frac{-p_1 p_2 |y_{fe}|}{G_p'} = \frac{-0.28 \times 0.08 \times 2.8 \times 10^{-2}}{2.1 \times 10^{-5}} = -30$$

有载品质因数为:

$$Q_e = \frac{1}{G_p' \omega_0 L} = \frac{1}{2.1 \times 10^{-5} \times 2 \times 3.14 \times 465 \times 10^3 \times 560 \times 10^{-6}} = 29$$

通频带为:

$$BW_{0.7} = 2\Delta f_{0.7} = \frac{f_0}{Q_e} = \frac{465 \times 10^3}{29} = 16(\text{kHz})$$

矩形系数为:

$$K_{0.1} = \frac{BW_{0.1}}{BW_{0.7}} = \frac{2\Delta f_{0.1}}{2\Delta f_{0.7}} = \sqrt{10^2 - 1} \approx 9.95$$

结论:对单级放大电路来说,总增益越大,通频带越窄。但是在多级放大中,级数越多,要求每一级带宽越宽。

多级放大电路级联,其总的电压增益为:

$$A_m = A_{v1} A_{v2} \cdots A_{vm} \tag{3-43}$$

如果多级放大电路是由完全相同的单极放大电路组成,即: $A_m = A_{v1} = A_{v2} \cdots = A_{vm}$,则:

$$A_m = (A_{v1})^m \tag{3-44}$$

$$A_{m0} = \left(\frac{-p_1 p_2 |y_{fe}|}{G_p'} \right)^m \tag{3-45}$$

$$(BW_{0.7})_m = (2\Delta f_{0.7})_m = \sqrt{2^{\frac{1}{m}} - 1} \frac{f_0}{Q_e} \tag{3-46}$$

$$K_{0.1} = \frac{(2\Delta f_{0.1})_m}{(2\Delta f_{0.7})_m} = \sqrt{\frac{100^{\frac{1}{m}} - 1}{2^{\frac{1}{m}} - 1}} \tag{3-47}$$

　　第 2 章谐振回路已经证明了在多级谐振级联的回路中，矩形系数基本在 3.0~3.75 之间，不能达到理想值 1，因此采用双调谐耦合回路级联，效果改善较好，最好情况达到 1.5 左右。多级耦合回路的矩形系数为：

$$K_{0.1} = \frac{(2\Delta f_{0.1})_m}{(2\Delta f_{0.7})_m} = \sqrt[4]{\frac{100^{\frac{1}{m}} - 1}{2^{\frac{1}{m}} - 1}} \tag{3-48}$$

　　在耦合回路中，临界耦合用得较多，弱耦合曲线与单极放大电路相似，频带较窄，输出信号幅度较小，强耦合虽然带宽变宽，但是谐振曲线顶部出现下凹现象，因此在使用中一般使用强耦合与临界结合，下凹曲线的最小值接近最大值的 $\frac{1}{\sqrt{2}}$，这时耦合回路的通频带效果最好，通常被采用。

3.3　高频小信号谐振放大器的稳定性

　　上面讨论的高频小信号谐振放大器是理想模型，是假设放大器工作在稳定条件下的各项指标，即输出电路对输入电路没有影响（$y_{re} = 0$），实际 y_{re} 在电路的影响是一直存在的，那么 y_{re} 会对电路造成什么影响呢？

3.3.1　稳定性分析

　　由于反馈 y_{re} 的存在，使得输出电压 $\dot{V}_o$ 反馈到输入端，引起输入电流 $\dot{I}_i$ 的变化，具体放大器等效输入端电路原理图如图 3-16 所示，反馈导纳对放大电路的影响如图 3-17 所示。

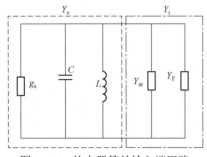
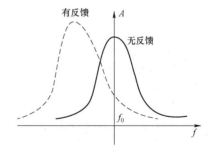

图 3-16　放大器等效输入端回路　　　　　图 3-17　反馈导纳对放大电路的影响

　　y_{re} 的反馈作用可以从放大器的输入导纳中得出：

$$Y_i = y_{ie} - \frac{y_{fe} y_{re}}{y_{oe} + Y_L'} = y_{ie} + Y_F \tag{3-49}$$

式中：y_{ie} ——短路时晶体管（共发射极连接时）本身输入导纳；

　　　　Y_F ——通过 y_{re} 的反馈引起的输入导纳，它反映了对负载导纳 Y_L' 的影响。

　　如果放大电路输入端也接有谐振回路，电路已经谐振，但是由于 Y_F 导纳的反馈及三极管的放大，使得电路处于失谐状态，随着频率的升高，反馈作用越强，在调节输出回路时电路就会受到影响。由于 Y_F 电导的存在，使谐振回路品质因数发生变化，通频带和选择性也会受到影响。同时反馈电压也不可忽略，在不断的循环反复放大中，反馈电压不断增大，在条件合适时，不需要外加信号，晶体管会引起自激振荡，这时正常放大也被破坏，这是电路不需要的。

3.3.2　解决方法

对上述问题解决的方法主要从两个方向入手，一是对晶体管本身进行改善，使反馈导纳减小。在反馈作用时，主要起决定作用的是集电极和基极之间的电容，在工艺上设计晶体管时应该尽量减少结电容的影响，随着电子技术的发展，这方面得到了改善。二是设法在设计电路中改善，这是设计高频放大电路必备的，即减小或抵消 y_{re} 的影响，消除反向传输，使其单向传输，单向法有两种方法，中和法和失配法。

1. 中和法

中和法是在放大器的输出端到输入端外加一个反馈元件，抵消内部的反馈影响，这相当于减小了 y_{re} 对放大电路的反馈作用。在放大电路工作时，因为频率在发生变化，因此 y_{re} 不是恒定值，这种方法只有起到部分频率的作用，因此受到使用的局限。

中和法的基本原理是在输入与输出之间加一个中和元件，其反馈示意图与实际电路举例如图 3-18 所示。

电路满足的条件是：$y_{ren} = \dfrac{\dot{I}_b}{\dot{V}_c}\bigg|_{V_b=0} = y_{re} - y_n = 0$，即理想情况下，当无输入信号时，输入

端无电流，此时称为完全中和，晶体管放大器内部的反馈完全中和。但是，由于 y_{re} 随着频率在不断变化，放大器的工作频率也不单一，因此造成这种设计比较麻烦，仅用于收音机中和或集成电路中。这种电路的缺点是不可能在各个频段完全中和，在实际电路中，只能在一个频率点或一个频段中起作用。

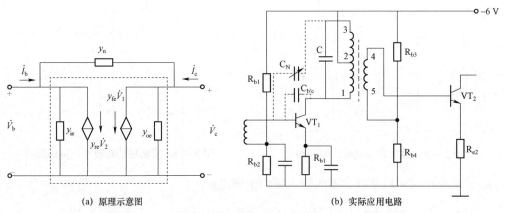

(a) 原理示意图　　　　　　　　　　　(b) 实际应用电路

图 3-18　放大器电路外部接入反馈示意图与实际电路举例

图 3-18（a）是典型中和法电路设计原理示意图，为在放大电路中的基本接法原理，图 3-18（b）是实际应用电路，在这个电路中插入两个反馈电容，抵消放大器晶体管集电极与基极结电容 $C_{b'c}$ 的影响，在回路的二次绕组至基极之间加入中和电容 C_N，这时反馈到输入端的电流大小相等，方向相反，即达到中和的要求。

2. 失配法

失配法是指信号源内阻与信号输入阻抗不匹配,晶体管输出端负载阻抗不与本级晶体管的输出阻抗匹配,以牺牲增益来求稳定。

用失配法实现晶体管单向化常用的方法是采用共发射极与共基极级联组成调谐放大器,采用共射–共基混合连接,以减小结电容 $C_{b'c}$ 的影响。其原因是共基电路输入电阻小,稳定性高,得到广泛应用,原理图如图 3–19 所示。

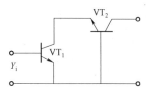

图 3–19　放大器电路共射–共基原理图

电路的输入导纳如下:

$$Y_i = y_{ie} - \frac{y_{fe}y_{re}}{y_{oe} + Y_L'}　\qquad （3-50）$$

在式（3–50）输入导纳中,由于第一级放大器的输出导纳是下一级的输入导纳,共基极放大电路输入电阻小,导纳大,即 $Y_L' \gg y_{oe}$, $\dfrac{y_{fe}y_{re}}{y_{oe} + Y_L'} \approx 0$, 此时 $Y_i \approx y_{ie}$,这样就消除了 y_{re} 的影响。同时这种组合使放大器的放大增益降低,但是由于共射极本身电压放大倍数较大,对整体放大电路的影响不大。另外,共射–共基组合能保证较小的噪声系数,因此应用较广泛。

3.3.3　高频集成放大器

前面讲解的放大器虽然应用广泛,但是也存在一定的缺点,如增益与稳定性存在矛盾;多级放大电路回路多,调节谐振不方便;回路与有源器件相连,频率受晶体管本身参数及工作点影响等。随着电子技术的发展,出现越来越多的高频线性集成电路,带宽较宽,可达几GHz,专用高频集成放大器在 100~200 MHz,并且可得到 40 dB 的增益,在几十 MHz,可得到 50 dB 以上的增益,因此在许多无线电设备中,越来越广泛采用集成高频放大器。

高频集成放大器框图与 MC1590 构成放大器连接图如图 3–20 所示,高频放大集成电路一般与集中选频滤波器构成高频放大,单个回路难以满足高增益放大器的选频要求,因为集中选频滤波器频率固定,适用于固定频率的集成选频放大器。为了频率可调,前后两个选频电路可以使用

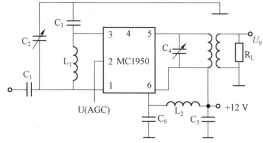

图 3–20　高频集成放大器框图与 MC1590 构成放大器连接图

分立元件进行有效调频。

图 3-21 为典型声表面滤波器的选频放大器，图中包括 3 部分电路：前置补偿放大器、声表面滤波器和主中放集成高频放大器。

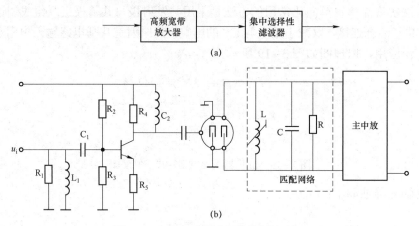

图 3-21 声表面滤波器的选频放大器

采用声表面滤波器具有体积小，选频特性好、性能稳定、中心频率高（几 MHz～1 GHz）及相对带宽（从百分之几到百分之几十），同时有良好的阻抗匹配效果等优点，而且可以采用与集成放大器相同的工艺制造，便于大量生产。但是声表面滤波器的缺点是带内损耗大（15～20 dB），因此电路中需要接放大器进行补偿，图 3-21 中声表面滤波器前端接有一级宽带放大器，就是用于补偿声表面滤波器的损耗，输出通过 RLC 匹配网络接集成高频放大器。

3.4 高频小信号谐振放大器仿真验证

3.4.1 高频小信号单调谐放大器设计

在 Multisim 窗口中，设计如图 3-22 所示单调谐回路谐振放大器仿真电路，其中晶体管 Q1 选用 2N2222A 晶体管，其他元件参数如图中所示。其仿真输出波形如图 3-23 所示。

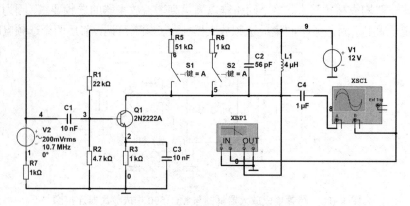

图 3-22 单调谐放大器仿真电路

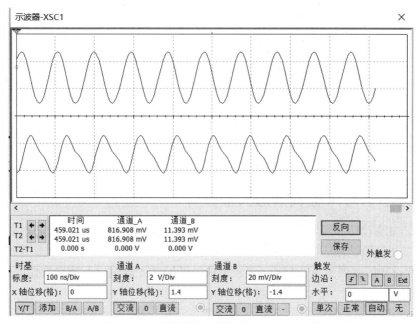

图 3-23　单调谐放大器仿真电路输出波形

利用"Simulate"菜单下的"Analyses"中的"DC Operating Point…"进行直流工作点分析，并测量静态工作点的数据，如图 3-24 所示，根据数据分析，可知静态工作点合理。通过频率测量和相位测量，如图 3-25 所示，数据基本符合输入信号特性，说明电路具有选频作用，缺点是带宽较窄。改善电路可以多级放大和耦合回路，常用耦合回路。

图 3-24　单调谐放大器静态工作点测量数据

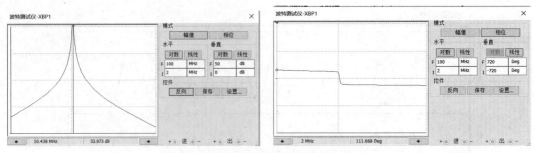

图 3-25　单调谐放大器特性分析

3.4.2　高频小信号两级调谐放大器设计

用同样的方法设计多级谐振放大线路，通过仿真得出，两级谐振放大电路都能改善矩形系数，通频带与单极谐振放大器相比，明显变宽，矩形系数有所改善，原理图如图 3-26 所示，可以自行设计证明课上所学理论。两级小信号谐振放大器输出及频率特性分析如图 3-27所示。

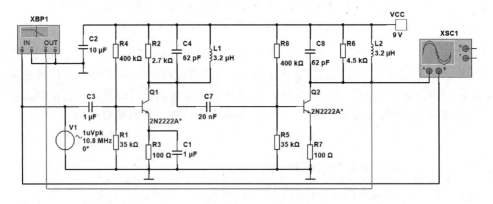

图 3-26　两级小信号谐振放大器电路设计

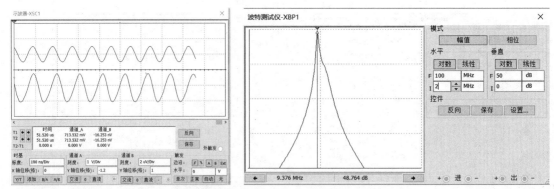

图 3-27　两级小信号谐振放大器输出及频率特性分析

3.4.3　高频小信号耦合谐振放大器设计

用同样的方法设计谐振回路可以是耦合回路，通过仿真得出，多级放大电路都能改善矩形系数,但是想达到理想值较难,实际放大电路的谐振回路常用耦合回路,这种谐振电路通频带特性较好,矩形系数改善明显,原理图设计如图 3-28 所示,测试结果如图 3-29 及图 3-30 所示。电路广泛采用,可以自行设计证明课上所学理论。

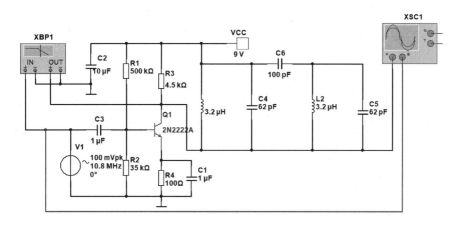

图 3-28 小信号耦合谐振放大器电路设计

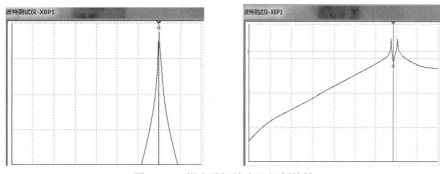

图 3-29 耦合谐振放大器幅频特性

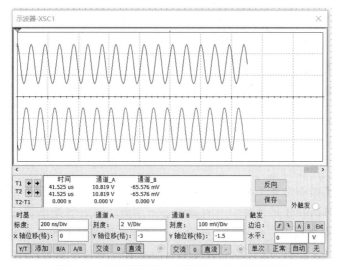

图 3-30 耦合谐振放大器输入与输出波形对比

3.4.4 高频小信号集中选频放大器设计

在 Multisim 中画出集成宽带放大器电路，如图 3–31 所示，集成宽带放大器选择 OP37CH，通过测量输出结果如图 3–32 所示，集成宽带放大器的性能优于独立元件放大器。

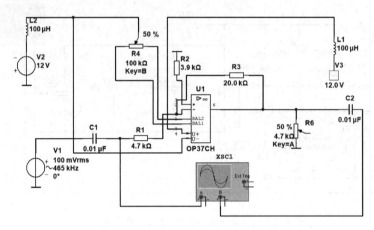

图 3–31 宽带放大器仿真电路设计

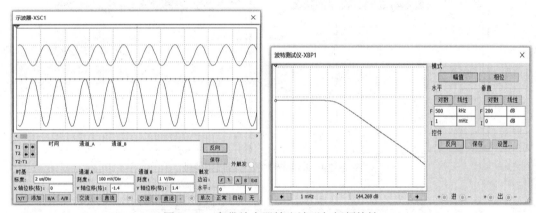

图 3–32 宽带放大器输出波形与幅频特性

总结：通过以上电路仿真设计，放大器工作在非线性电路特性，输出正弦波的方法是输出加入谐振回路，通过几种放大器性能的对比可得出相应的应用结论，读者自行总结。

本 章 小 结

本章主要讲解高频小信号主要质量标准：增益、通频带、选择性等含义。定量分析高频小信号放大器，讲解两种分析方法，一种是混合 π 参数，另一种是单调谐回路谐振放大器的构成与 Y 参数等效电路模型。在分析电路中主要分析单调谐谐振回路放大器的增益、通频带与选择性的计算时，主要用"Y"型等效电路进行分析，矩形系数接近 10，与理想值 1 相差很大，引入多级放大电路并介绍了多级放大电路和双调谐回路放大器的特点，两种电路在改善矩形系数方面较好，拓宽了通频带，但是双调谐回路放大器的效果更好。在设计小信号谐振放大器过程中，要采取稳定措施，常用的方法有中和法和失配法，同时集中选频滤波器稳定性好，在实际工作中应用广泛。

习　题　3

1. 晶体管高频小信号放大器为什么一般采用共发射极解法？

2. 晶体管低频放大器与高频放大器的分析方法有什么不同？高频小信号放大器是否用特性曲线来分析，为什么？

3. 为什么高频小信号放大器要考虑阻抗匹配问题？

4. 小信号放大器主要技术指标有哪些？设计时遇到的主要问题是什么？如何解决？

5. 已知高频管 3DG6B 的特征频率 f_T 为 250 MHz，$\beta_0 = 50$，试求：（1）$f = 1\,\text{MHz}$、20 MHz 和 50 MHz 时的 β 值。

6. 说明 f_T、f_β 和 $f_{\max}$ 的物理意义。为什么 $f_{\max} > f_T > f_\beta$，$f_{\max}$ 是否受电路组态的影响？请分析说明。

7. 单调谐放大器如图 3−33 所示。中心频率 $f_0 = 30\,\text{MHz}$，晶体管工作点电流 $I_{EQ} = 2\,\text{mA}$，回路电感 $L_{13} = 1.4\,\mu\text{H}$，$Q_0 = 100$，匝比 $n_1 = N_{13}/N_{12} = 2$，$n_2 = N_{13}/N_{45} = 3.5$，$G_L = 1.2\,\text{mS}$、$G_{oe} = 0.4\,\text{mS}$，$r_{b'b} \approx 0$，试求该放大器的谐振电压增益及通频带。

8. 在图 3−34 中，晶体管的直流静态工作点是 $V_{CE} = 8\,\text{V}$，$I_{CE} = 2\,\text{mA}$，工作频率 $f_0 = 10.7\,\text{MHz}$；调频回路采用中频放大器 $L_{1-3} = 4\,\mu\text{H}$，$Q_0 = 100$，其抽头 $N_{2-3} = 5$ 匝，$N_{1-3} = 20$ 匝，$N_{4-5} = 5$ 匝。试计算放大器下列各值：电压增益、功率增益、通频带、回路损耗（放大器和前级匹配 $g_s = g_{ie}$）。晶体管在 $V_{CE} = 8\,\text{V}$，$I_{CE} = 2\,\text{mA}$ 时的参数如下：

$$g_{ie} = 2\,860\,\mu\text{S}；\quad C_{ie} = 18\,\text{pF}$$

$$g_{oe} = 200\,\mu\text{S}；\quad C_{oe} = 7\,\text{pF}$$

$$|y_{fe}| = 45\,\text{mS}；\quad \varphi_{fe} = -54°$$

$$|y_{re}| = 0.31\,\text{mS}；\quad \varphi_{re} = -88.5°$$

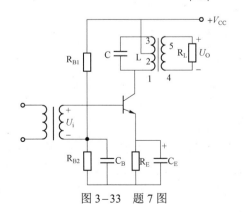

图 3−33　题 7 图

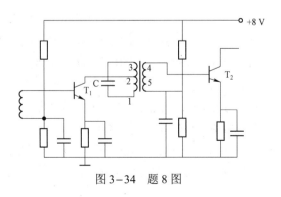

图 3−34　题 8 图

9. 图 3–35 为单调谐回路中频放大器。已知工作频率 $f_0 = 10.7\,\text{MHz}$，回路电容 $C_2 = 56\,\text{pF}$，回路电感 $L = 4\,\mu\text{H}$，$Q_0 = 100$，L 的匝数 $N = 20$，接入系数 $p_1 = p_2 = 0.3$。晶体管 T_1 主要参数为：$f_T \geqslant 250\,\text{MHz}$，$r_{bb'} = 70\,\Omega$，$C_{b'e} \approx 3\,\text{pF}$，$y_{ie} = (0.15 + j1.45)\,\text{mS}$，$y_{oe} = (0.082 + j0.73)\,\text{mS}$，$y_{fe} = (38 - j4.2)\,\text{mS}$。静态工作点电流由 R_1、R_2、R_3 决定，现 $I_E = 1\,\text{mA}$，对应的 $\beta_0 = 50$。求：

（1）单级电压增益 A_{vo}；

（2）单级通频带 $2\Delta f_{0.7}$；

（3）四级总的电压增益 $(A_{vo})_4$；

（4）四级总的通频带 $(2\Delta f_{0.7})_4$；

（5）如四级通频带 $(2\Delta f_{0.7})_4$ 保持与单级通频带 $2\Delta f_{0.7}$ 相同，此时单级通频带 $2\Delta f_{0.7}$ 应该加宽多少？四级通频带总的增益下降多少？

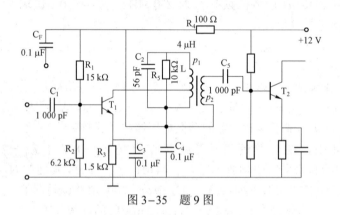

图 3–35　题 9 图

10. 设计一个中频放大器，要求：采用电容耦合双调谐放大器，初、次级抽头 $p_1 = 0.3$，$p_2 = 0.2$；中频频率为 1.5 MHz，中频放大增益大于 60 dB，通频带为 30 kHz；矩形系数 $K_{r0.1} < 1.9$；放大器工作稳定；回路电容选用 500 pF，回路品质因数 $Q_0 = 80$，已知晶体管在 $I_E = 1\,\text{mA}$，$f = 1.5\,\text{MHz}$，时，参数如下：

$$g_{ie} = 1\,000\,\mu\text{S}；\quad C_{ie} = 74\,\text{pF}；\quad g_{oe} = 18\,\mu\text{S}；\quad C_{oe} = 18\,\text{pF}$$

$$y_{fe} = 36\,000\angle-4.3°\,\mu\text{S}；\quad y_{re} = 33\angle-93°\,\mu\text{S}$$

另外，中放前的变频器也采用双调谐耦合回路做负载。

11. 为什么晶体管在高频工作时，要考虑单向化问题，而在低频时就不必考虑？

12. 影响谐振放大器稳定因素是什么？反馈导纳的物理意义是什么？

13. 用场效应管设计高频小信号放大器与晶体管相比有哪些优缺点？其适用范围如何？

14. 如图 3–36 所示，使用耗尽型 N 型 MOS 管的调频接收机高频放大器，这个电路用在第一级，输入阻抗大，对输入回路影响小，可提高其 Q 值，保证选择性。该电路的回路电感为 $L_1 = L_2 = 0.075\,\mu\text{H}$，回路电容 $C_1 = C_4 = 28 \sim 45\,\text{pF}$，试求该电路的工作频率范围。

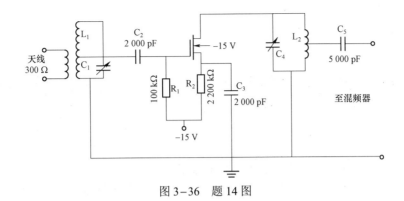

图 3-36　题 14 图

15. 三级相同的单调谐中频放大器，3 个回路中心频率为 465 kHz，总的增益为 60 dB，总带宽为 8 kHz，求每一级增益、3 dB 带宽和有载品质因数 Q_e 值。

16. 图 3-37 是典型的小信号谐振放大器，问：

（1）回路的谐振频率 f_0 与哪些参数有关？如何判断回路处于谐振状态？

（2）为什么说提高电压放大倍数 A_{vo} 时，通频带 $\Delta f_{0.7}$ 会减小？可采用哪些措施提高放大器的倍数 A_{vo}？可采用哪些措施使 $\Delta f_{0.7}$ 加宽？

（3）在调谐 LC 谐振回路时，对放大器输入信号有何要求？如果输入信号过大，会出现什么现象？

（4）影响小信号放大器不稳定的因素有哪些？

（5）谐振回路接入系数对放大器性能有哪些影响？

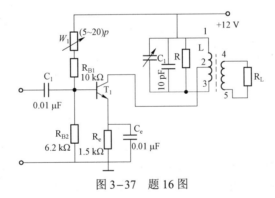

图 3-37　题 16 图

第 4 章　高频功率放大器设计与 Multisim 实现

在无线电发射设备中，高频功率放大器是在信号发射前的一次放大，主要目的是使信号有足够大的功率，传输到要求的距离。传输距离越远，放大功率越大。在工程应用中一般要通过天线进行信号发射，此时需要多级放大电路，放大足够的功率。

功率放大器分为低频功率放大器和高频功率放大器，低频功率放大器工作频率较低，相对带宽较宽，如一般工作在 20～20 kHz，高端与低端相差 1 000 倍。高频功率放大器工作频率较高，相对带宽却较小，例如，调幅广播的带宽为 9 kHz，若工作频率取 900 kHz，则相对带宽仅为 1%。因此对于低频功率放大器，相对带宽较宽，不需要调谐负载。高频功率放大器为了达到对选择性的要求，一般采用可调谐放大器，通常选择具有滤波性能的谐振回路作为负载，因此也叫高频谐振功率放大器。高频功率放大电路一般用于中间级，其功能是放大窄带高频信号的功率。当然，高频信号频率是变化范围较大的短波、超短波，为了避免对不同高频频繁调谐，也有以传输线变压器或其他宽带匹配电路为输出负载的宽带高频功率放大器，称为非调谐功率放大器。

目前高频功率放大器根据输出功率范围可分为小到便携式发射机的毫瓦级功率放大器，大到无线广播电台几十千瓦，甚至兆瓦级的功率放大器。目前，功率为几百瓦以上的高频功率放大器，其有源器件大多为电子管，几百瓦以下的高频功率放大器则采用双极性三极管和大功放的场效应管。根据能量守恒原理，能量是不能被放大的，高频功率放大是将输入高频信号控制下的电源直流功率转化成高频功率，因此除了要求高频功率管放大器产生符合高频的功率外，还应具有足够高的转化效率。

高频功率放大器采用非线性电路方法进行研究，原因是高频功率放大器工作频率高、信号电平高和效率高。在分析非线性电路时，主要关注的器件是有源器件（晶体管、场效应管和电子管），分析方法有图解法和解析法，图解法可以定性地分析失真问题，解析法可以定量计算近似参数，在计算时，根据工作条件，在满足线性分析的条件下进行线性转换，否则分析就非常困难，或者难以分析。

在模拟电子技术中，分析了低频功率放大器的甲类、乙类和甲乙类功率放大电路的工作条件及一些参数计算，见表 4–1。

表 4–1　低频功率放大器比较

类别	甲类	乙类	甲乙类
导通角（$2\theta_c$）	360°	180°	180°～360°
效率	小于 50%	接近 78.5%	略低于乙类
特点	失真小，效率低	效率高，有交越失真	效率较高，无交越失真

晶体管是功率放大器的主要放大器件，其工作情况与频率密切相关，对于双极性三极管，通常把其工作频率范围分成 3 个区，具体如下。

（1）低频区：$f < 0.5f_\beta$。

（2）中频区：$0.5f_\beta \leqslant f < 0.2f_T$。

（3）高频区：$0.2f_T \leqslant f \leqslant f_T$。

其中，f_β 为共发射极上限截止频率，f_T 为晶体管的特征频率，$f_T = \beta f_\beta$。

在放大器能量关系中，放大器是一个能量转化器件，在工作过程中是将电路直流电压提供的功率转化成交流功率输出，同时有一部分功率消耗到集电极上，称为集电极耗功率，这个能量转化效率用 η_c 表示，在应用过程中希望在集电极耗散的功率越小越好。

若直流电源提供的功率用 P_D 表示，转化后输出的交流功率用 P_o 表示，集电极耗散能量用 P_c 表示，则：

$$P_D = P_o + P_c \tag{4-1}$$

$$\eta_c = \frac{P_o}{P_D} \times 100\% = \frac{P_o}{P_o + P_c} \times 100\% \tag{4-2}$$

从式（4-1）可以看出，在电源提供功率一定的情况下，集电极耗散功率越小，输出功率越大；从式（4-2）可以看出，电源功率一定，效率越高，输出功率越大，集电极耗散功率越小，这种想办法减小集电极耗散功率，提高输出功率和效率的功率放大电路称为丙类功率放大电路。

4.1　谐振功率放大器基本原理

4.1.1　谐振功率放大器的电路组成

丙类谐振功率放大器电路如图 4-1 所示，$V_b(t)$ 是放大器交流输入信号，V_{BB} 是基极直流偏置电压，使发射结处于反向偏置状态，即：$V_{BB} < V_{BZ}$（V_{BZ} 是三级管起始导通电压），保证晶体管的导通角 θ_c 小于 90°，V_{CC} 是输出直流电源，提供直流功率 P_D，LC 为谐振回路，起到选频作用。丙类功率放大电路输入信号是大信号 $V_b(t)$，一般是 1～2 V 的正弦波，并控制晶体管的导通与截止，导通时间在（$-\theta_c \sim +\theta_c$），因此一个周期内的导通角为 $2\theta_c$，当 $\omega t = \theta_c$ 时，晶体管开始导通，如图 4-1 所示。

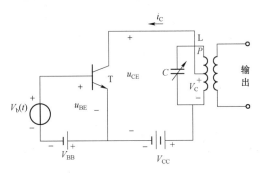

图 4-1　高频功率放大电路原理图

假设输入正弦电压信号，在输入信号导通角 θ_c 点上，如图 4-2（a）输入信号所示， $i_C = 0$，则：

$$V_b(t) = V_{bm}\cos\theta_c = V_{BZ} + V_{BB} \Rightarrow \cos\theta_c = \frac{V_{BZ} + V_{BB}}{V_{bm}} \tag{4-3}$$

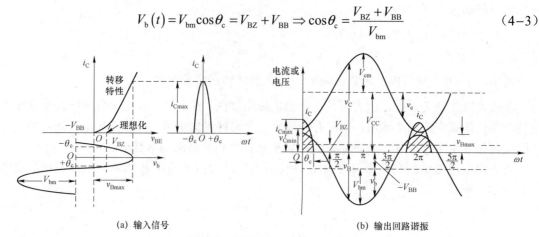

| (a) 输入信号 | (b) 输出回路谐振 |

图 4-2 高频功率放大电路电压与电流关系

在图 4-2（a）中，由于导通时间小于输入信号半个周期，因此输出集电极电流 i_C 是余弦脉冲的形式，电流中含有多个频率分量，为了获得基波，输出端采用并联谐振回路（或其他谐振回路）谐振于基波，进行滤波（或选频），电流仍然是正弦波，这样输出电压也主要是基波成分。其他各次谐波被谐振回路滤掉，同时含有能量较小（仅为百分之几）。

在图 4-2（b）中可以得出，由于输出回路对基频谐振，呈现电阻性质，当集电极电流 i_C 最大时，输出电压 V_{cm} 也达到了最大，此时集电极瞬时电压 $v_{CE} = V_{CC} - V_{cm}$ 达到最小。根据功率的计算公式，集电极耗散功率达到最小，输出功率最大，效率提高，同时输出与输入相位相差 $180°$。

4.1.2 丙类功率放大器的电路分析

为了对高频功率放大器进行定量分析与计算，关键在于求出电流的直流分量 I_{c0} 与基频分量 I_{cm1}。最好能有一个明确的数学表达式来显示二者与通角 θ_c 的关系，以便在电路设计和调试时，为放大器工作状态的选择指明方向。考虑到谐振功率放大器工作于丙类（非线性、大信号）状态，采取图解法与解析法相折中的电路分析方法，即折线近似分析法。图 4-3 是晶体管输出实际曲线和等效折线，图 4-4 是晶体管转移特性曲线。

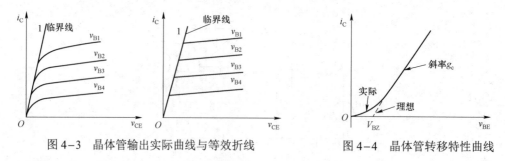

图 4-3 晶体管输出实际曲线与等效折线　　　图 4-4 晶体管转移特性曲线

晶体管工作状态在模拟电子技术中已经讲过，分别为饱和区、临界区、放大区和截止区。

当放大器处于饱和区时，输出曲线在临界线左侧，即 $v_{BE} > v_{CE}$；当放大器处于放大区时，输出曲线在临界线右侧，即 $v_{BE} < v_{CE}$；那么临界区是 $v_{BE} = v_{CE}$；同时当放大器处于截止区时 $i_C \approx 0$，此时三极管不工作，连接三极管的电路处于断路状态。在丙类功率放大电路中，将工作状态分为三类，晶体管放大器工作在饱和区称为功率放大器的过压状态，此时 v_{CE} 较小，输出电压较大，电源电压利用率较高；晶体管放大器工作在放大区称为功率放大器的欠压状态，此时 v_{CE} 较大，输出电压较小，电源电压利用率较低；当晶体管放大器工作在临界区时称为功率放大器的临界状态，采用折线分析法可知，临界曲线近似为过原点的直线，其斜率为 g_{cr}，方程可以表示为：

$$i_C = g_{cr} v_{CE} \tag{4-4}$$

晶体管转移特性曲线如图 4-4 所示，理想化等效为折线后与横轴交于 V_{BZ}，V_{BZ} 是晶体管起始导通电压，斜率为 g_c，则：

$$g_c = \frac{\Delta i_C}{\Delta v_{BE}}\bigg|_{v_{CE}=\text{常数}} \tag{4-5}$$

V_{BZ} 是晶体管起始导通电压，硅管一般为 0.4～0.6 V，锗管一般是 0.2～0.3 V；g_c 称为跨导，一般为几十到几百毫西门子。此时理想化静态特征可以表示为：

$$i_C = g_c \left(v_{BE} - V_{BZ}\right) \tag{4-6}$$

式（4-6）适用于 $v_{BE} > V_{BZ}$ 的情况，式（4-5）和式（4-6）是折线法分析的基础。

1. 集电极余弦脉冲分解

由理论分析可知，输出电流脉冲 i_C 是脉冲，如图 4-5 所示。这个脉冲适合欠压和临界状态，若为过压，脉冲的最大值会下凹。在输入为正弦波信号的情况下，晶体管输入脉冲是周期性信号，根据傅里叶级数分解脉冲可知，这种脉冲含有直流分量、基波分量和各次高次谐波分量，分解后可以求各次谐波的系数。从图 4-5 可以看出，脉冲的主要系数是 i_{Cmax} 和 θ_c，这两个值如果已知，即可求取各次谐波的系数。

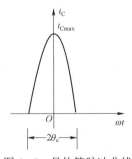

图 4-5　晶体管脉冲曲线

根据式（4-6），晶体管内部的关系方程为 $i_c = g_c \left(v_{BE} - V_{BZ}\right)$，外部电路关系为：

$$\begin{cases} v_{BE} = -V_{BB} + V_{bm}\cos\omega t \\ v_{CE} = V_{CC} - V_{cm}\cos\omega t \end{cases}$$

$$i_C = g_c \left(-V_{BB} + V_{bm}\cos\omega t - V_{BZ}\right) \tag{4-7}$$

式中，V_{BB} 是输入偏置电压，这个电压要求晶体管在输入信号 $V_{bm}\cos\omega t = 0$ 时，晶体管处于截止状态，即要求：$V_{BB} < V_{BZ}$，V_{bm} 是输入信号电压振幅。当 $i_C = 0$ 时，$\omega t = \theta_c$，代入式（4-7）得：

$$0 = g_c\left(-V_{BB} + V_{bm}\cos\theta_c - V_{BZ}\right) \Rightarrow \cos\theta_c = \frac{V_{BZ} + V_{BB}}{V_{bm}} \tag{4-8}$$

在式（4-8）中，V_{BZ} 是晶体管的起始导通电压，晶体管选定后即可确定，如硅管一般取值为 0.6～0.7 V，锗管一般取值为 0.2～0.3 V；V_{BB} 是基极直流偏置电压，V_{bm} 是输入信号的振幅。电路一旦确定，这些参数是已知的，从而可求 θ_c 的值，在选取晶体管后设计高频功率放大电路时，一般要求 θ_c 在 60°～70° 最佳。

将式（4-7）与式（4-8）作差可得：

$$i_C = g_c V_{bm}\left(\cos\omega t - \cos\theta_c\right) \tag{4-9}$$

当 $\omega t = 0$，i_C 达到最大 i_{Cmax}，则：

$$i_{Cmax} = g_c V_{bm}\left(1 - \cos\theta_c\right) \tag{4-10}$$

$$\frac{i_C}{i_{Cmax}} = \frac{\cos\omega t - \cos\theta_c}{1 - \cos\theta_c} \Rightarrow i_C = i_{Cmax}\left(\frac{\cos\omega t - \cos\theta_c}{1 - \cos\theta_c}\right) \tag{4-11}$$

由式（4-11）可知，余弦脉冲的解析式在求解过程中取决于 i_{Cmax} 和 θ_c。

$$i_C = I_{C0} + I_{cm1}\cos\omega t + I_{cm2}\cos 2\omega t + \cdots + I_{cmn}\cos n\omega t + \cdots$$

由傅里叶级数求得：

$$I_{C0} = \frac{1}{2\pi}\int_{-\pi}^{\pi} i_C \mathrm{d}(\omega t) = i_{Cmax}\alpha_0\left(\theta_c\right) \tag{4-12}$$

$$I_{cm1} = \frac{1}{\pi}\int_{-\theta_c}^{+\theta_c} i_C\cos\omega t\mathrm{d}\omega t = i_{Cmax}\alpha_1\left(\theta_c\right) \tag{4-13}$$

$$I_{cm2} = \frac{1}{\pi}\int_{-\theta_c}^{+\theta_c} i_C\cos 2\omega t\mathrm{d}\omega t = i_{Cmax}\alpha_2\left(\theta_c\right) \tag{4-14}$$

$$\vdots$$

$$I_{cmn} = \frac{1}{\pi}\int_{-\theta_c}^{+\theta_c} i_C\cos n\omega t\mathrm{d}\omega t = i_{Cmax}\alpha_n\left(\theta_c\right) \tag{4-15}$$

式中：I_{C0}，I_{cm1}，I_{cm2}，$\cdots$，I_{cmn} ——各次谐波的振幅，分别为直流分量、一次谐波、二次谐波······ n 次谐波振幅；

α_n——余弦脉冲分解系数。

由式（4-12）～式（4-15）可知，只要已知 i_{Cmax} 和 θ_c 的值，即可求出各谐波振幅分量。图 4-6 是余弦脉冲分解系数曲线，从图中可以看出各次谐波随导通角的变化趋势，谐波次数越大，振幅越小。因此，在谐振放大器中只需要研究直流分量和一次谐波分量即可。

2. 丙类功率放大器的功率关系

（1）直流电源 V_{CC} 提供的功率 P_D：

$$P_D = V_{CC} I_{C0} \tag{4-16}$$

（2）在集电极输出电路中，谐振回路获得的功率为 P_o：

$$P_o = \frac{1}{2} V_{cm} I_{cm1} = \frac{V_{cm}^2}{2R_P} = \frac{1}{2} I_{cm1}^2 R_P \tag{4-17}$$

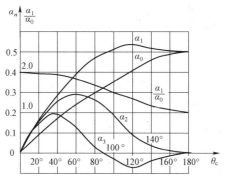

图 4-6　余弦脉冲分解系数曲线

（3）谐振回路阻抗 R_P：

$$R_P = \frac{V_{cm}}{I_{cm1}} = \frac{V_{CC} - V_{CEmin}}{I_{cm1}} = \frac{V_{cm}^2}{2P_o}$$ （4-18）

（4）放大器的集电极效率为：

$$\eta_c = \frac{P_o}{P_D} \times 100\% = \frac{\frac{1}{2} V_{cm} I_{cm1}}{V_{CC} I_{C0}} \times 100\% = \frac{\frac{1}{2} V_{cm} i_{Cmax} \alpha_1(\theta)}{V_{CC} i_{Cmax} \alpha_0(\theta)} \times 100\% = \frac{1}{2} \xi g_1(\theta_c) \times 100\%$$ （4-19）

式中：ξ——集电极电压利用系数，$\xi = \frac{V_{cm}}{V_{CC}}$ V_{CEmin} 越小，V_{cm} 越大，效率越高；

$g_1(\theta_c)$——波形系数，$g_1(\theta_c) = \frac{I_{cm1}}{I_{C0}} = \frac{\alpha_1(\theta_c)}{\alpha_0(\theta_c)}$，在图 4-6 中可以看出，导通角越小，波形系数越大，效率越高。因此在保证 η_c 足够大，输出功率达到要求的情况下，要充分考虑导通角的选择。

由图 4-6 可知，在 $\xi = 1$ 的情况下，当放大器处于甲类功率状态时，$\theta_c = 180°$，$g_1(\theta_c) = \frac{\alpha_1(\theta_c)}{\alpha_0(\theta_c)} = 1$，$\eta_c = 50\%$；当放大器处于乙类功率状态时，$\theta_c = 90°$，$g_1(\theta_c) = \frac{\alpha_1(\theta_c)}{\alpha_0(\theta_c)} = 1.57$，$\eta_c = 78.5\%$；当放大器处于丙类功率状态时，$\theta_c = 60°$，$g_1(\theta_c) = \frac{\alpha_1(\theta_c)}{\alpha_0(\theta_c)} = 1.8$，$\eta_c = 90\%$；

当 $\theta_c = 0°$ 时，$g_1(\theta_c) = \frac{\alpha_1(\theta_c)}{\alpha_0(\theta_c)} = 2$，$\eta_c = 100\%$，但是此时三级管处于截止状态，输出功率 $P_o = 0$。因此，为获得较高的集电极效率，又可得到较大的输出功率，导通角 $\theta_c = 60° \sim 80°$ 最佳。

（5）集电极耗散功率 P_c

$$P_c = P_D - P_o$$ （4-20）

备注：公式的推导过程可以参照模拟电子技术课程，读者自行完成。

【例 4-1】某一晶体管谐振功率放大器，设 $V_{CC} = 24\,\text{V}$，$I_{C0} = 250\,\text{mA}$，$P_o = 5\,\text{W}$，电压利用系数 $\xi = 0.95$，求 P_D、η_c、R_P、I_{cm1} 和 θ_c。

　　解： $P_D = V_{CC} I_{C0} = 24 \times 250 \times 10^{-3} = 6\,(\text{W})$

$$\eta_c = \frac{P_o}{P_D} \times 100\% = \frac{5}{6} \times 100\% \approx 83.3\%$$

$$V_{cm} = \xi V_{CC} = 0.95 \times 24 = 22.8\,(\text{V})$$

$$R_P = \frac{V_{cm}^{\ 2}}{2P_o} = \frac{22.8^2}{2 \times 5} \approx 52\,(\Omega)$$

$$I_{cm1} = \frac{V_{cm}}{R_P} \approx 438.5\,(\text{mA})$$

$$\eta_c = \frac{1}{2}\xi g_1(\theta_c) \Rightarrow g_1(\theta_c) = 1.75 \Rightarrow \theta_c = 66°$$

（备注：θ 可通过查表获得。）

4.2　丙类谐振功率放大器工作状态分析

丙类谐振功率放大器与其他类功率放大器相比，具有较高的效率和输出功率，工作状态分为 3 类，晶体管放大器工作在放大区称为功率放大电路的欠压工作状态，晶体管放大器工作在饱和区称为功率放大电路的过压工作状态，晶体管放大器工作在临界是功率放大电路的临界工作状态。晶体管放大器工作在哪个状态能达到要求，如何设置这种功率放大电路的工作状态是本节讨论的内容。

4.2.1　丙类谐振功率放大器特性与调节

丙类谐振功率放大器外部可调节参数有谐振负载电阻 R_P、基极直流偏置电压 V_{BB}、输出直流电压 V_{CC} 和放大器输入信号振幅 V_{bm}，这 4 个参数的调节可以使丙类谐振功率放大器工作在不同的工作状态。下面针对晶体管放大器性能讨论参数调节与放大器工作状态的关系。

1. 丙类谐振功率放大器的动态特性

用高频晶体管的动态负载线在晶体管特性曲线上画出谐振放大器瞬时工作点的轨迹，如图 4-7 所示。

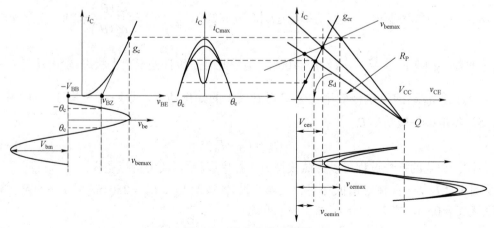

图 4-7　动态负载示意图

根据晶体管折线近似分析法可知，斜率为 g_{cr} 的直线是临界线，即：$v_{CE} = v_{BE}$。在放大器临界线左侧的点是功率放大电路过压工作状态的点，满足 $v_{CE} < v_{BE}$；在放大器临界线右侧的点是欠压状态的点，满足 $v_{CE} > v_{BE}$；正好工作在临界线上，是功率放大电路的临界工作点，此时 $v_{CE} = v_{BE}$。随着不同负载 R_P 由小逐渐增大，工作点从欠压状态—临界状态—过压状态，集电极输出电流的余弦脉冲从最大值减小到出现下凹，如图 4-7 所示。

2. 丙类谐振功率放大器的工作状态

1）负载特性

丙类谐振功率放大器的工作状态可通过调节谐振负载电阻 R_P、基极偏置电压 V_{BB}、输出直流电压 V_{CC} 及放大器输入信号振幅 V_{bm} 这 4 个外部参数而改变。在电路中，一般是同时调节几个参数而实现状态的改变，但是在分析时，同时讨论几个参数，很难得出结果，致使无法得到各个参数对丙类功率放大电路的直接影响，增加了分析的复杂度。因此在讨论时，只讨论其中一个参数变化，而令其他参数不变的方法研究丙类功率放大电路参数与工作状态的关系。下面只改变谐振负载电阻 R_P，保持 V_{BB}、V_{CC} 和 V_{bm} 不变，讨论放大器的工作状态。

负载变化如图 4-7 所示，随着 R_P 逐渐增大，丙类功率放大器经历由欠压到临界再到过压的工作状态。图 4-8 是 i_C 电流的变化关系，丙类功率放大器在欠压的工作状态下，i_C 电流最大，临界工作状态下，i_C 电流减小，但是仍然为余弦脉冲，当过渡到过压状态时，电流 i_C 下凹，并逐渐减小。根据电流的关系可以画出直流分量的振幅、一次谐波振幅、集电极谐振电路输出电压和各项功率的关系，如图 4-8 所示。

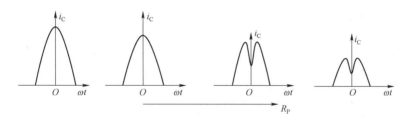

图 4-8　R_P 变化时的 i_C 电流波形

根据电流关系，直流振幅和基波振幅是 i_C 电流的谐波分量，变化趋势与 i_C 电流相同。在从欠压到临界过程中变化不大，一旦到达过压时，电流迅速下降；$V_{cm} = I_{cm1} R_P$，随着 R_P 的逐渐增大，在欠压和临界状态，电流 I_{cm1} 基本不变，V_{cm} 随着 R_P 不断增大，$P_o = \dfrac{1}{2} I_{cm1}^2 R_P$，$P_o$ 也在逐渐增大，进入过压区时，输出电压增大速度减慢，但是由于 P_o 与一次谐波电流振幅的平方成正比，因此下降快；$P_D = V_{CC} I_{C0}$，直流电压功率与直流电流分量振幅成正比，I_{C0} 变化趋势与 I_{cm1} 相同，$P_c = P_D - P_o$，根据直流电压提供的功率和输出功率的关系，可得出集电极耗散功率的曲线，参数的负载特性曲线如图 4-9 所示。

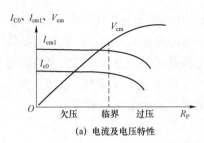

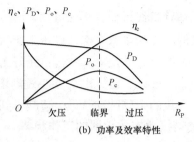

(a) 电流及电压特性　　　　　　　　(b) 功率及效率特性

图 4-9　负载特性曲线

在工程上，如果 R_P 使管子工作在临界状态，从图 4-9（b）中可知，输出功率 P_o 达到最大，此时的 R_P 称为匹配负载，用 R_{Popt} 表示，这个值可以根据输出功率 P_o 获得，近似表达式为

$$R_{Popt} = \frac{1}{2} \frac{V_{cm}^2}{P_o} = \frac{1}{2} \frac{(V_{CC} - V_{CE(sat)})^2}{P_o} \tag{4-21}$$

调节 R_P，在最佳的工作状态时达到临界状态，此时的 P_o 达到最大值，效率较高（效率最高在过压状态）。需要注意的是：在实际使用丙类功率放大器的时候，如果放大器不工作在临界状态，通过调节 R_P 可以使其进入最佳状态。如果放大器工作在过压状态，就减小 R_P，如果在欠压状态，就增大 R_P，都可以将放大器调节到临界状态。

2）各极电压对工作状态的影响

上面讨论了负载对放大电路的影响，在实际工作中，各极电压的调节对使用丙类谐振放大器也非常重要，同时，在实际调节放大器过程中，各个参数可能同时进行调节，使放大器工作在最佳状态。

（1）只改变 V_{CC} 对放大电路的影响。在只改变 V_{CC} 时，丙类谐振功率放大器其他 3 个参数 R_P、V_{BB} 和 V_{bm} 不变，则动态曲线斜率与 v_{bemax} 的值不变，假设原来丙类放大器处于临界工作状态，对应电压为 V_{CC2}，随着 V_{CC} 增大，从 V_{CC2} 变到 V_{CC3}，丙类功率放大器由临界状态到欠压状态，i_C 电流增大，相反，当 V_{CC} 减小，从 V_{CC2} 变到 V_{CC1} 时，丙类功率放大器由临界状态到过压状态，i_C 电流减小，并出现下凹，如图 4-10 所示。

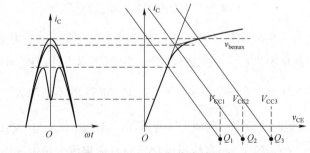

图 4-10　V_{CC} 对负载线的影响

随着 V_{CC} 的变化，i_C 电流的余弦脉冲也在不断变化，此时电流直流分量、基波振幅及输出电压的变化如图 4-11（a）所示，因为谐振电阻 R_P 不变，输出电压振幅 V_{cm} 近似呈线性增大，当随着 V_{CC} 不断增大进入欠压工作状态后，晶体管放大器导通达到最大，输出电压振幅 V_{cm}

基本保持不变。通过讨论可知，只有在过压状态，V_{CC} 可以控制一次谐波振幅，在通信电路中常用于集电极调幅。根据各项功率的公式，可得输出功率在临界状态基本达到最大，效率在接近临界状态达到最大，如图 4-11 (b) 所示。

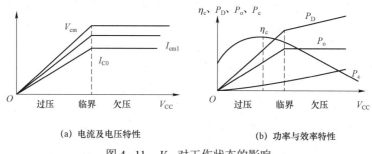

(a) 电流及电压特性　　　　　　　(b) 功率与效率特性

图 4-11　V_{CC} 对工作状态的影响

（2）只改变 V_{bm} 或 V_{BB} 对放大电路的影响。首先讨论当只改变 V_{bm}，R_P、V_{BB}、V_{CC} 不变时对丙类功率放大器的工作状态的影响。假设丙类功率放大器此时工作在临界状态，对应输入电压为 v_{bemax1}，当电压 V_{bm} 增大时，即曲线由 v_{bemax1} 增加到 v_{bemax3}，静态工作曲线向上方移动，如果原来的工作点处在临界工作状态，则此时进入过压工作状态，反之进入欠压工作状态，如图 4-12 (a) 所示。根据输出电流 i_C 分解关系和输出电压 V_{cm} 及各项功率的计算公式（4-16）～式（4-20），可得到图 4-12 (b) 和图 4-12 (c) 所示的曲线。

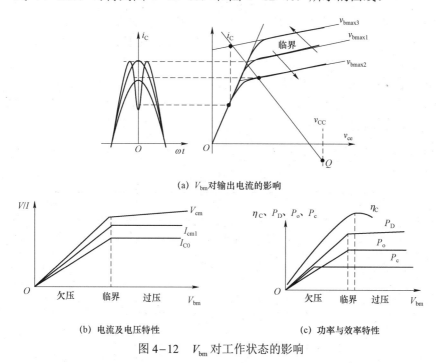

(a) V_{bm} 对输出电流的影响

(b) 电流及电压特性　　　　　　　(c) 功率与效率特性

图 4-12　V_{bm} 对工作状态的影响

当只改变 V_{BB}，其他 3 个量 V_{bm}、R_P 和 V_{CC} 不变时，丙类功率放大电路工作状态的改变与 V_{bm} 基本相同，因为 V_{BB} 是加的反相电压，因此 V_{BB} 增加时的状态与 V_{bm} 减小时的工作状态一致，反之，V_{BB} 减小时的状态与 V_{bm} 增大时的工作状态一致。显然，丙类功率放大器在过压状态，输入量对基波振幅电流影响较小，只有在欠压区，输入量 V_{BB} 和 V_{bm} 才能对基波振幅进行有效的控制，在通信电子线路中常常用于基极调幅电路。

在调节丙类功率放大电路最佳工作状态时，一般认为输出功率最大，效率较高，因此放大器一般工作在临界状态，当丙类功率放大器没有在这个工作状态时，可以通过调整 R_P、V_{BB}、V_{CC} 和 V_{bm} 使其进入这个工作状态。

① 只调节 R_P：如果放大器工作在欠压状态，即：$v_{CE} > v_{BE}$，根据原理分析，$v_{CE} = V_{CC} - I_{cm1}R_P$，增大 R_P — $I_{cm1}R_P$ 也增大（I_{cm1} 在欠压区变化不大，见图 4-9（a））— v_{CE} 减小（只改变 R_P，V_{CC}、V_{BB} 和 V_{bm} 保持不变），当减小到 $v_{CE} = v_{BE}$ 进入丙类放大电路临界区，请讨论如果丙类功率放大器在过压状态，如何只调节 R_P 使功率放大器进入临界状态。

② 只调节 V_{CC}：如果放大器工作在欠压状态，即：$v_{CE} > v_{BE}$，根据原理分析，$v_{CE} = V_{CC} - I_{cm1}R_P$，减小 V_{CC} — v_{CE} 也减小（I_{cm1} 在欠压区变化不大，见图 4-11（a），R_P、V_{BB} 和 V_{bm} 保持不变），当减小到 $v_{CE} = v_{BE}$ 进入丙类放大电路临界区，请讨论如果丙类功率放大器在过压状态，如何只调节 V_{CC} 使功率放大器进入临界状态。

③ 只调节 V_{bm}：如果放大器工作在欠压状态，即：$v_{CE} > v_{BE}$，根据原理分析，$v_{BE} = -V_{BB} + v_{bm}$，增大 V_{bm} — $(-V_{BB} + v_{bm})$ 也增大 — v_{BE} 也增大（只改变 V_{bm}，R_P、V_{CC} 和 V_{BB} 保持不变），当增加到 $v_{CE} = v_{BE}$ 进入丙类放大电路临界区，请讨论如果丙类功率放大器在过压状态，如何只调节 R_P 使功率放大器进入临界状态。

④ 只调节 V_{BB}：如果放大器工作在欠压状态，即：$v_{CE} > v_{BE}$，根据原理分析，$v_{BE} = -V_{BB} + v_{bm}$，减小 V_{BB} — $(-V_{BB} + v_{bm})$ 增大 — v_{BE} 增大（只改变 V_{BB}，R_P、V_{CC} 和 V_{BB} 保持不变），当增加到 $v_{CE} = v_{BE}$ 进入丙类放大电路临界区，请讨论如果丙类功率放大器在过压状态，如何只调节 R_P 使功率放大器进入临界状态。

以上是讨论丙类功率放大电路最佳的工作状态调节方法。在通信调制电路中，需要丙类功率放大电路工作在不同的状态，调节方法与上面相同。需要注意，在实际调节丙类功率放大电路中，可以同时调节多个参数达到调节工作状态的目的。在各种参数调节中，表 4-2 进行了 3 种状态的比较，并给出了基本的注意事项和应用。

表 4-2　3 种状态的比较

序号	欠　压	临　界	过　压
1	$R_e < R_{Popt}$	$R_e = R_{Popt}$	$R_e > R_{Popt}$
2	i_C 为余弦脉冲	i_C 为余弦脉冲	i_C 为凹陷脉冲
3	恒压区	\	恒压区
4	P_o 小，η_c 低，P_c 大	P_o 最大，η_c 较高	P_o 小，η_c 高，P_c 小
5	$R_e = 0$，$P_c = P_D$，会烧坏管子	\	R_e 过大，致使功率管进入饱和状态，前级负载过重而引起过载烧毁
6	中间级、缓冲级或振荡器常选此状态	末级或末前级功率放大器常选此状态	要求恒压输出的放大器可选此状态工作

3）功率放大电路状态分析与举例

【例 4-2】某功率放大器工作在临界状态，输出功率为 15 W，且 $V_{CC} = 24$ V，导通角 $\theta_c = 70°$，功率放大器的参数为：$g_{cr} = 1.5$ A / V，$I_{CM} = 5$ A。

（1）直流电源提供的功率 P_D、功率放大电路的集电极损耗 P_c，效率 η_c 及最佳匹配负载 R_{Popt} 为多少？（备注：$\alpha_0(70°) = 0.253$，$\alpha_1(70°) = 0.436$。）

（2）若输入信号振幅增加一倍，功率放大器的工作状态如何改变，此时输出功率大概是多少？

（3）若负载电阻增加一倍，功率放大器的工作状态如何改变？

（4）回路失谐有何危险，如果指示调节？

解：（1）当功率放大电路处于临界状态时，参见图 4-7，则：

$$P_o = \frac{1}{2}V_{cm}I_{cm1} = \frac{1}{2}V_{cm}i_{Cmax}\alpha_1(70°) \tag{4-22}$$

$$i_{Cmax} = g_{cr}v_{CEmin} = g_{cr}(V_{CC} - V_{cm}) \tag{4-23}$$

$$V_{cm} = \xi V_{CC} \tag{4-24}$$

把式（4-23）和式（4-24）代入式（4-22）可得：

$$\xi = \frac{1}{2} + \sqrt{\frac{1}{4} - \frac{2P_o}{g_{cr}V_{CC}^2\alpha_1(70°)}} = 0.91 \tag{4-25}$$

将式（4-25）代入式（4-24）可得：

$$V_{cm} = \xi V_{CC} = 0.91 \times 24 = 21.84 \text{（V）}$$

$$I_{cm1} = \frac{2P_o}{V_{cm}} \approx 1.37 \text{（A）}$$

$$I_{C0} = \frac{I_{cm1}\alpha_0(70°)}{\alpha_1(70°)} \approx 0.79 \text{（A）}$$

$$P_D = V_{cc}I_{C0} = 24 \times 0.79 = 18.96 \text{（W）}$$

$$P_c = P_D - P_o = 3.96 \text{（W）}$$

$$\eta_c = \frac{P_o}{P_D} \times 100\% \approx 79.1\%$$

$$R_{Popt} = \frac{V_{cm}}{I_{cm1}} \approx 15.94 \text{（Ω）}$$

（2）处在临界工作状态的功率放大器，即：$v_{CE} = v_{BE}$，$v_{BE} = -V_{BB} + V_{bm}$，当 V_{bm} 增加一倍时，v_{BE} 增大，从而使 v_{BE} 增加，此时 $v_{CE} < v_{BE}$，晶体管由临界进入过压状态，从图 4-12（a）中可得，输出功率 P_o 基本保持不变。

（3）若负载电阻增加一倍，即 R_P 增加，则原来工作在临界状态的晶体管过渡到过压状态，根据 $P_o = \frac{1}{2}I_{cm1}^2R_P$ 并结合图 4-7，输出功率至少降低一半以上。

（4）若回路失谐，则原来工作在临界状态的晶体管过渡到欠压状态，此时集电极消耗增加，有可能烧坏三极管，电路谐振时 I_{c0} 最小，失谐时 I_{c0} 增大明显，可以用此量指示调节。

【例 4–3】有一个用硅 NPN 外延平面型高频功率管 3DA1 做成的谐振功率放大器，已知输出功率为 $P_o = 2$ W，且 $V_{CC} = 24$ V，工作频率为 1 MHz，试求其功率放大器的能量关系。晶体管手册已知其相关参数为 $f_T = 70$ MHz，功率增益 $A_p \geqslant 13$ dB，$I_{Cmax} = 750$ mA，集电极饱和压降 $V_{CE(sat)} \geqslant 1.5$ V，$P_{CM} = 1$ W。导通角 $\theta_c = 70°$，$\alpha_0(70°) = 0.253$，$\alpha_1(70°) = 0.436$。

解： 由前面的讨论可知，工作状态最佳是临界工作状态，在工程近似计算中，集电极最小瞬时电压 $v_{CEmin} = V_{CE(sat)} = 1.5$ V，则：

$$V_{cm} = V_{CC} - v_{CEmin} = 24 - 1.5 = 22.5 \ (\text{V})$$

$$P_o = \frac{1}{2} V_{cm} I_{cm1} = 2 \Rightarrow I_{cm1} \approx 178 \ (\text{mA})$$

$$P_D = V_{CC} I_{C0} = 24 \times \frac{\alpha_0(70°)}{\alpha_1(70°)} \times I_{cm1} \approx 2.48 \ (\text{W})$$

$$P_c = P_D - P_o = 0.48 \ \text{W} < 1 \ \text{W} \ (P_{CM})$$

表明三极管正常工作。

$$\eta_c = \frac{P_o}{P_D} \times 100\% \approx 80.6\%$$

功率增益：

$$A_P = 10\lg \frac{P_o}{P_i} = 10\lg \frac{\text{输出功率}}{\text{输入功率}}$$

在例 4–3 中，$A_P = 13$ dB，$P_o = 2$ W，因此所求输入激励功率为：

$$P_B = P_i = \frac{P_o}{\lg^{-1}\left(\dfrac{A_P}{10}\right)} = 0.1 \ (\text{W})$$

此结果可以在实际应用中进行估算。

以上在计算各种参数的过程中，由于三极管是非线性器件，通过折线法将其等效成线性器件计算各个参数，实际上是存在误差的，但在信号频率较低时，误差较小，因此工程上常用这种方法分析。但是丙类功率放大器工作在频率较高的情况下时，这种计算会有很大的误差。因为放大器一旦进入高频，晶体管内部的过程就使实际输出电流很小，而且会有额外相移。因此在晶体管使用过程中要注意这点，下面分析一下晶体管应用在高频时的特性。

4.2.2　丙类谐振功率放大器高频特性

1. 基区渡越效应

晶体管在低频工作时，认为 i_C 和 i_E 是同时产生的。但是当晶体管工作在较高的频率时，激励电压加入输入端后，发射极发射载流子，经过基区扩散到集电极，漂移过集电结，形成集电极电流 i_C。当这一渡越过程所需时间可以与信号周期相比较时，集电极电流 i_C 比 i_B 和 i_E 都落后一相位角 φ，且电子的不规则运动，引起渡越的分散性，从而造成集电极电流脉冲峰值减小，脉冲展宽，最终导致 I_{cm1} 减小，输出功率减小，效率下降。

2. $r_{bb'}$ 的影响

当晶体管工作频率升高时，由于 i_C 最大值下降且滞后于 i_E，因此使基极电流 i_B 增大，导

致 I_{bm1} 增大，发射结阻抗显著减小，$r_{bb'}$ 影响相对增大，最终导致加在发射结的有效输入电压下降，若要求加至发射结的输入电压不变，必须基极增大输入电压，从而增大输入功率，导致功率增益下降。

3. 饱和压降的影响

工作频率升高加上大注入的影响，使得功率管饱和压降 V_{ces} 增大（当工作频率为几十兆赫兹时，$V_{ces} > 3\,\mathrm{V}$；当工作频率为几百兆赫兹时，$V_{ces} > 5\,\mathrm{V}$）。当电源电压 V_{CC} 相同时，饱和压降增大，导致集电极临界输出电压 V_{cm} 减小，从而使得放大器输出功率、效率、功率增益均相应减小。

4. 引线电感和极间电容的影响

当工作频率更高时，引线电感和极间电容的影响逐渐显著。在共发射极放大电路中，发射极引线电感的影响最为严重，因为发射极电流在其上的反馈电压将导致增益和输出功率下降，极间电容将使输入阻抗减小，寄生反馈增加，造成放大器工作不稳定。因此，在设计谐振放大器时，必须选择特征频率 f_T 远高于工作频率的放大器，以保证放大器正常工作。

4.2.3　丙类谐振功率放大电路设计

在谐振功率放大电路设计中，实际电路设计比原理分析模型电路复杂，实际放大电路设计除选择合适的晶体管放大器外，还需要配置放大器的外围电路，即直流馈电电路和滤波匹配网络两部分，这两部分电路主要是为晶体管提供合适的静态偏置点和保证交流输出是需要的基波（电路放大的输入信号）。

1. 馈电电路组成原则

为保证晶体管放大器正常工作，必须有相应的馈电电源，馈电电路设计应遵循以下原则。

在谐振集电极馈电电路中，保证集电极 i_c 中的直流电流 I_{C0} 只能流过直流电源 V_{CC}，以便直流电源提供的功率全部交给三极管，还要保证在谐振回路中，基波压降在谐振回路上，以便把功率传给负载。另外，保证外电路对高次谐波 i_{cn} 是短路状态，如图 4-13 所示。

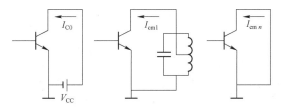

图 4-13　馈电电路对 i_c 电流的作用

集电极馈电电路有两种形式，分别是串联馈电电路和并联馈电电路。

1）串联馈电电路

串联馈电电路指晶体管、电源和谐振回路串联连接而成，如图 4-14（a）所示。图中 LC 是负载回路；L′ 是高频扼流圈，对高频信号产生很大的阻抗，可以抑制高频信号，直流信号阻抗在理想情况下为零，可以顺利通过；C′ 是高频旁路电容，对低频或直流产生很大的阻抗，是断路状态，主要滤除高频分量。加入这些附属元件的作用是为了保证负载 LC 可以获得需要的信号，同时保证了图 4-13 所示的原则。V_{CC} 一定放在靠近"地"电位的一端，使得回路不容易受分布参数的影响，集电极中的直流电流从 V_{CC} 经过扼流圈 L′ 和谐振回路 LC，经过发射极流入电源负极；从发射极流出的高频电流经过旁路电容 C′ 和谐振回路再回到集电极。L′ 的作用是阻止高频电流流入电源，因为电源有内阻，高频电流经过会损耗功率，而且当多级放大器共用电源时，会产生不希望的寄生反馈；C′ 的作用是提供高频信号对地交流通路，C′ 频率越高，阻抗越小，为防止高频电流流入电源，L′ 的阻抗远大于 C′ 的阻抗。

2）并联馈电电路

晶体管、电源、谐振回路三者并联连接成并联馈电电路，如图 4-14（b）所示。图中回路一端是直流地电位，L 和 C 谐振回路一端接地，安装方便。由于正确使用了扼流圈 L′ 和耦合电容 C′ 及 C″，此时高频交流通路和直流偏置直流通路满足了图 4-13 所示的设计原则。

备注：无论哪种形式的馈电电路，均有 $v_{CE} = V_{CC} - v_{cm}$。

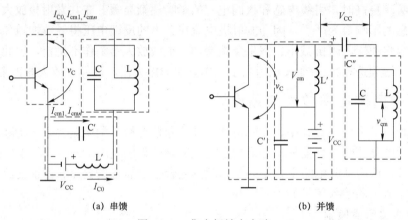

(a) 串馈　　　　　　　　　(b) 并馈

图 4-14　集电极馈电电路

2. 基极馈电电路

基极馈电电路也有两种形式：串联馈电电路和并联馈电电路，如图 4-15 所示。在图 4-15（a）中，晶体管、电源和谐振回路是串联连接，称为串联馈电电路，如果三者并联则称为并联馈电电路。

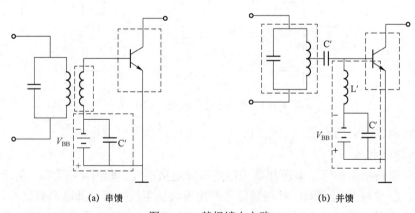

(a) 串馈　　　　　　　　　(b) 并馈

图 4-15　基极馈电电路

上文的几种电路原理图都是单独通过 V_{BB} 提供基极静态偏置电压，采用电池供电的形式，这种方法在实际应用过程中是非常不方便的，因此常用图 4-16 几种基极偏压电路，提供基极偏置电压。

图 4-16（a）和图 4-16（b）是自给偏置式，图 4-16（a）提供基极偏置直流电压 V_{BB} 由基极电流脉冲直流分量 I_{B0} [见图 4-16（a）]在电阻 R_b 上或高频扼流圈 L' 中固有电阻上产生的压降，图 4-16（a）的 L' 用来避免 C' 和 R_b 对输入匹配网络旁路影响；图 4-16（b）的 L' 为功率管基极电路提供直流通路，利用基极电流在 $r_{bb'}$ 上产生所需的基极直流偏置电压 V_{BB}，但是这种电压小，且不稳定，只能应用在需求小的 V_{BB} 功率放大电路中，这种电路接近于乙类功放工作；图 4-16（c）是利用发射极直流分量 I_{E0} 在电阻 R_e 上产生的压降 V_{E0}，为三极管提供反向 V_{BB}。这种自给式优点是能够自动维持放大器的工作稳定，当激励加大时，I_{E0} 增大，使得 V_{E0} 加大，V_{BB} 相对减小；反之，当激励减小时，I_{E0} 减小，使得 V_{E0} 减小，V_{BB} 相对减小，放大器工作状态变化不大。

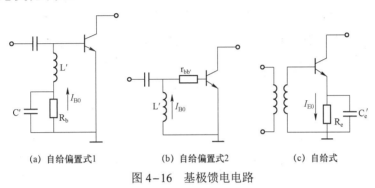

(a) 自给偏置式1　　　　　(b) 自给偏置式2　　　　　(c) 自给式

图 4-16　基极馈电电路

3. 匹配网络

高频功率放大器输出回路采用谐振回路的形式，以便其输出功率可以有效地传递给负载，这种保证外负载与谐振功率放大器最佳工作要求相匹配的网络称为匹配网络。如果谐振功率放大器的负载是下级放大器的输入阻抗，应采用级间耦合；如果谐振放大器的负载是天线或其他终端负载，应采用输出匹配网络。为了使功率放大器输出功率有效传给负载或将信号源的功率有效传递给放大器输入端，信号源与放大器、放大器与负载都应该通过匹配网络进行连接，如图 4-17（a）所示。以下重点介绍输出匹配网络问题，对输入匹配网络和级间耦合网络只做简单介绍。因为谐振功率放大器输出匹配网络是加在负载和放大器晶体管之间的，因此在设计中应满足以下条件。

（1）使负载阻抗与放大器所需要的最佳阻抗相匹配，以保证放大器传输到负载的功率最大，即它起着匹配网络的作用。

（2）抑制工作频率范围以外的不需要频率，即应有良好的滤波作用。

（3）有效地传送功率到负载，但同时又应尽可能地使这几个电子器件彼此隔离，互不影响。

在实际网络中，谐波抑制和高效传输是矛盾的，提高谐波抑制必然传输效率下降，反之亦然。图 4-17（b）为复合式输出回路，即将天线（负载）回路通过互感或其他形式与集电极谐振回路相耦合，分析输出匹配网络性能。介于电子器件与天线回路之间的 L_1C_1 回路就叫中介回路；R_A、C_A 分别代表天线的辐射电阻与等效电容；L_n、C_n 为天线回路的调谐元件，其作用是使天线回路处于串联谐振状态，以获得最大的天线回路电流使天线辐射范围达到最大，同时注意，图 4-17（b）的谐振网络也可使用其他谐振电路，如 T 型和 π 型等。下面简要说明一下图 4-17（b）的基本原理。

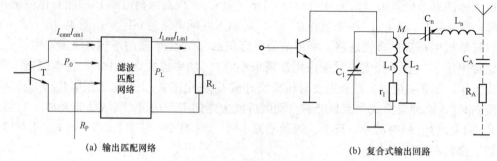

图 4-17　输出匹配网络

在图 4-17（b）中，仍然是把影响谐振回路的元器件等效到谐振回路中，其等效电路图如图 4-18 所示，天线的等效耗散电阻为

$$r' = \frac{\omega^2 M^2}{R_A} \tag{4-26}$$

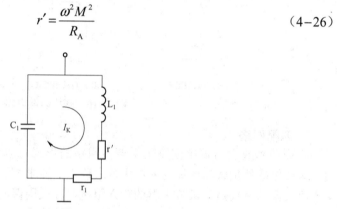

图 4-18　复合式输出回路等效电路

因为等效回路谐振，其谐振阻抗为

$$R'_P = \frac{L_1}{C_1\left(r_1 + \dfrac{\omega^2 M^2}{R_A} \right)} \tag{4-27}$$

为使负载 R_A 获得较大功率，则应满足 $r' \gg r_1$，衡量回路传输性能的优劣常用中介回路效率来表示：

$$\eta_K = \frac{\text{回路送入负载的功率}}{\text{电子器件送至回路的总功率}} = \frac{I_K^2 r'}{I_K^2 (r' + r_1)} = \frac{r'}{r' + r_1} = \frac{(\omega M)^2}{r_1 R_A + (\omega M)^2} \tag{4-28}$$

化简可得：

$$\eta_K = \frac{r'}{r' + r_1} = 1 - \frac{r_1}{r' + r_1} = 1 - \frac{R'_P}{R_P} = 1 - \frac{Q_e}{Q_0} \tag{4-29}$$

式中：R_P（无负载时的回路谐振电阻）$= \dfrac{L_1}{C_1 r_1}$；

R'_P（有负载时的回路谐振电阻）$= \dfrac{L_1}{C_1\left(r_1 + r'\right)}$；

Q_0（无负载时的回路品质因数）$= \dfrac{\omega L_1}{r_1}$ （也叫空载时品质因数）；

Q_e（有负载时的回路品质因数）$= \dfrac{\omega L_1}{r' + r_1}$ （也叫有载时品质因数）。

式（4-29）说明，要想回路传输效率高，空载品质因数 Q_0 越大越好，有载品质因数 Q_e 越小越好，也就是说，中介回路损耗越小越好。在广播段，线圈 Q_0 的值为 100～200。对于有载品质因数 Q_e 的选择，从传输效率来看应该是越小越好，但从要求的滤波性能来看，有载品质因数 Q_e 越大越好，兼顾这两方面，一般有载品质因数 Q_e 不应小于 10。在输出功率很大的放大器中，Q_e 也有低于 10 以下的情况。

图 4-19 是几种常见的 LC 匹配网络。它们由两种不同性质的电抗元器件组成 L 型、T 型和 π 型双端口网络（四端口网络）。由于 LC 消耗功率小，同时匹配网络具有选频作用，因此在窄带通信系统中得到广泛应用。

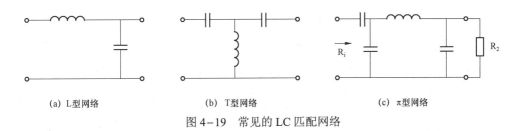

(a) L型网络　　　　　　(b) T型网络　　　　　　(c) π型网络

图 4-19　常见的 LC 匹配网络

4. 滤波匹配网络的分析

在各种 LC 匹配网络中，分析的基础是串并联之间的转换，把电路形式转换成并联谐振电路或串联谐振电路模型，从而利用学过的知识进行电路分析，对比设计电路参数性能。

1）串并联转换

若将电路中电阻、电抗串联电路（R_S、X_S 串联）与它们并联的电路（R_P、X_P 并联）之间做恒等变换，则可以根据导纳相等的原则进行变换，如图 4-20 所示，即：

$$\frac{1}{R_\mathrm{P}} + \frac{1}{\mathrm{j}X_\mathrm{P}} = \frac{1}{R_\mathrm{S} + \mathrm{j}X_\mathrm{S}} \tag{4-30}$$

$$R_\mathrm{P} = R_\mathrm{S}\left(1 + Q_\mathrm{e}^2\right) \tag{4-31}$$

$$X_\mathrm{P} = X_\mathrm{S}\left(1 + \frac{1}{Q_\mathrm{e}^2}\right) \tag{4-32}$$

式中：

$$Q_\mathrm{e} = \frac{|X_\mathrm{S}|}{R_\mathrm{S}} \tag{4-33}$$

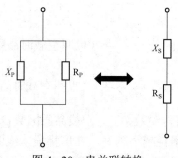

图 4-20　串并联转换

式中：Q_e——品质因数，一般都大于 1。

从式（4-31）可以得到，并联形式的电阻大于串联形式的电阻，两种连接电抗相差不大，因此常把这种电路形式定义为低阻变高阻的过程。

同理：由串联电路元件参数也可转成并联电路参数值，具体如下：

$$R_S = \frac{R_P}{\left(1 + Q_e^2\right)} \tag{4-34}$$

$$X_S = \frac{X_P}{\left(1 + \dfrac{1}{Q_e^2}\right)} \tag{4-35}$$

$$Q_e = \frac{R_P}{|X_P|} \tag{4-36}$$

从式（4-34）可以得到，串联形式的电阻小于并联形式的电阻，两种连接电抗相差不大，因此常把这种电路形式定义为高阻变低阻的过程。

当 Q_e 较大（大于 10）时，则

$$R_P \approx R_S Q_e^2 \tag{4-37}$$

$$X_P \approx X_S \tag{4-38}$$

以上公式说明，当 Q_e 较大时，并联阻抗是串联阻抗的 Q_e 倍，电抗大小基本相等，性质不变。

2）L 型匹配网络

下面举例分析 L 型匹配网络。

设有一谐振功放，要求临界时的电阻为 R_e，负载为天线，呈现纯电阻 r_A，且 $r_A < R_e$，匹配网络应该如何设计呢？

根据串并联电路转化关系，当 $r_A < R_e$ 时，此时电路是低阻变高阻的电路，因此在设计电路时，r_A 是串联电阻，转化后电阻增大，r_A 与一电抗串联，R_e 是并联后的等效电阻即可，电路如图 4-21 所示。

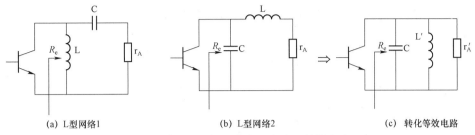

图 4-21 L 型低阻变高阻电路及等效电路

两种电路的分析方法相同，都是把 r_A 和串联的电抗等效成并联，图 4-21（c）是图 4-21（b）的等效电路，其中 r'_A 是转化后的电阻，为 R_e，L' 是转化后的电感。这时电路转化成基本并联谐振电路，可以利用学过的公式求解相应的参数。（已知参数为：R_e 和 r_A，求电抗的值）

$$R_P = R_S\left(1+Q_e^2\right) \Rightarrow R_e = r_A\left(1+Q_e^2\right)$$

$$Q_e = \sqrt{\frac{R_e}{r_A}-1} \tag{4-39}$$

$$|X_P| = \frac{R_e}{Q_e} = R_e\sqrt{\frac{r_A}{R_e-r_A}} \tag{4-40}$$

$$Q_e = \frac{|X_S|}{r_A} \Rightarrow |X_S| = Q_e r_A = r_A\sqrt{\frac{R_e}{r_A}-1} = \sqrt{r_A\left(R_e-r_A\right)} \tag{4-41}$$

这里，$|X_S|$ 和 $|X_P|$ 分别是串、并联的电抗的模，是电抗的大小，如果是电感则为 ωL，如果为电容，则为 $\dfrac{1}{\omega C}$。其中图 4-21（a）为高通网络，图 4-21（b）为低通网络，有良好的滤波作用，应用更为广泛。

容易得到，如果上述条件变为：$r_A > R_e$，则电路应该是 r_A 与电抗并联，在求解过程中把并联变成串联谐振电路计算，计算方法与上述方法基本相同，这里不再赘述，电路形式如图 4-22 所示，图 4-22（c）是图 4-22（b）的等效电路，图 4-22（a）的等效与图 4-22（b）同理。

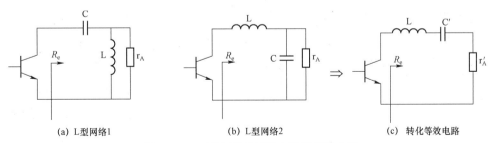

图 4-22 L 型高阻变低阻电路及等效电路

在图 4-22 中，L 型网络是高阻变低阻的匹配网络，其中图 4-22（a）是高通网络，图 4-22（b）是低通网络，这种滤波电路具有良好的高频滤波性能，应用广泛。

3）T 型和 π 型匹配网络

这两种网络在电路分析时可以看成两节 L 型网络进行分析和计算，其分解如图 4-23 所示。其中 T 型匹配阻抗变换网络是低—高—低；π 型阻抗匹配网络与 T 型匹配阻抗变换网络正好相反，是高—低—高。

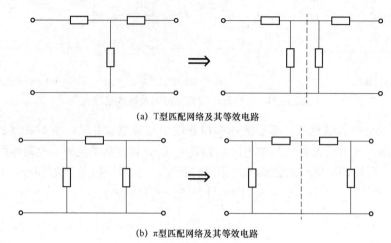

(a) T 型匹配网络及其等效电路

(b) π 型匹配网络及其等效电路

图 4-23　T 型和 π 型匹配网络及等效电路

按照前面的分析模型，当负载是纯阻负载时，表 4-3 列出了常用匹配网络及相应的公式。

表 4-3　常用匹配网络及相应的公式

名称	结构	计算公式	实现条件
L 型 网 络		$Q_e = \sqrt{\dfrac{R_e}{R_L} - 1}$ $\|X_P\| = R_e\sqrt{\dfrac{R_L}{R_e - R_L}}$ $\|X_S\| = \sqrt{R_L(R_e - R_L)}$	$R_e > R_L$
T 型 网 络		$\|X_{S1}\| = R_e\sqrt{\dfrac{R_L}{R_e}(1 + Q_e^2) - 1}$ $\|X_{S2}\| = Q_e R_L$ $\|X_P\| = \dfrac{X_{P1}X_{P2}}{X_{P1} + X_{P2}}$	$\dfrac{R_L}{R_e}(1 + Q_e^2) > 1$
π 型 网 络		$\|X_{P1}\| = \dfrac{R_e}{Q_e}$ $\|X_{P2}\| = \dfrac{R_L}{\sqrt{\dfrac{R_L}{R_e}(1 + Q_e^2) - 1}}$ $\|X_S\| = \dfrac{Q_e R_e}{1 + Q_e^2}\left(1 + \dfrac{R_L}{Q_e X_{P2}}\right)$	$\dfrac{R_L}{R_c}(1 + Q_e^2) > 1$

　　备注：在网络接晶体管放大器输出端时，有结电容的影响。因为结电容较小，在 π 型网络中有一定的影响，如需精确计算，应考虑结电容的影响再进行电路分析。

【例 4-4】有一个输出功率为 2 W 的高频功率放大器，负载电阻 $R_L = 50\ \Omega$，$V_{CC} = 24\ V$，$f = 50\ MHz$，$Q_e = 10$，试求 π 型等效电路的参数。

解：

$$R_e = \frac{V_{cm}^2}{2P_o} \approx \frac{V_{CC}^2}{2P_o} = 144\ （\Omega）$$

根据表 4-3 所示的 π 型匹配网络等效电路的公式可得：

$$|X_{P1}| = \frac{R_e}{Q_e} = \frac{144}{10} = 14.4$$

$$|X_{P1}| = \frac{1}{\omega C_1} \Rightarrow C_1 = \frac{1}{\omega |X_{P1}|} = 221\ （pF）$$

$$|X_{P2}| = \frac{R_L}{\sqrt{\dfrac{R_L}{R_e}\left(1 + Q_e^2\right) - 1}} = \frac{50}{\sqrt{\dfrac{50}{144} \times \left(10^2 + 1\right) - 1}} = 8.57\ （\Omega）$$

$$|X_{P2}| = \frac{1}{\omega C_2} \Rightarrow C_2 = \frac{1}{\omega |X_{P2}|} \approx 371.6\ （pF）$$

$$|X_S| = \frac{Q_e R_e}{1 + Q_e^2}\left(1 + \frac{R_L}{Q_e X_{P2}}\right) = \frac{10 \times 144}{1 + 10^2}\left(1 + \frac{50}{10 \times 8.57}\right) = 22.6\ （\Omega）$$

$$|X_S| = \omega L_1 \Rightarrow L_1 = \frac{|X_S|}{\omega} = 72\ （nH）$$

5. 输入滤波匹配网络和级间耦合电路

上面讨论了多级放大电路输出回路用在（发射机）末级或末前级功率放大电路中的问题。末前各级放大电路是中间级（主振级除外），其作用是缓冲、倍频和功放等，但是集电极回路的主要作用是为下一级提供激励功率信号，这些回路就叫作级间耦合回路，对下一级来说，是输入匹配网络，这些电路由于末级和中间级的负载和电平状态不同，因此对于它们的要求也有差别。中间级主要作用是提供下一级稳定的激励电压，一般工作在低电平，效率较低，为达到这个目的，中间级应满足以下条件。

（1）中间放大级应工作在过压状态，为下一级提供稳定的电源，即恒压源，其输出几乎不受负载变化。这样，尽管后一级负载变化，但该级激励电压仍然是稳定的。

（2）降低级间耦合的传输效率 η_K。效率低，本身消耗大，这样下一级输入回路损耗的功率相对来说显得不重要，也减弱了下一级对本级的影响。中间级 η_K 一般取值为 0.1～0.5，平均取值为 0.3 左右，也就是说中间级输出功率一般为后一级所需激励的 2～10 倍。

由于晶体管基极输入阻抗很低，并且功率越大，输入阻抗越低，一般约为十几欧（小功率管）至十分之几欧（大功率管），因而对于晶体管电路来说，匹配非常重要。

输入匹配网络的作用是使输入阻抗能与内阻比这个低输入阻抗高得多的信号源相匹配。

通常,绝大多数晶体管的输入阻抗可以认为是电阻 $r_{bb'}$ 与电容 C_i 串联,输入网络应能抵消 C_i 的作用,使其对信号源呈阻性。图 4-24 是输入匹配网络及等效电路。

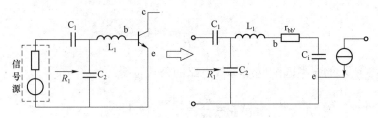

条件: $X_{L1} \gg X_{C1}, R_1 > R_2(r_{bb'})$

图 4-24　输入匹配网络及等效电路

计算公式如下

$$X_{L1} = Q_e R_2 = Q_e r_{bb'} \tag{4-42}$$

$$X_{C1} = R_1 \sqrt{\frac{r_{bb'}\left(Q_e^2 + 1\right)}{R_1} - 1} \tag{4-43}$$

$$X_{C2} = \frac{r_{bb'}\left(Q_e^2 + 1\right)}{Q_e} \cdot \frac{1}{\left(1 - \dfrac{X_{C1}}{Q_e R_1}\right)} \tag{4-44}$$

4.3　丙类谐振功率放大电路 Multisim 仿真

1. 丙类谐振功率放大器电路仿真及输出波形

输入端加入两个电压源,直流电压源加的是反向,电路元器件参数见表 4-4。从图 4-25 可以看出,设计的丙类高频功率放大器输出在匹配网络的情况下是正弦波,电流是余弦脉冲的形式。

表 4-4　电路元器件参数

V_1	V_2	V_3	C_1	L_1	C_2	R_1
3.2 V	−2.1 V	12 V	1 nF	1 uH	200 nF	200 mΩ
5.03 MHz	直流	直流	/	/	/	/
0°	/	/	/	/	/	/

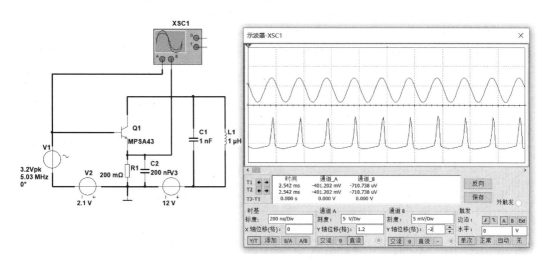

图 4-25　丙类功率放大电路仿真图

2. 丙类高频谐振功率放大器改进电路

丙类高频谐振功率放大器，为使电路失真减小，基极和集电极均采用谐振回路的形式进行电路设计。在设计电路中，基极分为并联馈电电路和串联馈电电路，集电极也采用并联馈电电路和串联馈电电路，图 4-26 所示为仿真基极采用串联馈电电路，集电极采用并联馈电电路设计，输出波形失真小。

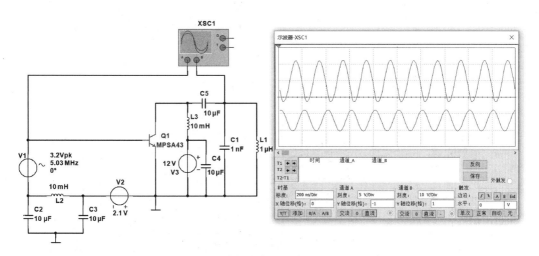

图 4-26　丙类功率放大电路馈电电路设计仿真图

3. 丙类谐振功率放大电路工作状态转变

丙类功率放大电路共有 3 种状态，分别为：临界工作状态、欠压工作状态和过压工作状态。在改变负载的情况下，可以改变丙类功率放大电路的工作状态，如图 4-27 所示。图 4-27（b）为欠压工作状态输出信号的频谱。

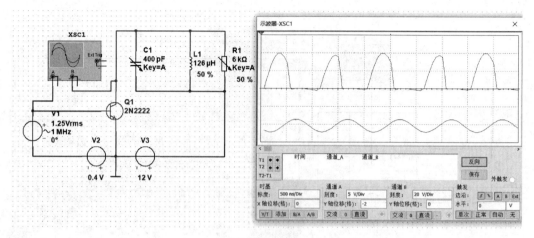

(a) 临界工作状态

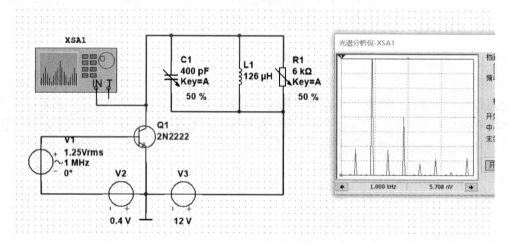

(b) 欠压工作状态频谱图

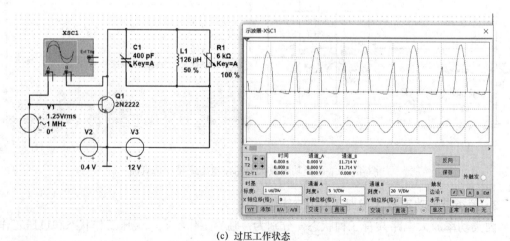

(c) 过压工作状态

图 4-27　丙类功率放大电路负载对工作点的影响

欠压工作状态与临界工作状态基本相同，脉冲幅度稍大一些，这里就不仿真了，同时改变输入直流或交流信号幅度和输出直流电源电压也同样可以改变放大器工作状态，读者可以自行仿真完成。

下面再举几个在实际应用中功率放大器的例子，如图 4-28 与图 4-29 所示。

（1）160 MHz，10 W 谐振功放。

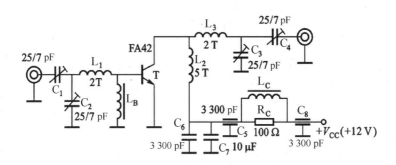

图 4-28　丙类功率放大电路示例 1

（2）175 MHz，10 W VMOS 管谐振功放。

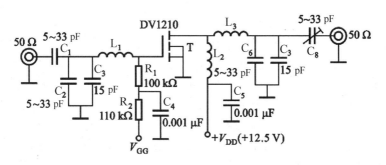

图 4-29　丙类功率放大电路示例 2

4.4　倍　频　器

倍频器是输出信号为输入信号整数倍频率的变换电路，在丙类谐振放大器中，晶体管工作在非线性状态，输出信号是余弦周期脉冲，根据傅立叶级数分解含有各次谐波和直流分量，谐振网络选频选择需要的倍数谐波信号，滤掉不需要的谐波信号即可。在通信电子线路中，倍频器主要应用在下面几个方面。

（1）降低发射机主控振荡频率，以提高频率的稳定性。通常发射机的主控振荡频率是由石英晶体振荡器构成的，以得到高的频率稳定性。但是发射机最稳定的频率往往低于发射机的工作频率，这时就需要采用倍频器，既保持了石英晶体的稳定性，又满足了发射机工作频率的要求。

（2）在频率合成器中，应用各种倍频器产生等于主频率各次谐波的频率源。

（3）在调频和调相系统中用以扩大频偏。

倍频器的电路与丙类谐振功率放大器设计基本一致，只是谐振回路不再谐振于基波 ω_c，而是如果谐振于 $2\omega_c$ 称为 2 倍频，谐振于 $3\omega_c$ 称为 3 倍频，依次下去到 $n\omega_c$，称为 n 倍频。同时，在谐振放大器工作时，需要哪个频率，哪个频率的能量占总能量的比例就要大，因此必须调节导通角，使其达到要求。导通角的值为

$$\theta_c = \frac{120°}{n} \qquad (4-45)$$

由于倍频器静态工作点设定在三极管截止区，因此倍频器也称丙类倍频器或 C 类倍频器。n 倍频器输出功率可以表示为：

$$P_{on} = \frac{1}{2} V_{cmn} I_{cmn} \qquad (4-46)$$

而谐振功放输出信号的功率为 $P_{o1} = \frac{1}{2} V_{cm1} I_{cm1}$，若两种工作状态的集电极峰值电流 i_{Cmax} 相同，集电极交流电压振幅相同，即 $V_{cm1} = V_{cmn} = V_{cm}$，则两种工作状态功率之比为

$$\frac{P_{on}}{P_{o1}} = \frac{I_{cmn}}{I_{cm1}} = \frac{\alpha_n(\theta)}{\alpha_1(\theta)} \qquad (4-47)$$

若谐振功率放大器导通角是 120°，则二倍频导通角最佳为 60°，三倍频最佳导通角为 40°，通过图 4-6 可得出，$P_{o2}/P_{o1} \approx 1/2$，$P_{o3}/P_{o1} \approx 1/3$，还可以计算其他倍频器与谐振功率放大器的能量比值，从而得出，输出信号的频率越高，输出能量越小，晶体管损耗越大，效率越低，因此在实际中一般倍频次数仅限于 2～3 次，少数情况 4～5 次。图 4-30 是一个倍频器电路示例，其中基极扼流圈构成基极电流直流通路，发射极电阻与电容一起提供自给偏置，同时起限制集电极功耗的作用，LC 组成谐振回路，滤掉不需要的谐波分量，这类倍频器元件少，调整方便，适合倍频次数较低的电路。

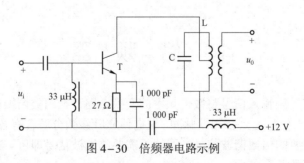

图 4-30 倍频器电路示例

除了上述利用晶体管非线性特性构成倍频器外，由于电抗不消耗能量，所以有时也采用电抗元器件构成倍频器，其中用的最多的是变容二极管构成的倍频器。

4.5　丁类（D 类）和戊类（E 类）高频功率放大器及功率合成技术

前面已经指出，高频功率放大器输出功率大，效率高。要提高效率除了采用丙类功率放大器外，还可以采用丁类功率放大器和戊类功率放大器。在提高晶体管输出功率方面，除了研制高精度晶体管外还可以使用多个晶体管进行放大，并把它们产生的功率在一个公用负载上进行相加，即功率合成技术，本节介绍丁类、戊类高频功率放大器和功率合成技术基本原理。

4.5.1　高效功率放大器

1. 丁类（D 类）高频功率放大器

在丙类放大器中，可以通过减小导通角的办法提高效率，这使得集电极电流只能在 v_{CE} 最小值时间范围内流通，从而减小了集电极功耗，提高了集电极效率 η_c。若能使集电极电流在导通期间，集电极电压接近零或近似为零，则必能进一步提高效率，丁类高频功率放大器设计就是根据这一原理完成的。

丁类高频功率放大器有两种类型：一类为电压开关型，另一类是电流开关型，如图 4-31 所示。

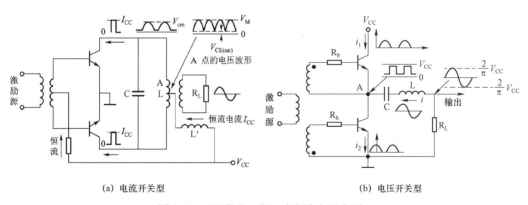

(a) 电流开关型　　　　　　　　　　　　(b) 电压开关型

图 4-31　丁类（D 类）功率放大器类型

电压开关型如图 4-32（a）所示，两个同型号的 NPN 晶体管串联，并加上电源电压 V_{CC}，输入变压器使 V_1 和 V_2 由大小相等、相位相反的大电压驱动，因而 V_1、V_2 轮流导通。负载电阻 R_L 与 LC 构成一个高品质因数的串联谐振回路，并谐振于激励信号频率，如果忽略管子饱和压降，则这两个晶体管可以等效成图 4-32（b）所示的单刀双掷开关。管子输出电压在零和 V_{CC} 之间轮流变化，如图 4-32（c）所示，具体工作过程描述如下。

图 4-32 中输入信号电压 u_i 是幅值足够大的正弦波。该输入信号通过变压器 Tr 在次级

产生两个极性相反的推动电压 u_{b1} 和 u_{b2}，分别加到两个相同型号的同类放大器 V_1 和 V_2 的输入端，使得当其中一管从导通到饱和状态时，另一管截止。负载电阻 R_L 和 L、C 构成串联谐振回路，调谐频率为输入信号的频率。忽略 V_1 和 V_2 的饱和压降 U_{UES}，当在输入信号的正半周时，V_1 饱和导通，V_2 截止，则 V_2 的集电极对地电压 U_{CE2} 为电源电压 V_{CC}；当在输入信号的负半周时，V_1 截止，V_2 饱和导通，则 V_1 的集电极对地电压 U_{CE1} 为电源电压 V_{CC}。因此，V_2 输出端的电压在 $0 \sim V_{CC}$ 之间轮流变化。V_1、V_2 的集电极电流 i_{C1}、i_{C2} 为高频余弦脉冲。当串联谐振回路调谐在输入信号频率上，且回路等效品质因数 Q_e 足够高时，通过回路的是 U_{CE2} 方波电压的基波分量，这样在负载 R_L 上得到与输入信号频率相同的正弦信号。U_{CE2}、i_{C1}、i_{C2} 及输出电压 u_o 如图 4-32（c）所示。通过次电流波形可知，在理想情况下，两管的集电极损耗都为 0，故理想的集电极效率可达 100%。实际上，由于晶体管结电容的存在，在高频工作时，晶体管 V_1、V_2 的开关转换速度不够高，电压 U_{CE2} 会有一定的上升沿和下降沿，如图 4-32（c）虚线所示，这样会导致两管在瞬间同时导通或断开，将使晶体管的耗散功率增大，放大器的实际效率降低，这种现象会随输入信号频率的增加而更严重。为了克服上述缺点，在 D 类放大器的基础上采用特殊输出回路，提出了戊类（E 类）功率放大器。

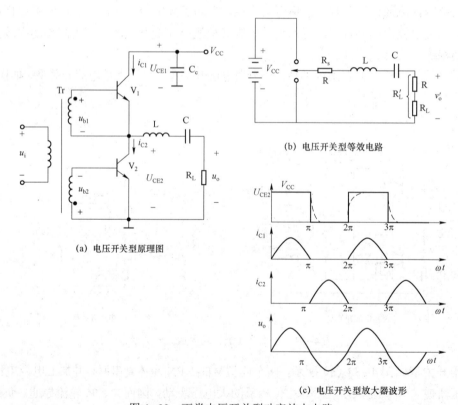

图 4-32 丁类电压开关型功率放大电路

丁类功率放大电路除了电压开关型外，还有电流开关型，这里就不再详述。

2. 戊类（E 类）高频功率放大器

戊类（E 类）高频功率放大器的电路原理图与等效电路图分别如图 4-33（a）和图 4-33

（b）所示，单管工作在开关状态。在图 4-33（a）中，C_1 为晶体管输出电容，C_2 为外加电容，以使放大器获得所期望的性能，同时消除了丁类放大器中 C_1 所引起的功率损失，因而提高了放大效率。在图 4-33（b）中，电容 C_0 为晶体管的结电容和外加补充电容；L 与 C 为串联谐振回路，调谐于输入信号的频率上；L_1 是激励电感，jX 是补偿电抗，用以校正输出电压相位，以获得高的集电极效率。

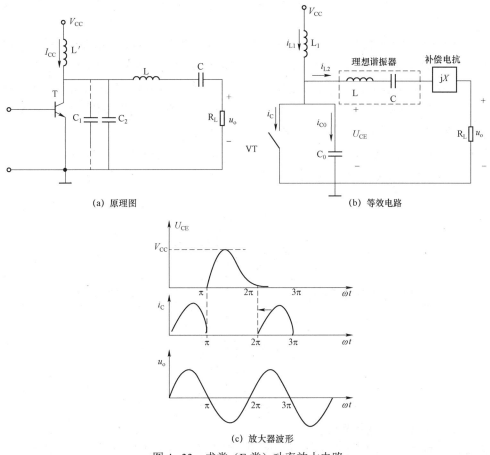

(a) 原理图　　　　　　　　　(b) 等效电路

(c) 放大器波形

图 4-33　戊类（E类）功率放大电路

戊类（E类）功率放大器在信号一个周期的工作过程如下。

（1）当在信号的正半周时，开关闭合，输出电压，电容 C_0 的电流 i_C 将随输入信号的变换规律而进行变换。

（2）当在信号的负半周时，开关断开，则 i_C 突变为 0，i_{L1} 开始向电容 C_0 充电，充电不久后电容又给负载放电，得到输出电压 u_o 的波形，如图 4-33（c）所示。

在 E 类高频功率放大电路中，当 $U_{CE}=0$ 时才有集电极电流，克服了 D 类在开关转换过程中的集电极功耗，故其效率很高。

4.5.2　功率合成技术

在高频功率放大器中，当需要的输出功率超过单个电子器件所能输出的功率时，可以将几个电子器件的输出功率叠加起来，以获得足够大的输出功率，这就是功率合成技术。如图 4-34 所示，是一个将 1 W 输入功率放大到 35 W 输出功率的合成示意图，图中每个三角代表一级功率放大器，菱形代表功率的合成与分配网络。图中第一级放大器将 1 W 输入信号放大到 4 W，第二级将 4 W 放大到 11 W。然后在分配网络中将这 11 W 分解成相等的两部分，继续在两组放大器中放大，又在第二个网络中分配，又放大，在合成网络中进行相加，上下两组相加的结果在负载上得到 35 W 功率。一个理想的功率合成电路应满足以下条件。

（1）N 个同类型的放大器，它们的输出振幅相等，每个放大器供给匹配负载以额定功率 P_{so}，则 N 个放大器输至负载的总功率为 NP_{so}。这叫作功率相加条件。

（2）合成器的各单元放大电路彼此隔离，也就是说，当任何一个放大单元发生故障时，不影响其他放大单元的工作，这些没有发生故障的放大器照旧向电路输出自己的额定输出功率 P_{so}。这叫作相互无关条件。这是功率合成器的最主要条件。

另外，功率合成元器件较多，一般不使用谐振电路，而采用宽带工作方式。功率合成种类很多，这里只介绍工作在短波和超短波波段的传输线变压器构成的功率合成电路。

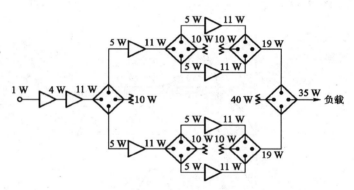

图 4-34　功率合成框图

1. 传输线变压器的宽带特性

普通变压器上、下限频率的扩展方法是相互制约的。为了扩展下限频率，需要增加初级线圈的电感量，使其低频段也能输入较大的阻抗，可采用高磁导率的高频磁芯和增加初级线圈的匝数。但是这样会使变压器的漏感和分布电容增大，降低了上限频率，为了扩展上限频率就必须减小漏感和分布电容，如采用低磁导率的磁芯和减少线圈的匝数，但是这又会使下限频率提高。

传输线变压器是基于传输线原理和变压器原理二者结合而产生的耦合元件，它是将传输（双绞线、带状线或同轴电缆等）绕在高导磁芯上构成，以传输线与变压器方式同时进行能量传输，图 4-35 是一个基本的 1:1 传输线变压器，可以说明这种特殊变压器能同时扩展上、下限频率原理。图 4-35（a）是结构示意图，图 4-35（b）和图 4-35（c）是工作原理图，图 4-35（d）是分布电感和分布电容表示的传输线参数分布情况。

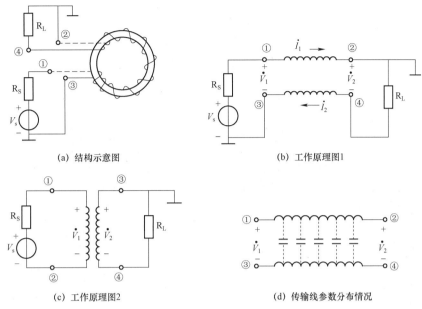

(a) 结构示意图　　　　　　　　　　　　(b) 工作原理图1

(c) 工作原理图2　　　　　　　　　　　(d) 传输线参数分布情况

图 4-35　传输线变压器示意图及等效电路

传输线在工作时，信号从①、③两端输入，从②、④两端输出，如果信号传输的波长与传输线长度可以比拟，两根导线的固有分布电容和相互间的分布电容就构成了传输线分布参数的等效电路，若无损耗，则传输线的等效阻抗 $Z_{\mathrm{C}}=\sqrt{\Delta L / \Delta C}$。

传输线变压器有其固有阻抗 Z_{C}，它是由传输线结构决定的，当负载阻抗 $R_{\mathrm{L}}=Z_{\mathrm{C}}$ 时，传输线处于行波状态，当传输线始端输入阻抗 $R_{\mathrm{i}}=Z_{\mathrm{C}}$ 时，可近似认为传输线的上限频率范围内线上电压处处相等，电流相等但方向相反，即：

$$\dot{V}_1 = \dot{V}_2 = \dot{V}, \quad \dot{I}_1 = \dot{I}_2 = \dot{I} \tag{4-48}$$

传输线的阻抗定义为：

$$Z_{\mathrm{C}} = \frac{\dot{V}}{\dot{I}} \tag{4-49}$$

在以传输线方式工作时，信号从①、③两端输入，从②、④两端输出，由于输入输出线圈长度相同，图 4-35 是一个 1:1 的反向变压器，当工作频段较低时，由于信号波长远大于传输线长度，分布参数影响很小，可以忽略，故变压器方式起主要作用。由于磁芯的磁导率很高，因此即使传输线段短也能获得足够大的初级电感量，保证了传输线变压器低频特性。当工作频段升高时，传输线起主要作用，在无耗且匹配的条件下，上限将不受漏感、分布电容和高磁导率磁芯的限制，在实际中要做到严格无耗和匹配是很困难的，但是上限频率仍然能达到很高。以上分析了变压器良好的宽带传输特性。

2. 传输线变压器阻抗变换特性

与普通变压器一样，传输线变压器也可以实现阻抗变换，受结构的限制，只能实现某些特定阻抗的变换，图 4-36 给出了一种 1:4 传输线变压器阻抗转换器原理图。

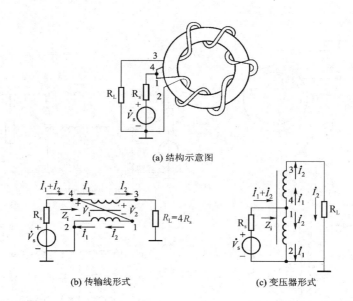

(a) 结构示意图

(b) 传输线形式

(c) 变压器形式

图 4-36 1:4 传输线变压器阻抗转换器原理图

特性阻抗 Z_C 与输入阻抗 Z_i 的关系分别为：

$$\left. \begin{aligned} R_L &= \frac{\dot{V}_1 + \dot{V}_2}{\dot{I}_2} \\ Z_i &= \frac{\dot{V}_1}{\dot{I}_2 + \dot{I}_1} \end{aligned} \right\} \tag{4-50}$$

又因为
$$\dot{V}_1 = \dot{V}_2 = \dot{V}, \quad \dot{I}_1 = \dot{I}_2 = \dot{I} \tag{4-51}$$

所以
$$Z_i = \frac{1}{4} R_L \tag{4-52}$$

利用宽带传输线变压器可以完成一些特定的阻抗变换，但需要注意，当阻抗比不同时，终端的匹配条件不同，图 4-37 给出了两级宽带高频功率放大器电路，该匹配采用了 3 个传输线变压器，两级功放都工作在甲类，并且采用本级直流负反馈的方式展开频带，改善非线性失真。3 个传输线变压器都是 4:1 的阻抗变换电路，前两个级联后作为第一级功放输出阻抗匹配，总阻抗为 16:1，第二级功放是低输入阻抗与第一级高输入阻抗实现匹配，第三级使第二级功放高输入阻抗与 50 Ω 的负载电阻匹配。

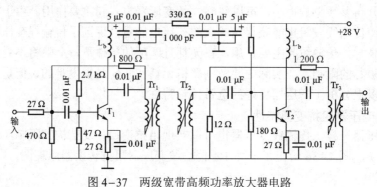

图 4-37 两级宽带高频功率放大器电路

3. 传输线变压器在功率合成中的应用

图 4-38 是反相（推挽）功率合成器典型电路，电路输出为 75 W，带宽为 30～75 MHz 的放大器的一部分。图中 Tr_2 与 Tr_5 为混合网络作用的 1:4 传输线变压器，混合网络各端仍然用 A、B、C、D 来表明；Tr_1 与 Tr_6 为起平衡—不平衡转换作用 1:1 传输线变压器；Tr_3 与 Tr_4 为 4:1 的阻抗变换器，它们的作用是完成阻抗变换。其优点是输出没有偶次谐波，输入电阻比单边时高，因而引线电感较小。

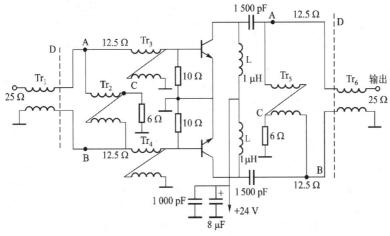

图 4-38　反相（推挽）功率合成器典型电路

图 4-39 是同相功率合成典型电路，图中 Tr_1 与 Tr_6 起同相隔离混合网络作用，Tr_1 为功率分配网络，它的作用是将 C 端的功率平均分配，供给 A 端和 B 端同相激励的功率。Tr_6 为功率合成网络，它的作用是将晶体管输出至 A、B 两端的功率在 C 端合成，供给负载。Tr_2、Tr_3 与 Tr_4、Tr_5 分别是 4:1 与 1:4 阻抗变换器，它们的作用是完成阻抗匹配，各处阻抗均在图中标明。其特点是输出有偶次谐波，这一点不如反相功率合成器（反相偶次谐波在输出端互相抵消）。

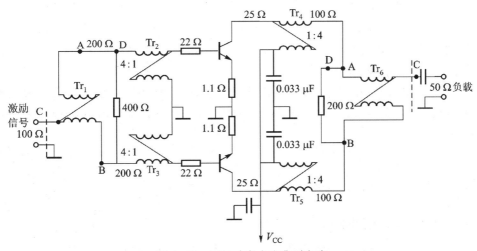

图 4-39　同相功率合成典型电路

本 章 小 结

高频谐振功率放大器可以工作在甲类、乙类或丙类状态。相比之下，丙类谐振功率放大器的输出功率虽不及甲类和乙类大，但效率高，节约能源，所以是高频功率放大器中经常选用的一种电路形式。丙类谐振功率放大器效率高的原因在于导通角 θ_c 小，集电极功耗小，但此时放大器的集电极电流波形失真。采用 LC 谐振网络作为放大器的负载，可克服工作在丙类时产生的失真。由于 LC 谐振网络的带宽较窄，因此丙类谐振功率放大器一般放大窄带高频信号。

在丙类谐振功率放大器中，为了提高谐振功率放大器的效率，采用减小导通角 θ_c 的方法，但导通角 θ_c 越小，将导致输出功率越小。所以选择合适的 θ_c 角，是丙类谐振功率放大器在兼顾效率和输出功率两个指标时的一个重要考虑。

由于高频功率放大器是工作在大信号的输入信号状态下，所以在工程上常采用折线分析法对其进行分析。利用折线分析法可以对丙类谐振功率放大器进行性能分析，得出它的负载特性、放大特性和调制特性。若丙类谐振功率放大器用来放大等幅信号（如调频信号）时，应该工作在临界状态；若用来放大非等幅信号（如调幅信号）时，应该工作在欠压状态；若用来进行基极调幅时，应该工作在欠压状态；若用来进行集电极调幅时，则应该工作在过压状态。折线化的动态线在性能分析中起了非常重要的作用。

习 题 4

1. 为什么低频功率放大电路不能工作在丙类，而高频功率放大器能工作在丙类？

2. 丙类放大器为什么一定要用谐振回路作为集电极（阳极）负载？回路为什么一定要调到谐振状态？回路失谐将产生什么样的结果？

3. 提高放大器效率和功率，应从哪几方面入手？

4. 已知谐振功率放大器的 $V_{CC} = 24\ \text{V}$，$I_{C0} = 250\ \text{mA}$，$P_o = 5\ \text{W}$，$V_{cm} = 0.9 V_{CC}$，试求该放大器的 P_D、P_c、η_c 及 I_{c1m}、i_{Cmax}、θ_c。

5. 一谐振功率放大器，要求工作在临界状态。已知 $V_{CC} = 20\ \text{V}$，$P_o = 0.5\ \text{W}$，$R_L = 50\ \Omega$，集电极电压利用系数为 0.95，工作频率为 10 MHz。用 L 型网络作为输出滤波匹配网络，试计算该网络的元件值。

6. 谐振功率放大器工作在欠压区，要求输出功率 $P_o = 5\ \text{W}$。已知 $V_{CC} = 24\ \text{V}$，$V_{BB} = V_{BE(on)}$，$R_e = 53\ \Omega$，设集电极电流为余弦脉冲，即 $i_c = \begin{cases} i_{Cmax}\cos\omega t, & v_b > 0 \\ 0, & v_b \leqslant 0 \end{cases}$，试求电源供给功率 P_D 和集电极效率 η_c。

7. 由晶体管组成的功率放大电路，其工作频率 $f = 520\ \text{MHz}$，输出功率 $P_o = 60\ \text{W}$，$V_{CC} = 12.5\ \text{V}$。当（1）$\eta_c = 60\%$ 时，试计算管耗 P_c 和直流分量 I_{C0} 的值；（2）若保持 P_o 不变，

将 η_c 提高到 80%，试问 P_c 减少多少？

8. 有一个硅 NPN 外延平面型高频功率管 3DA1 做成谐振功率放大器，设 $P_o = 2\,\text{W}$，$V_{CC} = 24\,\text{V}$，工作频率=1 MHz。试求它的能量关系并确定 Q_c 取值。由晶体管手册已知其参数为 $f_T \geqslant 70\,\text{MHz}$，$A_p$（功率增益）$\geqslant 13\,\text{dB}$，$I_{Cmax} = 750\,\text{mA}$，$V_{CE(sat)}$（集电极饱和压降）$\geqslant 1.5\,\text{V}$，$P_{CM} = 1\,\text{W}$。

9. 图 4-40 所示放大器工作于临界状态，中介回路和天线回路均已调谐好。

（1）当 V_{CC}、V_{BB}、M_1 不变，增大 M_2 时，放大器的工作状态如何变化？

（2）在增大 M_2 后为了维持放大器仍工作在临界状态，M_1 应如何变化？

（3）若电路已经调谐好，工作于临界状态，已知晶体管转移特性曲线斜率 $g_c = 0.8\,\text{A/V}$，$V_{BB} = 1\,\text{V}$，$V_{BZ} = 0.6\,\text{V}$，$\theta_c = 70°$，$V_{CC} = 24\,\text{V}$，$\xi = 0.9$，中介回路 $Q_0 = 100$，$Q_e = 10$，求集电极输出功率 P_o，效率 η_c 和天线功率 P_A。

10. 放大器处于临界状态，采用图 4-41 所示电路。如果发生下列情况之一，则集电极直流电表与天线电流表的读数如何变化？

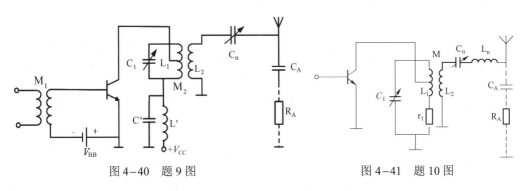

图 4-40　题 9 图　　　　　　图 4-41　题 10 图

（1）天线断开；（2）天线接地（短路）；（3）中介回路失调。

11. 高频功率晶体管 3DA4 参数 $f_T = 100\,\text{MHz}$，$\beta = 20$，集电极最大允许耗散功率 $P_{CM} = 20\,\text{W}$，饱和临界跨导 $g_{cr} = 0.8\,\text{A/V}$，用它做成 2 MHz 的谐振功率放大器，选定 $V_{CC} = 24\,\text{V}$，$\theta_c = 70°$，$i_{Cmax} = 2.2\,\text{A}$，并工作在临界状态。试计算 R_p、P_D、P_o、P_c 和 η_c。

12. 放大器工作在临界状态，根据理想化负载特性曲线，求当 R_p：（1）增大一倍；（2）减小一半时，P_o 如何变化？

13. 已知晶体管功率放大器，工作频率 $f_0 = 100\,\text{MHz}$，$R_L = 50\,\Omega$，$P_o = 1\,\text{W}$，$V_{CC} = 12\,\text{V}$，饱和压降 $V_{CE(sat)} = 0.5\,\text{V}$，$C_{b'c} = 40\,\text{pF}$。设计一个 π 型匹配网络。（备注：$C_o = 2C_{b'c}$ 是谐振电容的一部分，设有载品质因数 $Q_e = 10$）

14. 在调谐某一晶体管谐振功率放大器时，发现输出功率与集电极效率正常，但是所需激励功率过大。如何解决这一问题？假设为固定偏压。

15. 试比较两种放大器输出功率与效率：

（1）输入与输出均为正弦波，电流为尖顶余弦脉冲（丙类）；

（2）输入与输出均为方波，电流为方波脉冲（丁类）。

假设在这两种状态下的电压和电流幅度均相同，负载回路也相同。

16. 在图 4-41 所示的电路中，测得 $P_D = 10\,\text{W}$，$P_c = 3\,\text{W}$，中介回路损耗 $P_K = 1\,\text{W}$。

试求：

（1）天线回路功率 P_A；

（2）中介回路效率 η_K；

（3）晶体管效率和整个放大电路效率。

17. 设计一个丁类放大器，要求在 1.8 MHz 时，输出 1 000 W 功率至 50 Ω 负载。设 $V_{CE(sat)}=1\,V$，$\beta=20$，$V_{CC}=48\,V$，采用电流开关型电路。

18. 谐振功率放大器工作频率 $f=2\,MHz$，实际负载 $R_L=80\,\Omega$，所要求的谐振阻抗 $R_P=8\,\Omega$，试求确定 L 型匹配网络的参数 L 和 C 的大小？

19. 谐振功率放大器工作频率 $f=8\,MHz$，实际负载 $R_L=50\,\Omega$，$V_{CC}=20\,V$，$P_o=1\,W$，集电极电压利用系数为 0.9，用 L 型网络作为输出回路的匹配网络，试计算该网络的参数 L 和 C 的大小？

20. 设计一个丁类放大器，要求在 2～30 MHz 时，输出 4 W 功率至 50 Ω 负载。设 $V_{CE(sat)}=1\,V$，$\beta=15$，$V_{CC}=36\,V$，采用电压开关型电路。

21. 试用传输线变压器混合网络将 4 个 100 W 的功率放大器合成为 400 W 输出功率，已知负载为 50 Ω。

22. 试从物理角度解释，当电流通角相同时，倍频器的效率比放大状态效率低。

23. 二次倍频器工作于临界状态，$\theta_c=60°$，如激励电压的频率提高一倍，而幅度不变，问负载功率和工作状态将如何变化？

24. 图 4-42 所示传输线变压器阻抗变换比 $R_i:R_L$ 和传输线变压器 Tr_1 的特性阻抗 Zc_1 及 Tr_2 的特性阻抗 Zc_2（Tr_1 与 Tr_2 的变压比均为 1:1）。（1）计算阻抗变换比；（2）求特性阻抗。

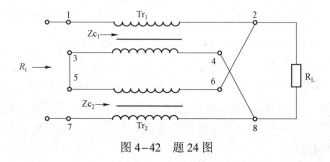

图 4-42　题 24 图

第5章　正弦波振荡电路设计与 Multisim 实现

振荡器指在没有外加输入信号情况下，便能自行产生输出信号的电路。按照输出波形的不同，振荡器可分为正弦波振荡器和非正弦波振荡器；按照振荡工作原理的不同，振荡器可分为反馈式振荡器和负阻式振荡器。目前使用最广泛的是利用正反馈原理构成的振荡器。负阻振荡器是利用有负阻特性的器件构成的振荡器，在这种电路中，负阻所起的作用是将振荡器中的正阻抵消，维持振幅稳定。

正弦波振荡器在通信系统中应用广泛，大致可分为两种：一是频率输出，指正弦波振荡器产生具有稳定而准确频率的电信号，主要应用在无线电通信、广播、电视发射机中，用来产生载波信号；在超外差接收机中产生本地振荡信号；在各种无线电测量仪器中，用作各个频段正弦波信号源；在数字通信系统中，用作时钟信号源；作为时间基准，用于定时器、时标、电子钟表，等等。很明显，在这类应用中，输出信号的稳定和准确是主要指标，对输出功率的要求则不是主要的。二是功率输出，正弦波振荡器做高频功率源，如工业用的高频加热设备和医用电疗仪器等。在这一类应用中，高频输出大功率是对它的主要要求，而对振荡频率的准确、稳定性不做苛求。本章主要讨论正反馈正弦波振荡器，主要研究振荡原理和电路设计及经典电路分析与应用。

5.1　反馈式振荡器基本原理

1. 电路的组成

正弦波振荡电路主要是由两部分构成，一是放大器，二是反馈网络，如图 5-1 所示。振荡器工作过程如下。

（1）在电源接通时，电路中必然存在各种电的扰动，如电流的变化、管子和器件的固有噪声等。

（2）LC 谐振回路起选频作用和移相作用，又称相移网络。

（3）由反馈网络反馈到放大器的输入端，又被进一步放大。

如此反复，输出端不断地得到一个增大的自激振荡信号，且反馈信号的相位与前一输入信号的相位是同相的，即形成正反馈。从而完成起振的目的，当 $\dot{V}_{\mathrm{f}} = \dot{V}_{\mathrm{i}}$ 时，电路达到稳定。因此，为了获得一定频率和幅度的正弦波，应合理选择电路结构和元件参数，使电路满足 3 个基本条件：平衡、起振和稳定。

2. 平衡与起振条件

1）环路增益

$$T(\mathrm{j}\omega) = \frac{\dot{V}_{\mathrm{f}}}{\dot{V}_{\mathrm{i}}} = \frac{\dot{V}_{\mathrm{o}}}{\dot{V}_{\mathrm{i}}} \cdot \frac{\dot{V}_{\mathrm{f}}}{\dot{V}_{\mathrm{o}}} = A_{\mathrm{V}}(\mathrm{j}\omega) F_{\mathrm{V}}(\mathrm{j}\omega) \tag{5-1}$$

式中： $A_V(j\omega)$ ——放大器的增益；

$\quad\quad\quad F_V(j\omega)$ ——反馈系数；

$\quad\quad\quad \dot{V}_f$ ——反馈电压；

$\quad\quad\quad \dot{V}_o$ ——输出电压；

$\quad\quad\quad \dot{V}_i$ ——放大器输入电压。

2）平衡条件

当在某一频率上（设为 ω_0），$\dot{V}_f$ 与 $\dot{V}_i$ 同相又等幅，即：$\dot{V}_f = \dot{V}_i$，此时环路增益为 1，即：

$$T(j\omega_0) = 1 \quad\quad\quad (5-2)$$

如图 5-1（a）所示，当电路环路闭合后，电路输出稳定，输出电压 $\dot{V}_o$ 的角频率是 ω_0 的正弦波，而电路的输入电压全部是反馈电压，即：$\dot{V}_f = \dot{V}_i$，无须外加电压源，即：$\dot{V}_s = 0$，$\dot{V}_o = \dot{V}_f$，因而平衡条件可以写成：

$$T(j\omega_0) = T(\omega_0)e^{j\varphi_T(\omega_0)} \Rightarrow \begin{cases} T(\omega_0) = 1 \\ \varphi_T(\omega_0) = 2n\pi \quad n = 0,1,2,\cdots \end{cases} \quad\quad (5-3)$$

由图 5-1（b）可得：

$$A_V(j\omega)F_V(j\omega) = 1$$

经常简写成：

$$\dot{A}\dot{F} = 1 \quad\quad\quad (5-4)$$

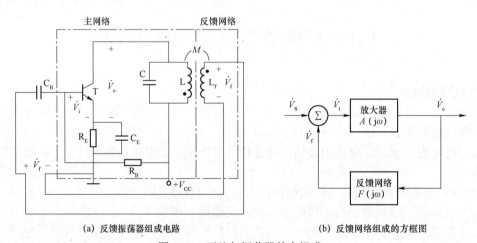

(a) 反馈振荡器组成电路　　　　　　　(b) 反馈网络组成的方框图

图 5-1　正弦包振荡器基本组成

根据图 5-1 的电路条件，变压器同名端必须反相，晶体管放大器必须是共发射极解法才能满足相位条件，幅值在放大器中容易满足。

备注：在起振时，有

$$|T(j\omega_0)| > 1 \text{ 或 } |\dot{A}\dot{F}| > 1 \quad\quad\quad (5-5)$$

综上所述，反馈振荡器既要满足起振条件，又要满足平衡条件，其中起振与平衡的相位条件都是满足正反馈的要求。而对于振幅起振与平衡条件，则要求振荡电路的环路增益具有随振荡器的输入电压的增加而下降的特性，如图 5-2 所示。其中，

$$\left| \dot{T} \right| = \left| \frac{\dot{V}_{\mathrm{f}}}{\dot{V}_{\mathrm{i}}} \right| = \left| \dot{A} \dot{F} \right| = T \qquad (5-6)$$

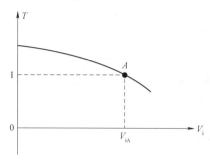

图 5-2 满足起振与平衡条件的环路增益特性

起振时，$T>1$，V_{i} 迅速增大，随着振荡幅度的增大，T 下降，V_{i} 的增长速度变缓，直到 $T=1$，V_{i} 停止增长，振荡进入平衡状态，在相应的平衡振幅 V_{iA} 上维持等幅振荡，因此将 A 点称为振幅平衡点。由于反馈网络为线性网络，反馈系数为常数，因此只要放大器的放大特性满足图 5-2 所示曲线关系就满足了起振与平衡条件。由于放大器在小信号工作时是线性状态，增益大；而随着输入信号的增大，放大器工作在截止区与饱和区，进入非线性状态，此时的输出信号幅度增加有限，即增益将随输入信号的增加而下降。因此一般放大器的增益特性曲线均满足图 5-2 所示的形状。

3. 稳定条件

振荡器电路不可避免地受外界电源电压、温度和湿度等因素的影响。这些变化将引起管子参数的变化，同时电路内部有固有噪声。当外界因素（如温度）导致输出振幅（或相位）增大时，振荡器内部机制可自动使输出振幅（或相位）减小，从而恢复到平衡状态，反之亦然，称为稳定的；如果输出平衡被破坏，通过放大器谐振网络与反馈不能重新回到平衡状态，这样的电路是不稳定的，受外界因素的影响，偏离了原始的工作状态。稳定条件分为振幅稳定和相位稳定。

1）振幅稳定条件

振幅稳定条件是指振荡器的工作状态在外界各种干扰的作用下偏离平衡状态时，振荡器在平衡点必须具有阻止振幅变化的能力。具体地讲，在振幅平衡点上，当不稳定因素使振荡幅度增大时，环路增益的模值应减小，使反馈电压振幅 V_{f} 减小，从而阻止 V_{i} 增大；当不稳定因素使振荡幅度减小时，环路增益的模值应增大，使反馈电压振幅 V_{f} 增大，从而阻止 V_{i} 减小。因此要求在平衡点附近，环路增益的模值随 V_{i} 的变化率为负值，即振幅稳定条件为：

$$\left. \frac{\partial T(\omega_0)}{\partial V_{\mathrm{i}}} \right|_{V_{\mathrm{i}}=V_{\mathrm{iA}}} < 0 \qquad (5-7)$$

且这个斜率越大，表明 V_{i} 的变化而产生的 $T(\omega_0)$ 变化越大，这样只需很小的 V_{i} 变化就可以抵消外界因素引起的 $T(\omega_0)$ 的变化，使环路重新回到平衡。

2）相位稳定条件

相位稳定条件是指当相位平衡遭到破坏时，电路本身能够建立起相位平衡的条件。由于正弦信号的角频率 ω 与相位 φ 的关系为：

$$\omega = \frac{\mathrm{d}\varphi}{\mathrm{d}t} \Rightarrow \varphi = \int \omega \mathrm{d}t \tag{5-8}$$

$$\left. \frac{\partial \varphi(\omega)}{\partial \omega} \right|_{\omega = \omega_0} < 0 \tag{5-9}$$

此相位的变化会引起角频率的变化，角频率的变化也会引起相位的变化。图 5-3 所示是满足相位稳定条件的回路的相频特性。

综上所述，反馈振荡器是由放大器与反馈网络所构成的闭环系统，其必须满足起振、平衡和稳定 3 个条件，判断一个电路能否正常工作，应分别从振幅与相位两个方面予以讨论。

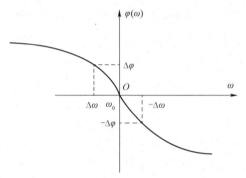

图 5-3　相位稳定条件的回路的相频特性

4. 电路正常工作条件

1）振幅条件

由于放大器一般都是满足图 5-2 所示的振幅特性，故平衡与稳定的振幅条件都是满足的，对振幅来说，在起振时，放大器应具有正确的直流偏置，开始时应工作在甲类状态。起振时，环路增益 T 应大于 1，由于反馈网络 F 是一个常数，且小于 1，因此要求放大器的增益 A 大于 1。对于共射或共基组态的放大器，负载设计合理，可以满足这一要求。

2）相位条件

对于放大器的起振与平衡的相位条件，都是要求环路是正反馈。平衡的稳定条件，要求环路应具有负斜率的相频特性曲线。由于工作频率范围仅在振荡频率点附近，故可认为放大器本身的相频特性为常数，且反馈网络一般由电感分压器、电容分压器组成，其相频特性也可视为常数，因此相位平衡的稳定状态负斜率的相频特性就由选频网络实现。由 LC 谐振电路知识可知，对于 LC 并联谐振电路的阻抗特性及 LC 串联谐振电路的导纳特性都具有负斜率的相频特性，而对于 LC 并联谐振电路的导纳特性及 LC 串联谐振电路的阻抗特性都具有正斜率的相频特性，可构成反馈网络。

各种反馈振荡电路的区别在于可变增益放大器和选频网络实现电路的不同。通常的可变增益放大器有晶体三极管放大器、场效应管放大器、差分对管放大器和集成运放等。它们可变增益有两种实现方法：一是利用放大管的固有的非线性，这种方法叫内稳幅；二是保持放大器线性工作，而另外插入非线性环节，共同组成可变增益放大器，这种方法称为外稳幅。常用的相移网络有 LC 谐振电路、RC 相移和选频网络、石英晶体谐振器等，它们具有负斜率相位的变化特性，目前采用最多的是 LC 谐振电路的 LC 谐振器、采用石英晶体谐振器的晶体谐振器、采用 RC 选频网络的 RC 振荡器。

5.2　LC 正弦波振荡器

以 LC 谐振电路为选频网络的反馈振荡器称为 LC 正弦波振荡器，常用的电路有互感耦合振荡器和三点式振荡器。互感耦合振荡器是以互感耦合方式实现正反馈，其振荡频率稳定度不高，且由于互感耦合元件分布电容的存在，限制了其振荡频率的提高，只适合于较低频段。三点式振荡器是指 LC 回路的 3 个电抗元件与晶体管的 3 个电极连接组成的 LC 振荡器，使谐振电路既是晶体管的集电极负载，又是正反馈选频网络，其工作频率可达到几百兆赫兹，在实际中得到了广泛的应用。

5.2.1　互感耦合振荡器电路

互感耦合振荡器电路又叫变压器反馈振荡器，共有 3 种形式：调集电路、调发电路和调基电路，这些电路是根据振荡回路在集电极、发射极和基极加以区分的。为了满足相位条件，图 5-4 中的同名端已经标出，并用"."表示，实际接线时注意。由于基极和发射极输入阻抗较低，为了避免过多地影响品质因数值，在图 5-4 电路设计中晶体管和振荡回路之间做部分耦合。

调集电路又分为共发射极调集电路和共基极调集电路两种类型，图 5-4（a）是共发射极调集电路。调集电路的输出比其他两种电路稳定，而且幅度较大，谐波成分少。调基振荡频率调试范围较宽，并且比较稳定。

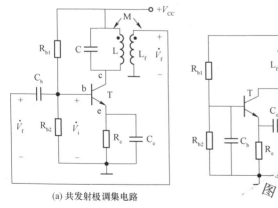

(a) 共发射极调集电路

图 5-4　互感

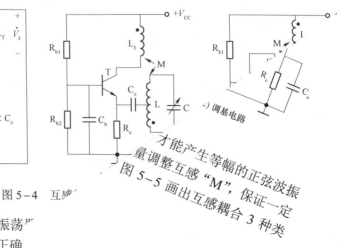

才能产生等幅的正弦波振
量调整互感 "M"，保证一定
图 5-5 画出互感耦合 3 种类

从前面的分析可知，振荡
荡，对于互感耦合电路要正确
的偏置，使晶体管的跨导 g_c 过

型的交流通路，并用"瞬时极性法"进行了相位条件的分析，从图中分析可以看出电路发生的都是正反馈，输入与输出之间相位相同或相差 $2n\pi$（$n=0, 1, 2, \cdots$），晶体管放大器是共发射极和共基极接法，适当调节，幅值能满足要求。

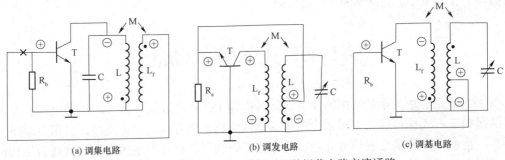

(a) 调集电路   (b) 调发电路   (c) 调基电路

图 5-5　互感耦合调集、调发、调基振荡电路交流通路

$$f_0 = \frac{1}{2\pi\sqrt{LC}} \tag{5-10}$$

互感耦合振荡电路的频率与"M"基本无关，但是由于分布电容的存在，在频率较高时很难做出稳定性能高的变压器。因此这种振荡器工作频率不宜过高，一般用于中、短波波段。

5.2.2　三端式振荡器电路

三端式振荡器如图 5-6 所示。

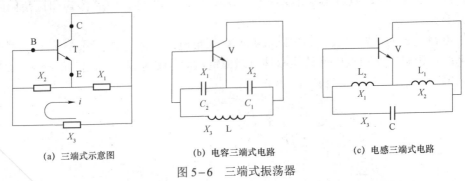

(a) 三端式示意图   (b) 电容三端式电路   (c) 电感三端式电路

图 5-6　三端式振荡器

平衡……谐振回路作为选频和移相网络的振荡器，要产生振荡，电路应首先满足相位 $X_1 + X$……构成正反馈。LC 回路有 3 个抽头，分别与晶体管 3 个电极相连，满足抗元件……路中 3 个电抗元件不能同时为感抗或容抗，必须由两种不同性质的电元件，……同它异"。……性法"可知，相位要想满足条件，与发射极相连的为同性质电抗……三点式……性法"可知，……质性电抗元件。为了便于记忆，可将上述规则简单地记为"射器，也称……电感三点式振荡……形式：与发射极相连同为电容的，称为电容三点式振荡见振荡器的高频……图 5-6（b）所示；与发射极相连同为电感的，称为……振荡器，如图 5-6（c）所示。图 5-7 是一些常……是由哪种基本电路演变而来的。

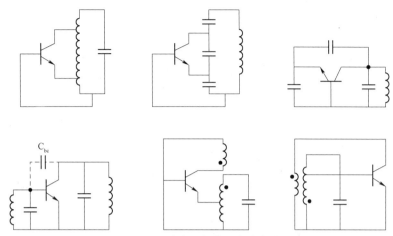

图 5-7　几种常见振荡器的高频电路

【例 5-1】振荡器交流等效电路如图 5-8 所示，分析振荡器是否能振荡。

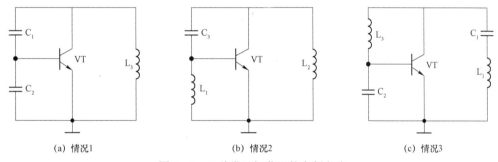

（a）情况1　　　　　　　　　（b）情况2　　　　　　　　　（c）情况3

图 5-8　几种常见振荡器的高频电路

解： 在分析振荡器是否正常工作时，一般不考虑振荡器的振幅条件，因为放大器一般在共发射极和共基极接法静态工作点正常时，放大器增益 $A>1$（此知识点在模拟电子技术中已经讲过）。

根据相位条件，在图 5-8（a）中，射极连接是一个电容 C_2，一个电感 L_3，不符合"射同它异"组成原则，故不能振荡；在图 5-8（b）中，射极连接是一个电感 L_2，一个电感 L_1，另外一极连接电容 C_3 符合"射同它异"组成原则，故能振荡；在图 5-8（c）中，射极连接是一个电容 C_2，一个电感 L_1 和电容 C_1，这个支路如果是容性，则符合"射同它异"组成原则，故能振荡，如果体现感性，就不能振荡。

1. LC 三端式电路分析

1）电感三端式电路分析

图 5-9（a）是电感三端式振荡式电路，电感 L_1 和电感 L_2 是谐振回路中的电感，C 是谐振回路的电容，C_b 是耦合电容，C_e 是旁路电容，一般情况下旁路电容和耦合电容比谐振电路的电容大一个数量级以上，因此在高频振荡信号这些电容可以等效成短路，起到隔直通交的作用，在高频等效电路中，C_b 和 C_e 可以忽略不计，但是注意 C 不能等效成短路且不能被忽略。R_e 提供直流偏置，稳定静态工作点的作用。图 5-9（b）是其高频等效交流通路，通过基本谐振回路计算可以求电路的谐振频率和振幅起振条件。

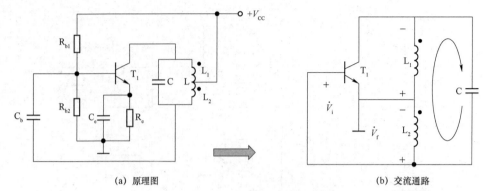

(a) 原理图　　　　　　　　　　　　　　(b) 交流通路

图 5-9　电感三端式振荡器电路

在谐振回路中，振荡频率为：

$$f_0 = \frac{1}{2\pi\sqrt{L'C}} = \frac{1}{2\pi\sqrt{(L_1 + L_2 + 2M)C}} \tag{5-11}$$

式中：$L' = L_1 + L_2 + 2M$，M 为互感系数。

$$F = \frac{L_2 + M}{L_1 + M} \tag{5-12}$$

电感三端式正常要求 $T(\omega_0)$ 为 3～5，即振幅的基本条件是 $\dot{A}\dot{F} \geqslant 1$，一般 F 取 0.3 左右，A 取值为 10～20。

2）电容三端式振荡电路分析

图 5-10（a）是电容三端式振荡式电路设计，电感 L 是谐振回路中的电感，C_1 和 C_2 是谐振回路的电容，C_c、C_b 是耦合电容，C_e 是旁路电容，一般情况下旁路电容和耦合电容比谐振电路的电容大一个数量级以上，因此在高频振荡信号这些电容可以等效成短路，在高频等效电路中，C_c、C_b 和 C_e 可以忽略不计，但是注意 C_1 和 C_2 不能等效成短路且不能被忽略。R_e 提供直流偏置，起稳定静态工作点的作用。图 5-10（b）是其高频等效交流通路，通过基本谐振回路计算可以求电路的谐振频率和振幅起振条件。

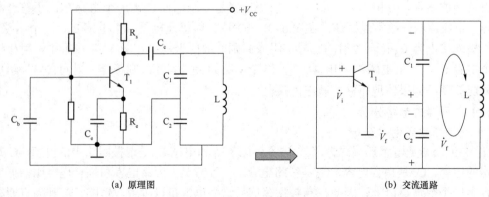

(a) 原理图　　　　　　　　　　　　　　(b) 交流通路

图 5-10　电容三端振荡器电路

备注：在分析静态工作点时，大电容一般等效成断路，高频扼流圈被等效成短路（在模拟电子技术中已经讲过）。

在谐振回路中，振荡频率为：

$$f_0 = \frac{1}{2\pi\sqrt{LC'}} = \frac{1}{2\pi\sqrt{L\dfrac{C_1 C_2}{C_1 + C_2}}} \tag{5-13}$$

式中：$C' = \dfrac{C_1 C_2}{C_1 + C_2}$。

$$F = \frac{\dfrac{1}{\omega C_2}}{\dfrac{1}{\omega C_1}} = \frac{C_1}{C_2} \tag{5-14}$$

电容三端式正常要求 $T(\omega_0)$ 为 3～5，即振幅的基本条件是 $\dot{A}\dot{F} \geqslant 1$，一般 F 取 0.3 左右，A 取值为 10～20。

实际上很多因素会影响高频振荡器的相位和振幅，如三极管输入/输出阻抗、晶体管偏置电阻和去耦电容、电感损耗等，这些参数随着频率的变高会变化，增加很多在电路设计中不确定的因素，为了精确考虑这些因素的影响，计算机辅助分析和电路调试在高频振荡器中不可缺少。

在射频段的振荡器，放大电路采用共基极形式，因为在特征频率 f_T 相同的情况下，共基极要比共射极工作频率高。

2. 三端式电路的特点

（1）电容三端式振荡电路，在图 5-10 中，反馈电容取自 C_2，而电容对晶体管非线性产生的高次谐波呈现低阻抗的特性，反馈电压中高次谐波分量小，因而输出波形好，接近正弦波。缺点是反馈系数因与回路的电容有关，如果改变回路的电容来调节振荡频率，必须改变反馈系数，从而影响起振（由于寿命和调节的原因，一般不用改变回路电感的方法调节振荡频率）。分布电容和三极管极间结电容并联电容三端式的两个电容 C_1 和 C_2，由于这两个电容相对结电容较小，因此影响较小。故稳定性好，适合较高的频率。

（2）电感三端式振荡电路优点是便于改变电容的方法调整振荡频率，而不会影响反馈系数。缺点是反馈取自一个电感 L_2，参见图 5-9，电感对高频信号呈现高阻性，因此反馈中高次谐波较多，输出波形较差。另外，反馈系数 F 随着频率而改变，严重的将改变极性不能振荡。

以上两种振荡共同的缺点是晶体管输入/输出电容分别和谐振回路两个电容元件并联，影响回路等效电抗元件参数，从而影响振荡频率。由于晶体管输入/输出电容值随环境温度、电源电压等因素而变化，所以三端式反馈 LC 振荡器振荡频率不高，一般在 10^{-3} 数量级。

【例 5-2】 已知一电容反馈三端振荡器交流图如图 5-11 所示，反馈系数 $F = \dfrac{1}{3}$，$L = 10\,\mu\text{H}$，振荡频率为 $f_0 = 19.4\,\text{MHz}$，求 C_1 和 C_2。

解：该振荡器是电容三端式，根据公式可得：

$$\begin{cases} f_0 = \dfrac{1}{2\pi\sqrt{L\dfrac{C_1C_2}{C_1+C_2}}} \\ F = \dfrac{C_1}{C_2} = \dfrac{1}{3} \end{cases} \Rightarrow \begin{cases} C_1 \approx 9 \text{（pF）} \\ C_2 = 27 \text{（pF）} \end{cases}$$

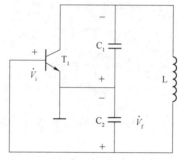

图 5-11   例 5-2 图

5.2.3   场效应晶体管振荡器电路

以上电路中放大核心器件是三极管，为了追求更高的稳定度，振荡器常常用场效应管作为放大器的核心器件，因为场效应管是电压控制器件，其输入阻抗比电流控制双极型晶体管高得多，故场效应管稳定度高，耗电小。场效应管的缺点是要注意工作电压的选择，容易击穿，一般功率较小。

5.3   改进的反馈式 LC 振荡器

5.3.1   振荡器稳定度

由于振荡器的振荡频率往往作为一种频率标准或时间标准使用，因此在通信系统和电子设备中，振荡器的频率尽可能保持准确和稳定，由于外界条件和电路内部因素的变化，振荡器必然会出现不稳定的现象，引起频率和振幅的变化，相位变化引起频率变化，因此稳定度分为频率稳定和振幅稳定。振荡器的频率稳定度是指由于外界条件的变化，引起振荡器的实际工作频率偏离标称频率的程度；振幅稳定指因为外界的因素使输出电压的振幅发生波动。频率稳定是振荡器的一个重要的指标，这里只讨论频率稳定度提高措施。

1. 振荡器频率稳定度表示

频率稳定度又称频率精度，它表示实际工作的频率偏离标称频率的程度，可以用式（5-15）和式（5-16）表示。不稳定是由于振荡器的电源电压不恒定、环境条件（温度、湿度等）的变化，元件内部噪声和机械振荡、电磁波干扰等因素而引起的。因此系统对不同振荡器提出稳定度的要求，并使其达到规定的指标，保证一定的性价比。

$$\Delta f = f_1 - f_0 \tag{5-15}$$

$$\frac{\Delta f}{f_0} = \frac{f_1 - f_0}{f_0} \qquad\qquad (5-16)$$

式中：f_1——振荡器实际工作频率；

　　　f_0——标称频率理论值。

按照规定时间长短不同，频率稳定度可分为长期、短期和瞬时，长期指时间在一天以上乃至几个月内因元件老化而引起的频率相对值的变化；短期指一天之内因温度、湿度和电源电压等外界因素变化而引起的频率变化的相对量；瞬时稳定度（秒级稳定度），指电路内部由噪声引起的振荡频率相对变化量。

通常的稳定度指短期稳定度，若将规定的时间分为 n 个间隔，各个间隔实际测量的频率分别为：f_1, f_2, $\cdots$, f_n，则当振荡频率规定为 f_{osc}（简称标称频率）时，短期稳定度定义为：

$$\frac{\Delta f_{osc}}{f_{osc}} = \lim_{n \to \infty} \sqrt{\frac{1}{n}\sum_{i=1}^{n}\left[\frac{(\Delta f_{osc})_i}{f_{osc}} - \overline{\frac{\Delta f_{osc}}{f_{osc}}}\right]^2} \qquad\qquad (5-17)$$

式中：$(\Delta f_{osc})_i$——第 i 个时间间隔内实测的绝对频差。

绝对频差的平均值称为绝对频率准确度，见式（5-18），显然 $\overline{\Delta f_{osc}}$ 越小，频率准确度越高。

$$\overline{\Delta f_{osc}} = \lim_{n \to \infty} \frac{1}{n}\sum_{i=1}^{n}(f_i - f_{osc}) \qquad\qquad (5-18)$$

对频率稳定度的要求因用途而异，用于中度广播电台发射机的频稳度为 10^{-5} 数量级，电视机发射机为 10^{-7} 数量级，普通信号发生器为（$10^{-5} \sim 10^{-4}$）数量级，高精度信号发生器为（$10^{-9} \sim 10^{-7}$）数量级。

2. 提高稳定度的基本措施

引起频率不稳定的原因是外界各种环境因素如温度、湿度、大气压力等的变化，会引起回路元件、晶体管输入/输出、阻抗及负载的变化，从而对谐振回路的参数及品质因数 Q 值产生影响，因此欲提高振荡频率的稳定度，可以从两方面入手。

（1）减小外界因素变化的影响。采用高稳定度直流稳压电源以减少电源电压的变化；采用恒温或温度补偿的方法以抵消温度的变化；采用金属罩屏蔽的方式减小外界电磁场的影响；采用密封、抽空等方式以削弱大气压力和湿度变化的影响等。

（2）提高回路的标准性。谐振回路在外界因素变化时保持其谐振频率不变的能力称为谐振回路的标准性，回路的标准性越高，频率稳定度越好。由于振荡器中谐振回路的总电感、总电容包括回路电感、回路电容、晶体管的输入/输出电感、电容及负载电容等，因此，欲提高谐振回路的标准性可采取以下措施。

① 用温度系数小或选用合适的具有不同温度系数的电感器和电容器。

② 注意选择回路与器件、负载的接入系数以削弱器件、负载不稳定因素对回路的影响。

③ 实现元器件合理排列，改善安装工艺、缩短引线，加强引线的机械强度；元件与引线安装牢固，可减小分布电容和分布电感及其变化量。

④ 回路的品质因数越大，则回路的相频特性曲线在谐振点的变化率越大，其相位越稳定，从相位与频率的关系可得，此时的稳频效果越好，因此需选择品质因数高的回路元件。

5.3.2 改进电容三端式振荡器

1. 克拉泼振荡器

由于晶体管的输入、输出电容与电容三点式振荡器和电感三点式振荡器的回路并联，影响回路的等效电抗元件参数。而晶体管的输入、输出电容受环境温度、电源电压等因素的影响较大，所以上述两种振荡器的频率稳定度不高，一般在 10^{-3} 数量级。为了提高频率稳定度，需要对电路作改进以减小晶体管输入、输出电容对回路的影响，可以采用削弱晶体管与回路之间耦合的方法，在电容三点式振荡器的基础上，得到两种改进型电容反馈式振荡器——克拉泼（Clapp）振荡器和西勒（Siller）振荡器。

图 5-12（a）是克拉泼振荡器的实用电路，图 5-12（b）是其交流等效电路。与电容三点式振荡器相比，克拉泼振荡器的特点是在回路中用电感 L 和可变电容 C_3 串联电路代替原电容反馈振荡器中的电感 L。各电容值取值规定如下：$C_3 \ll C_1$，$C_3 \ll C_2$，这样可使电路的振荡频率近似只与 C_3、L 有关。

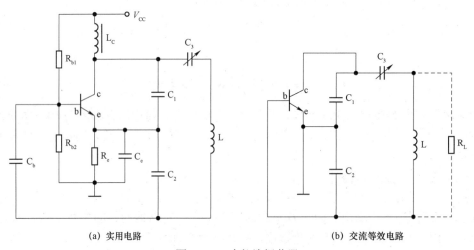

(a) 实用电路　　　　　　　　　　(b) 交流等效电路

图 5-12　克拉泼振荡器

由图 5-12 可知：

$$C_\Sigma = \frac{1}{\dfrac{1}{C_1} + \dfrac{1}{C_2} + \dfrac{1}{C_3}} \approx C_3 \qquad (5-19)$$

则振荡频率为

$$f_0 = \frac{1}{2\pi\sqrt{LC_3}} \qquad (5-20)$$

由此可见，对振荡频率的影响显著减少，那么与并联的晶体管的输入、输出电容的影响也就减小了。

由于晶体管以部分接入的方式与回路连接，ce 端与回路的接入系数为：

$$n_{\mathrm{ce}} = \frac{\dfrac{C_2 C_3}{C_2 + C_3}}{C_1 + \dfrac{C_2 C_3}{C_2 + C_3}} = \frac{C_2 C_3}{C_2 C_1 + C_1 C_3 + C_2 C_3} \approx \frac{C_3}{C_1} \qquad (5-21)$$

同理 be 端与回路的接入系数为：

$$n_{\mathrm{be}} \approx \frac{C_3}{C_2} \qquad (5-22)$$

由于 $C_3 \ll C_1$，$C_3 \ll C_2$，则接入系数 n_{ce}、n_{be} 很小，故晶体管与回路的耦合很弱，因此晶体管的输入、输出电容对回路的影响减小，克拉泼振荡器的频率稳定度得到了提高。

谐振回路中接入 C_3 后，虽然振荡器频率稳定度得到了提高，调节 C_3 不会改变反馈系数，但是 C_3 不能太小，否则将影响振荡器的起振。假设回路的总负载为 R_L（包括回路的谐振电阻、实际负载等效到回路等），则其等效到晶体管 ce 端的负载电阻 R_L' 为：

$$R_L' = n_{\mathrm{ce}}^2 R_L \approx \left(\frac{C_3}{C_1}\right)^2 R_L \qquad (5-23)$$

若 C_3 太小，C_1 太大，则等效负载很小，放大器增益较低，环路增益也较小，振荡器的输出幅度减小，振荡器不满足振幅起振条件而使振荡器停振。所以，克拉泼振荡器是用牺牲环路增益来换取回路标准性的提高，从而提高频率稳定性。

克拉泼振荡器的缺陷是不适合作波段振荡器。波段振荡器要求在一段区间内振荡频率可变，且振幅幅值保持不变。这是因为克拉泼振荡器频率的改变是通过调整 C_3 来实现的，而 C_3 的改变，回路总负载将随之改变，放大器的增益也将变化，调频率可使环路增益不足而停振；另外，由于负载电阻的变化，振荡器输出振幅也将变化，导致波段范围内输出振幅变化较大。而克拉泼振荡器主要用于固定频率或波段较窄的场合，其波段覆盖系数（最高工作频率与最低工作频率之比）一般只有 1.2～1.3。

2. 西勒振荡器

针对克拉泼振荡器的缺陷，出现了另一种改进型电容三点式振荡器——西勒振荡器。图 5-13（a）是西勒振荡器的实用电路，图 5-13（b）是其交流等效电路。

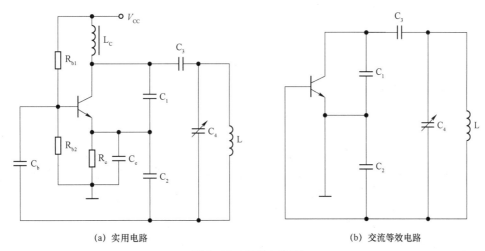

(a) 实用电路　　　　　　　　　　　　　(b) 交流等效电路

图 5-13　西勒振荡器

西勒振荡器是在克拉泼振荡器的基础上，在电感 L 两端并联了一个小电容 C_4，且满足 C_1、C_2 远大于 C_3，C_1、C_2 远大于 C_4。由图 5-13（b）可得谐振回路的总电容为

$$C_\Sigma = \cfrac{1}{\cfrac{1}{C_1}+\cfrac{1}{C_2}+\cfrac{1}{C_3}} + C_4 \approx C_3 + C_4 \tag{5-24}$$

则振荡频率为

$$f_0 = \frac{1}{2\pi\sqrt{LC_\Sigma}} = \frac{1}{2\pi\sqrt{L(C_3+C_4)}} \tag{5-25}$$

西勒振荡器与克拉泼振荡器一样，晶体管与回路的耦合较弱，频率稳定度高；由于与电感 L 是并联的，通过调整 C_4 只改变频率不会改变晶体管与回路的接入系数，所以波段内输出振幅较平稳。因此，西勒振荡器可用作波段振荡器，其波段覆盖系数为 1.6～1.8。

【例 5-3】如图 5-14 所示的电路，分析该电路的工作原理，画出交流等效电路，并求振荡频率。

解：该电路采用负电源供电，以及 L_{c2} 构成直流电源滤波，R_{b1}、R_{b2}、R_e 为晶体管的直流偏置电阻，L_{c1} 为高频扼流圈，其一方面阻止交流信号到地，另一方面给晶体管提供直流通路，C_b 为基极的高频旁路电容，使该晶体管的基极交流接地。

该电路的交流等效电路如图 5-14（b）所示，它构成了电容三点式振荡器。

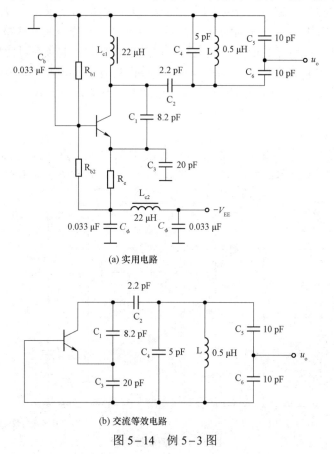

(a) 实用电路

(b) 交流等效电路

图 5-14 例 5-3 图

$$C_{\Sigma} = \cfrac{1}{\cfrac{1}{C_1}+\cfrac{1}{C_2}+\cfrac{1}{C_3}} + C_4 + \cfrac{1}{\cfrac{1}{C_5}+\cfrac{1}{C_6}} = \cfrac{1}{\cfrac{1}{8.2}+\cfrac{1}{2.2}+\cfrac{1}{20}} + 5 + \cfrac{1}{\cfrac{1}{10}+\cfrac{1}{10}} = 11.6（pF）$$

则振荡频率为

$$f_0 = \frac{1}{2\pi\sqrt{LC_{\Sigma}}} = \frac{1}{2\pi\sqrt{0.5\times10^{-6}\times11.6\times10^{-12}}} = 66（MHz）$$

3. 晶体振荡器

由于 LC 元件的标准性较差，谐振回路的品质因数较低，所以 LC 振荡器的频率稳定度不高，一般为 10^{-3} 数量级，即使是克拉泼振荡器与西勒振荡器，其频率稳定度也只能达到 $10^{-5} \sim 10^{-4}$ 数量级。为了进一步提高振荡器的频率稳定度，可采用石英谐振器作为选频网络，构成晶体振荡器，其频率稳定度一般可达 $10^{-8} \sim 10^{-6}$ 数量级。

石英谐振器的固有频率十分稳定，它的温度系数在 10^{-5} 以下。石英谐振器除了基频振动外，还有奇次谐波泛音振动。所谓泛音，是指石英晶片振动的机械谐波。由于晶体厚度与振动频率成反比，工作频率越高，则要求基片的厚度越薄。薄的基片加工困难，使用中也容易损坏，所以若需要的振荡频率高，可使用晶体的泛音频率，以使基片的厚度可以增加。利用基片振动的晶体称为基频晶体，利用泛音振动的晶体称为泛音晶体，泛音晶体广泛应用 3 次和 5 次的泛音振动。通常工作在 20 MHz 以下时采用基频晶体，大于 20 MHz 时采用泛音晶体。

石英晶体的电路符号如图 5-15（a）所示，从电的观点来看，当外加交变电压与石英晶体的机械振荡发生共振时，石英片上两极上的交变电荷最大，也就是通过石英晶体片的交流电流最大，因而具有串联谐振特性，可用图 5-15（b）所示串联电路等效它的电特性。若作为基频晶体，图 5-15（c）是电路的等效电特性，其中 L_{q1}、C_{q1}、r_{q1} 等效其基频谐振特性，L_{q3}、C_{q3}、r_{q3} 等效其 3 次泛音谐振特性，C_0 表示石英晶体静态电容和支架、引线的分布电容之和，在几皮法到十几皮法之间，其中，静态电容是以石英片为介质，两个电极为极板形成的电容，这个是 C_0 的主要成分；L_q 表示晶片振动时的等效动态电感，为几十到几百毫亨；C_q 表示晶片振动时的动态电容，为百分之几皮法；r_q 表示晶片振动时的摩擦损耗，为几欧到几百欧。

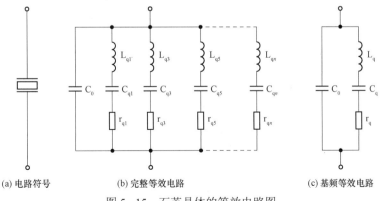

(a) 电路符号　　　(b) 完整等效电路　　　(c) 基频等效电路

图 5-15　石英晶体的等效电路图

表 5-1 列出了几种常用石英晶体振荡器的性能和参数。可见石英晶体具有很大的 L_q、很小的 C_q 和很高的品质因数 Q_q（一般在 10^5 以上），并且它们的数值是十分稳定的。另外，C_0 远大于 C_q，因而当接成晶体振荡器时，外电路对晶体电特性影响便显著减小。这种情况如同上述的克拉泼电路中利用 C_1、C_2 远大于 C_3 来减小管子（晶体管结电容等）对回路谐振的影响一样，可见石英晶体作为振荡回路，就会有很高的回路标准，因而具有很高的稳定度。

表 5-1　几种常用石英晶体振荡器的性能和参数

频率范围/MHz	型号	稳定度/d	温度系数 $\frac{\Delta f}{f}$ / ℃	L_q/H	C_q/pF
5	JA8	5×10^{-9}	$<1\times10^{-7}$	0.08	0.013
20~45	B04	5×10^{-9}	$<1\times10^{-7}$	0.08	0.0001
90~130	B04/L	5×10^{-9}	$<1\times10^{-7}$	依照频率定	
频率范围/MHz	r_q/Ω	C_0/pF	Q_q	负载电容/pF	振荡方式
5	≤10	5	≥5×10^4	30，50，∞	基频
20~45	40	4.5	≥5×10^4	30，50，∞	3 次泛音
90~130	依照频率定		≥5×10^4	30，50，∞	9 次泛音

在图 5-16（a）基频等效电路中，当电路处于低频时，C_0 可以忽略不计，电路发生串联谐振，当频率升高不能忽略 C_0 时，电路发生并联谐振。

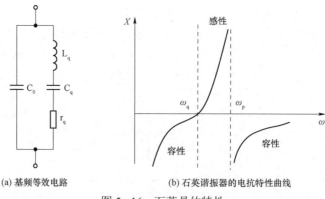

(a) 基频等效电路　　　(b) 石英谐振器的电抗特性曲线

图 5-16　石英晶体特性

其串联谐振频率为：

$$\omega_q = \frac{1}{\sqrt{L_q C_q}} \Rightarrow f_q = \frac{1}{2\pi\sqrt{L_q C_q}} \qquad (5-26)$$

其并联谐振频率为：

$$\omega_{\text{p}} = \frac{1}{\sqrt{L_{\text{q}} \dfrac{C_{\text{q}} C_0}{C_{\text{q}} + C_0}}} \Rightarrow f_{\text{p}} = \frac{1}{2\pi \sqrt{L_{\text{q}} \dfrac{C_{\text{q}} C_0}{C_{\text{q}} + C_0}}} \tag{5-27}$$

根据石英晶体的频率特性曲线，由图 5-16（b）可得，当 $\omega < \omega_{\text{q}}$ 时，电路体现容性，此时为低频，C_0 可以忽略不计，C_{q} 在电路中起主要作用，当 $\omega = \omega_{\text{q}}$ 时，电路发生串联谐振，串联谐振频率见式（5-26）；当 $\omega > \omega_{\text{q}}$ 时，电路频率逐步升高，C_0 不能忽略不计，在 $\omega_{\text{q}} < \omega < \omega_{\text{p}}$ 时，电路为感性，当 $\omega = \omega_{\text{p}}$ 时，电路发生并联谐振，谐振频率见式（5-27）。

在应用过程中，ω_{q} 与 ω_{p} 是非常接近的，可以根据式（5-28）得到：

$$\omega_{\text{p}} = \frac{1}{\sqrt{L_{\text{q}} \dfrac{C_{\text{q}} C_0}{C_{\text{q}} + C_0}}} = \frac{1}{\sqrt{L_{\text{q}} C_{\text{q}}}} \sqrt{1 + \frac{C_{\text{q}}}{C_0}} \approx \omega_{\text{q}} \left(1 + \frac{1}{2} \cdot \frac{C_{\text{q}}}{C_0} \right)$$

$$\frac{\omega_{\text{p}} - \omega_{\text{q}}}{\omega_{\text{q}}} = \frac{1}{2} \cdot \frac{C_{\text{q}}}{C_0} \tag{5-28}$$

式中：$C_0 \gg C_{\text{q}}$，因此 ω_{q} 与 ω_{p} 是非常接近的。

在实际应用中，石英谐振器在使用时还有一个标称频率 f_{N}，其值位于串联谐振频率 f_{q} 与并联谐振频率 f_{p} 之间，是指晶体谐振器两端并接某一规定的负载电容 C_{L} 时石英谐振器的振荡频率。负载电容 C_{L} 值标于厂家的产品说明书，这个电容称为负载电容（通常基频规定 C_{L} 为 30 pF 或 50 pF），这种情况下晶体管的并联振荡频率为：

$$f_{\text{N}} \approx f_{\text{q}} \left(1 + \frac{1}{2} \cdot \frac{C_{\text{q}}}{C_0 + C_{\text{L}}} \right) \tag{5-29}$$

根据式（5-29）可得，C_{L} 越大，f_{N} 越接近 f_{q}，这个振荡频率就是标在晶体管外壳的振荡频率，因此晶体管的基频振荡频率与其构造有关，范围小到十几千赫兹，大到百兆赫兹，广泛应用到电子设备中，实现频率控制和频率选择。

石英谐振器比一般 LC 振荡器频率稳定度高，具体表现如下。

（1）石英谐振器具有很高的标准性。

（2）外接元件对石英谐振器的接入系数为：$n = \dfrac{C_{\text{q}}}{C_0 + C_{\text{q}}}$，故接入系数很小，一般为 $10^{-4} \sim 10^{-3}$，因此大大削弱了外电路不稳定因素对石英谐振器的影响。

（3）石英谐振器的品质因数为：$Q = \dfrac{1}{r_{\text{q}}} \sqrt{\dfrac{L_{\text{q}}}{C_{\text{q}}}}$，品质因数 Q 很大，可达 $10^4 \sim 10^6$。而一般 LC 振荡器的品质因数只有几百，因此石英谐振器具有很强的稳频作用。

4. 石英晶体振荡电路

1）串联型石英晶体振荡器

串联型晶体振荡器一般是将石英谐振器用于正反馈中，利用其串联谐振时等效为短路元件，电路反馈最强，满足振幅起振条件，使振荡器在石英谐振器串联谐振频率 f_{q} 上起振。图 5-17（a）为串联型晶体振荡器的原理电路，图 5-17（b）为其交流等效电路。

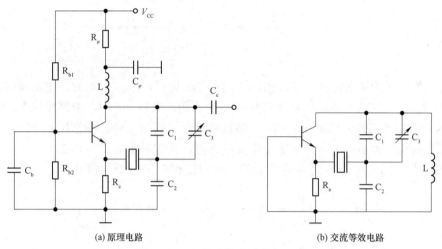

(a) 原理电路　　　　　　　　　　　　　(b) 交流等效电路

图 5-17　石英晶体串联谐振电路

由图 5-17（b）可见，若将晶体短路，它就是一个普通的电容反馈振荡器，L、C_1、C_2、C_3 构成振荡回路。当反馈信号频率等于串联谐振频率 f_q 时，石英谐振器的阻抗最小，且为纯电阻，此时正反馈最强，电路满足振荡的相位和振幅条件而产生振荡；当偏离串联谐振频率时，石英谐振器的阻抗迅速增大并产生较大的相移，振荡条件不满足而不能产生振荡。由此可见，这种振荡器的振荡频率受石英晶体串联谐振频率 f_q 的控制，具有很高的频率稳定度。在串联型晶体振荡器中，LC 回路一定要调谐在石英谐振器的串联谐振频率上。

2）并联型石英晶体振荡器

并联型晶体振荡器的工作原理和三点式振荡器相同，只是将其中一个电感元件换成石英晶振。石英谐振器接在晶体管的 c、b 极之间，称为皮尔斯振荡器；石英谐振器接在晶体管的 b、e 极之间，称为密勒振荡器。目前应用得最广的是皮尔斯晶体振荡器。图 5-18 （a）是皮尔斯振荡器的原理图，图 5-18（b）为其交流等效电路，其中虚线框中为石英晶体振荡器的等效电路。

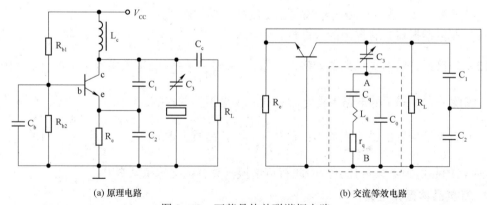

(a) 原理电路　　　　　　　　　　　　　(b) 交流等效电路

图 5-18　石英晶体并联谐振电路

石英谐振器与外部电容 C_1、C_2、C_3 构成并联谐振回路，它在回路中起电感的作用。回路中 C_3 用来微调电路的振荡频率，使其工作在石英谐振器的标称频率上，C_1、C_2、C_3 串联组成石英晶体谐振器的负载电容 C_L，其值为：

$$C_{\mathrm{L}} = \frac{C_1 C_2 C_3}{C_1 C_2 + C_2 C_3 + C_1 C_3} \tag{5-30}$$

$$f_0 = \frac{1}{2\pi\sqrt{L_{\mathrm{q}}\dfrac{C_{\mathrm{q}}(C_0 + C_{\mathrm{L}})}{C_{\mathrm{q}} + C_0 + C_{\mathrm{L}}}}} = \frac{1}{2\pi\sqrt{L_{\mathrm{q}}C_{\mathrm{q}}}}\sqrt{\frac{C_{\mathrm{q}} + C_0 + C_{\mathrm{L}}}{C_0 + C_{\mathrm{L}}}} = f_{\mathrm{q}}\sqrt{1 + \frac{C_{\mathrm{q}}}{C_0 + C_{\mathrm{L}}}} \tag{5-31}$$

由于石英谐振器的标准性很高，故串联谐振频率非常稳定，且由于 $C_0 \gg C_{\mathrm{q}}$，$C_{\mathrm{L}} \gg C_{\mathrm{q}}$，故皮尔斯振荡器的振荡频率非常接近串联谐振频率。在图 5-18（b）中，分析 A、B 端对晶体的接入系数，以说明外电路与晶体之间的耦合程度。A、B 端的接入系数为

$$n_{\mathrm{AB}} = \frac{C_{\mathrm{q}}}{C_{\mathrm{q}} + C_0 + C_{\mathrm{L}}} \tag{5-32}$$

根据 C_0、C_{q}、C_{L} 三个电容的大小可知值非常小，一般均小于 $10^{-4} \sim 10^{-3}$，所以外电路对振荡回路的影响很小。

设晶体管的 bc、be、ce 端的接入系数分别为 n_{bc}、n_{bc}、n_{ce}，有：

$$n_{\mathrm{bc}} = \frac{C_3}{C_3 + \dfrac{C_1 C_2}{C_1 + C_2}} n_{\mathrm{AB}} \qquad n_{\mathrm{be}} = \frac{C_1}{C_1 + C_2} n_{\mathrm{bc}} \qquad n_{\mathrm{ce}} = \frac{C_2}{C_1 + C_2} n_{\mathrm{bc}}$$

故晶体管与石英谐振器的接入系数非常小，故晶体管的输入、输出电容等效到回路中的电容值大大减小，对振荡频率的影响也大大减小。由于石英谐振器的 Q 值和特性阻抗都很高，因此晶振的谐振电阻也很高，可达 1 010 W 以上。这样即使外电路接入系数很小，此谐振电阻等效到晶体管输出端的阻抗仍然很大，使晶体管的电压增益一定能够满足振幅起振的条件。

3）泛音晶体振荡器

在工作频率较高的晶体振荡器中，多采用泛音晶体振荡器，它是利用石英谐振器的泛音振动特性对频率实现控制的振荡器。对于泛音晶体组成的振荡电路，它必须包含两个振荡回路，如图 5-19 所示。一个振荡回路需满足三点式振荡电路的组成规则；另一个振荡回路除需考虑抑止基波和低次泛音振荡的问题，还必须正确地调节电路的环路增益，使它在泛音频率上略大于 1，满足起振条件，而在更高的泛音频率上都小于 1，不满足起振条件。在实际应用中，可在三点式振荡电路中用一选频回路来代替某一支路上的电抗元件，使这一支路在基频和低次泛音上呈现的电抗性质不满足三点式振荡器的组成法则，不能起振；而在所需的泛音频率上呈现的电抗性质恰好满足组成法则，达到起振。

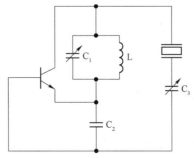

图 5-19　泛音晶体振荡器的交流等效电路

假设泛音晶体为 5 次泛音,标称频率为 5 MHz,则为了抑制基波和 3 次泛音的寄生振荡,LC_1 回路就必须调谐在 3 次和 5 次泛音频率之间,如 3.5 MHz。这样在 5 MHz 频率上,LC_1 回路呈容性,振荡电路符合组成法则,电路能工作。而对于基频和 3 次泛音频率来说,LC_1 回路呈感性,电路不符合三点式振荡电路组成法则,因而不能在这些频率上振荡。至于 7 次及以上的泛音频率,LC_1 虽也呈容性,但其等效电容过大,所呈现的容抗非常小,不满足振幅起振条件,因而也不能在这些频率上产生振荡。

【例 5-4】对图 5-20 所示的晶体振荡器。

(1)画出交流等效电路,说明晶体在电路中的作用。

(2)若将标称频率为 5 MHz 的晶体换成标称频率为 3 MHz 的晶体,该电路能否正常工作,为什么?

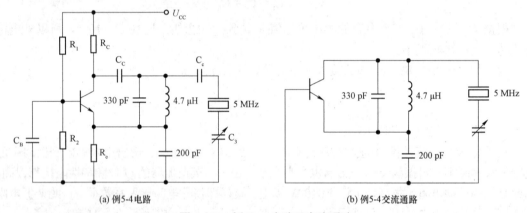

(a) 例 5-4 电路　　　　　　　　　　(b) 例 5-4 交流通路

图 5-20　例 5-4 电路及交流通路

解: 该电路的交流等效电路如图 5-20(b)所示,是属于并联型晶体振荡器,晶体相当于电感的作用。由 330 pF 电容与 4.7 μH 电感构成的并联回路,其谐振频率为:

$$f_{01} = \frac{1}{2\pi\sqrt{LC}} = \frac{1}{2\pi\sqrt{4.7\times10^{-6}\times330\times10^{-12}}} \approx 4\times10^{6} \ （Hz）$$

则当晶体的标称频率为 5 MHz 时,330 pF 电容与 4.7 μH 电感构成的并联回路呈现容性,满足三点式振荡电路的组成法则,是电容三点式振荡电路。而当晶体的标称频率为 3 MHz 时,330 pF 电容与 4.7 μH 电感构成的并联回路呈现感性,不满足三点式振荡电路的组成法则,该电路不能正常工作。

5.4　RC 振荡器

采用 RC 电路作为移相网络和选频网络的振荡器统称为 RC 正弦波振荡电路,主要工作在十几千赫兹的低频段,移相网络有 RC 超前移相电路、RC 滞后移相电路和 RC 串并联选频电路。这些网络从理论上可以用 LC 网络代替,但是需要采用大的电感 L 与电容 C,有时候还需要有铁芯的线圈,构造笨重,采用材料较多,价格昂贵,而且制作损耗小的大电感和大电容较难,回路的体积大,安装均不方便。采用 RC 振荡器的优点是构造较简单,经济方便。

具体 RC 移相电路见表 5-2。

由表可见，前两种移相电路均具有单调变化的幅频特性。当 $\omega = \omega_0 = \dfrac{1}{RC}$ 时，

$A(\omega_0) = \dfrac{1}{\sqrt{2}} \approx 0.7$，$\varphi(\omega_0) = \pm 45°$，当 ω 偏离 ω_0 时，$A(\omega_0)$ 在 0～1 的范围内变化，$\varphi(\omega_0)$ 在

0°～90°或0°～-90°之间变化。其中当 $A(\omega_0) \to 1$ 时，$\varphi(\omega_0) \to 0°$；当 $A(\omega_0) \to 0$ 时，$\varphi(\omega_0) \to$

±90° 第 3 种电路具有类似 LC 谐振电路选频特性。当 $\omega = \omega_0 = \dfrac{1}{RC}$ 时，$A(\omega_0) = \dfrac{1}{3}$，$\varphi(\omega_0) = 0°$，

当 ω 偏离 ω_0 时，$A(\omega_0)$ 在减小，并趋于零，$\varphi(\omega_0)$ 向正负方向增大，并趋于±90°。通常将前两种电路构成的振荡器称为 RC 移相振荡器，第三种称为串并联 RC 振荡器。

表 5-2　RC 振荡电路基本结构特点

类别	超前移相电路	滞后移相电路	串并联选频电路
电路	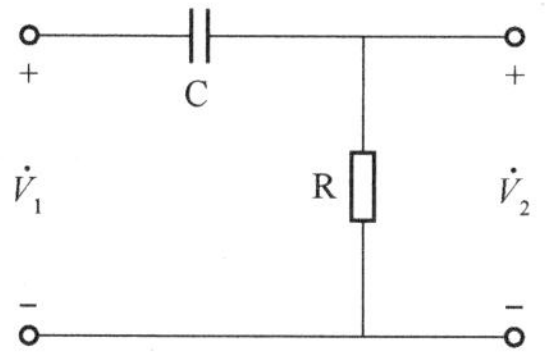	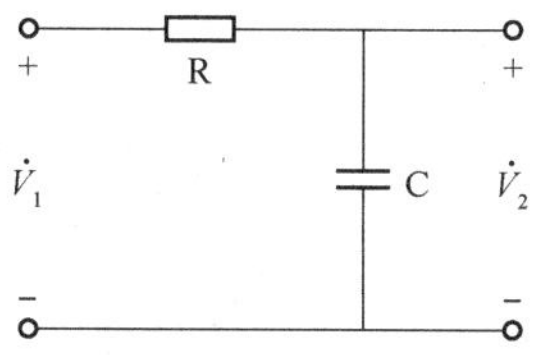	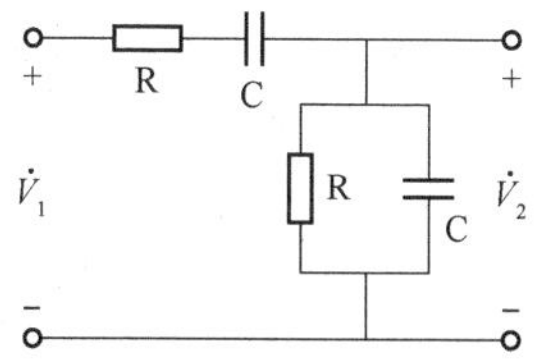
幅频特性	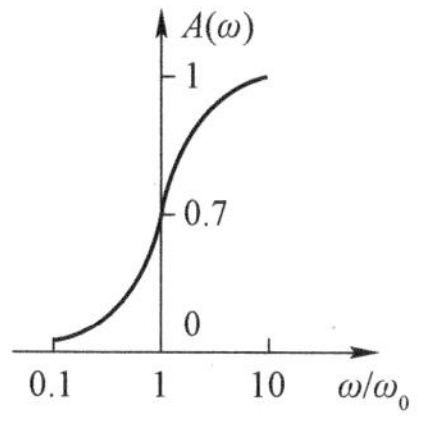	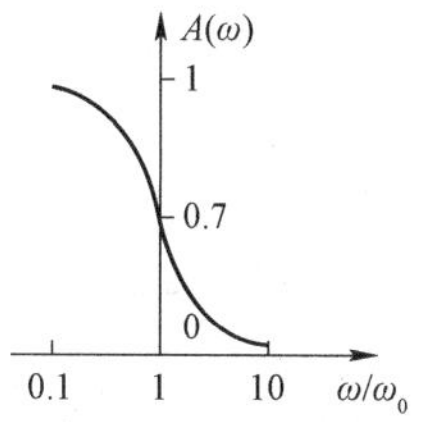	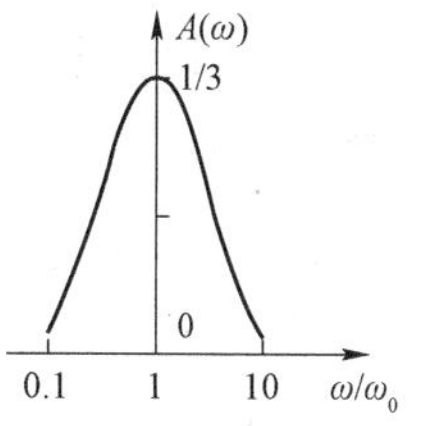
相频特性	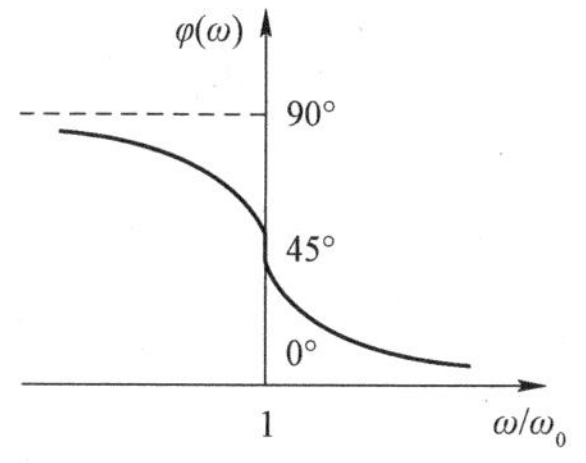	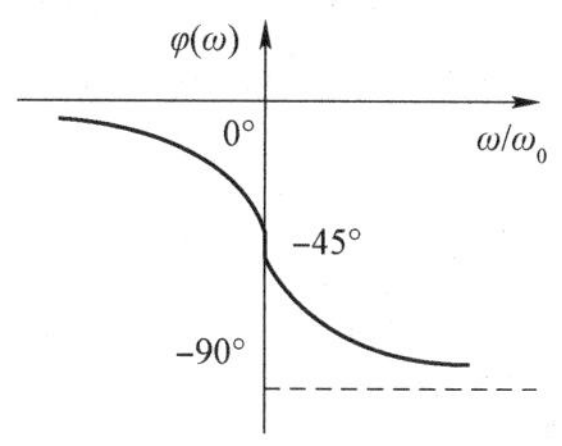	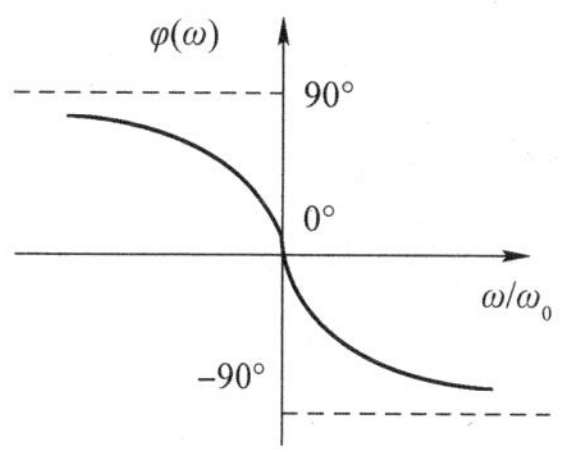

5.4.1　移相振荡电路

RC 超前移相振荡电路是由一个反相输入比例电路和 3 节 RC 超前型网络电路组成的，如图 5-21 （a）所示，由图 5-21 可知，集成运放是一个反向放大器，提供-180°相移，这样 3 节 RC 相移最大为 270°，设计电路时选择合适的元器件参数，电路相位取 180°相移，即可满足正弦波振荡器的相位条件。图 5-21 （b）是实际应用的电路示例。

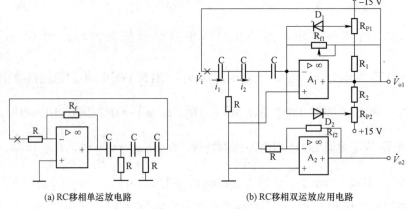

(a) RC移相单运放电路   (b) RC移相双运放应用电路

图 5-21 RC 移相电路

根据模拟电子技术知识，可推导环路增益为：

$$T(\mathrm{j}\omega) = -\frac{R_f}{R} \cdot \frac{\omega^3 R^3 C^3}{\omega^3 R^3 C^3 - 5\omega RC - \mathrm{j}\left(6\omega^2 R^2 C^2 - 1\right)} \tag{5-33}$$

根据振荡条件，振荡频率为：

$$\omega_0 = \frac{1}{\sqrt{6}RC} \tag{5-34}$$

$$\frac{R_f}{R} > 29 \tag{5-35}$$

由于 RC 移相电路选择性不理想，因而它输出波形失真大，频率稳度低，只能用在性能不高的设备中。

5.4.2 RC 串并联选频电路振荡电路

RC 串并联网络用于产生低频正弦波信号，是一种使用非常广泛的 RC 振荡电路，振荡电路如图 5-22 所示。由图可知集成运放接成同相放大器，RC 串并联网络起到移相和选频的作用，当 $\omega_0 = 1/RC$ 时，RC 串并联电路提供零相位，环路满足相位条件，其振幅值条件如下：

$$T(\omega_0) = \frac{1}{3} \times \frac{R_t + R_1}{R_1} \tag{5-36}$$

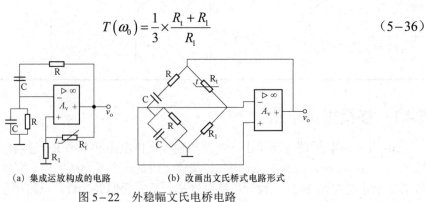

(a) 集成运放构成的电路   (b) 改画出文氏桥式电路形式

图 5-22 外稳幅文氏电桥电路

R_1、R_t 构成同相负反馈网络，从式（5-36）可以看出，选取 R_1 和 R_t 应满足 $R_t > 2R_1$，则 $T(\omega_0) > 1$，就可满足振幅起振条件。图中 R_t 是热敏电阻，具有负温度系数，当振荡器开始起振时，R_t 的温度最低，相应的阻值最大，因而集成运放增益也最大，使 $T(\omega_0) > 1$，随着振幅增大，R_t 功耗增大，致使其温度上升，此时阻值相应减小，直至 $T(\omega_0) = 1$，振幅进入平衡状态，采用这种外稳幅的办法，集成运放可以在线性工作状态下进行工作，有利于改善振荡电压输出波形。

将图 5-22（a）改画成图 5-22（b）所示电路，可看到，RC 串并联与集成运放反馈电阻构成文氏电桥，振荡器的电压加到桥路的对角线端，并从另一对角线端取出电压加到集成运放输入端，因此又称为文氏电桥振荡器。当 $\omega = \omega_0$ 时，桥路平衡，振荡器进入稳定的平衡状态，产生等幅持续振荡。

5.4.3　集成 LC 正弦波振荡器

前文介绍的均为分立元件振荡器，利用集成电路通过外接 LC 元件也可以做成正弦波振荡器。

1. 单片集成振荡器电路 E1648

现以常用电路 E1648 为例介绍集成电路振荡器的组成。单片集成振荡器 E1648 是 ECL 中规模集成电路，其内部电路图如图 5-23 所示。

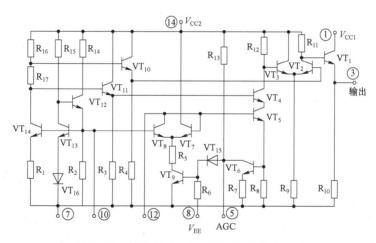

图 5-23　单片集成振荡器 E1648 内部电路图

E1648 采用典型的差分对管振荡电路。该电路由 3 部分组成：差分对管振荡电路、放大电路和偏置电路。VT_6、VT_7、VT_8、VT_9 与 ⑩脚、⑫脚之间外接 LC 并联回路组成差分对管振荡电路，其中 VT_9 为可控恒流源。振荡信号由 VT_7 基极取出，经两级放大电路和一级射随后，从③脚输出。

第一级放大电路由 VT_5 和 VT_4 组成共射-共基级联放大器，第二级由 VT_3 和 VT_2 组成单端输入、单端输出的差分放大器，VT_1 作为射随器。偏置电路由 $VT_{10} \sim VT_{14}$ 组成，其中 VT_{11} 与 VT_{10} 分别为两级放大电路提供偏置电压，$VT_{12} \sim VT_{14}$ 为差分对管振荡电路提供偏置电压。VT_{12} 与 VT_{13} 组成互补稳定电路，稳定 VT_8 基极电位。若 VT_8 基极电位受干扰，则有

$u_{b8}(u_{b13})\uparrow -u_{c13}(u_{b12})\downarrow -u_{e12}(u_{b8})\downarrow$ 这一负反馈，使 VT_8 基极电位保持恒定。

图 5-24 是利用 E1648 组成的正弦波振荡器。E1648 单片集成振荡器的振荡频率是由⑩脚和⑫脚之间的外接振荡电路的 L_1、C_1 值决定，并与两脚之间的输入电容 C_i 有关，其表达式为：

$$f_0 = \frac{1}{2\pi\sqrt{L_1(C_1+C_i)}} \tag{5-37}$$

L_2、C_2 回路应调谐在振荡频率 f_0 上。E1648 构成的振荡器，其最高工作频率可达 225 MHz。在⑤脚外加一正电压，可以获得方波输出。

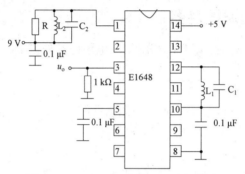

图 5-24　E1648 组成的正弦波振荡器

2. E1648 组成的正弦波振荡器

由运算放大器代替晶体管可以组成运放振荡器，图 5-25 是电感三点式运放振荡器。其振荡频率为：

$$f_0 = \frac{1}{2\pi\sqrt{C(L_1+L_2+2M)}} \tag{5-38}$$

运放三点式电路的组成原则与晶体管三点式电路的组成原则相似，即同相输入端与反相输入端、同相输入端与输出端之间是同性质电抗元件，反相输入端与输出端之间是异性质电抗元件。运放振荡器电路简单，调整容易，但工作频率受运放上限截止频率的限制。

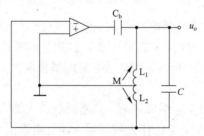

图 5-25　电感三点式运放振荡器

5.5 正弦波仿真电路设计

1. 电容三端式振荡器的设计

在 Multisim 电路窗口中，创建图 5-26 所示电容三端式振荡电路，其中晶体管 Q1 选择 2N222A 晶体管，其他电路元件参数如图 5-26 所示。

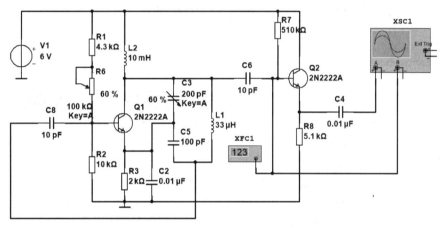

图 5-26 电容三端式电路仿真图

电路起振后的图形如图 5-27 所示，测量频率如图 5-27（b）读数，改变 C_3，振荡频率发生变化，观察起振状态和振荡频率的变化，总结起振条件，自行完成实验。

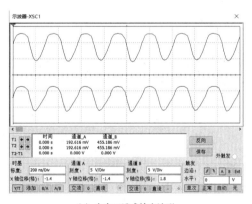

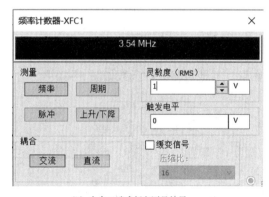

（a）电容三端式输出波形 　　　　　　　　　（b）电容三端式频率测量结果

图 5-27 电容三端式测量

2. 克拉泼振荡器的设计

在 Multisim 电路窗口中，创建图 5-28 所示克拉泼振荡器电路，其中晶体管 Q1 选择 2N222A 晶体管，其他电路元件参数如图 5-28 所示，其测量输出结果如图 5-29 所示。

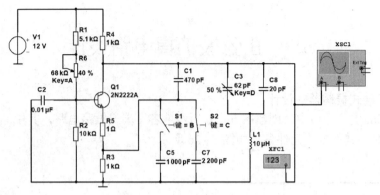

图 5-28　克拉泼电路设计

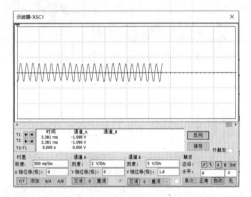

（a）克拉泼电路输出波形　　　　　　　（b）克拉泼电路设计频率测量结果

图 5-29　克拉泼电路设计测量

电路起振后的图形如图 5-29 所示，测量频率如图 5-29（b）读数，改变回路电容，分别接 C_5 和 C_7，观察起振状态、振荡频率和幅度的变化，总结规律，自行完成实验。

通过电路观察，当电阻 R_6 增大或电容 C_3 减小，振荡器幅值减小或停振，读者自行分析原因。

3. 西勒振荡器的设计

在 Multisim 电路窗口中，创建图 5-30 所示西勒振荡器电路，其中晶体管 Q1 选择 2N222A 晶体管，其他电路元件参数如图 5-30 所示，其测量输出结果如图 5-31 所示。

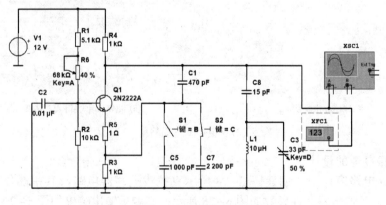

图 5-30　西勒电路设计

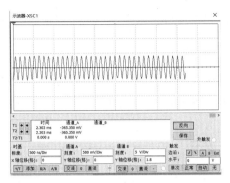

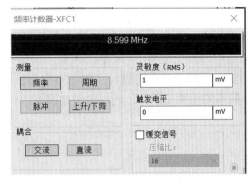

(a) 西勒电路输出波形　　　　　　　　　　(b) 西勒电路设计频率测量结果

图 5-31　西勒电路设计测量

　　电路起振后的图形如图 5-30 所示，测量频率如图 5-31（b）读数，改变回路电容，分别接 C_5 和 C_7，观察起振状态、振荡频率和幅度的变化，总结规律，自行完成实验。

　　通过电路改变电容 C_3 大小，计算振荡频率 f_0。

4. 石英晶体振荡器设计

　　在 Multisim 电路窗口中，创建图 5-32 所示石英晶体振荡器电路，其中晶体管 Q1 选择 2N222A 晶体管，其他电路元件参数如图 5-32 所示，其测量输出结果如图 5-33 所示。

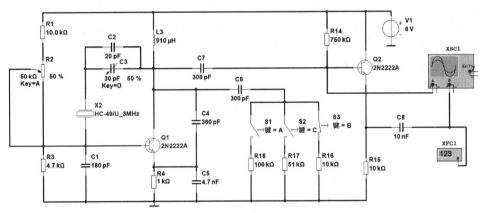

图 5-32　石英晶体振荡器电路设计

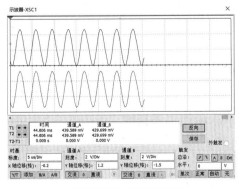

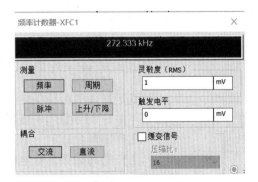

(a) 石英晶体振荡器电路输出波形　　　　(b) 石英晶体振荡器频率测量结果

图 5-33　石英晶体振荡器电路设计测量

电路起振后的图形如图 5-33 所示，改变电阻（分别将 3 个开关闭合），观察输出结果，测量振荡频率，分析负载对振荡器电路的影响；

通过电路改变电容 C_3 大小，测量振荡器频率范围。

总结： 通过以上电路设计，掌握本章正弦波振荡电路起振条件和电路中影响正弦波振荡的幅值及频率的主要元器件，通过改进电路可以得出电路的输出正弦波幅值和频率更加稳定。

本 章 小 结

反馈振荡器是由放大器和反馈网络组成的具有选频能力的正反馈系统。反馈振荡器必须满足起振、平衡和稳定 3 个条件，每个条件中应分别讨论其振幅和相位两个方面的要求。在起振时，环路增益的幅值必须大于 1，环路的相位应为 2π 的整数倍；在平衡状态时，环路增益的幅值等于 1，环路的相位应为 2π 的整数倍；在稳定点，环路增益的振幅具有负斜率的增益-振幅特性，环路的相位具有负斜率的相频特性。

三点式振荡电路是 LC 正弦波振荡器的主要形式，可分成电容三端式和电感三端式两种基本类型。频率稳定度是振荡器的主要性能指标之一。为了提高频率稳定度，必须采取一系列措施，包括减小外界因素变化的影响和提高电路抗外界因素变化影响的能力两个方面。克拉波振荡器和西勒振荡器是两种较实用的电容三端式改进型电路，它们减弱了晶体管与回路的耦合，使晶体管对回路的影响减小，提高了振荡频率稳定度。集成电路正弦波振荡器电路简单，调试方便，需外加 LC 元件组成选频网络。

晶体振荡器的频率稳定度很高，有并联型与串联型两种类型。在并联型晶体振荡器中，石英谐振器的作用相当于一个电感；而在串联型晶体振荡器中，利用石英谐振器的串联谐振特性，以低阻抗接入电路。石英晶体振荡器的振荡频率的可调范围很小。为了提高晶体振荡器的振荡频率，可采用泛音晶体振荡器，但需采取措施抑制低次谐波振荡，保证它只谐振在所需要的工作频率上。

习 题 5

1. 三端式 LC 正弦波振荡器的交流通路如图 5-34 所示。已知：$f_1 = \dfrac{1}{2\pi\sqrt{L_1 C_1}}$，$f_2 = \dfrac{1}{2\pi\sqrt{L_2 C_2}}$，请分析并回答问题：$f_1$ 与 f_2 哪个数值大，电路才可能满足振荡的相位条件？

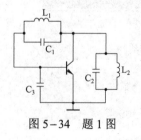

图 5-34 题 1 图

2. 分析图 5-35 所示的 a、b、c 三个电路。从（1）、（2）、（3）中选择出最合适的一个，连接到 a、b、c 电路的①②两端，以构成能够工作的高频振荡器电路。

（a）：_____，（b）：_____，（c）：_____。

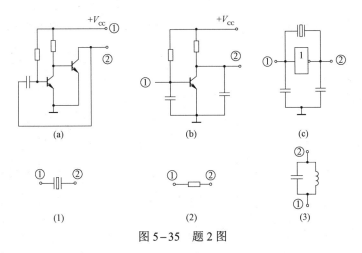

图 5-35　题 2 图

3. 晶体振荡电路图如图 5-36 所示，试画出交流通路；若 f_1 为 L_1C_1 回路的振荡频率，f_2 为 L_2C_2 回路的振荡频率，试分析电路能否产生自激振荡。若能振荡，指出振荡频率与 f_1、f_2 的关系。

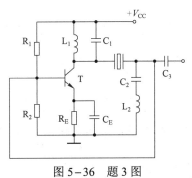

图 5-36　题 3 图

4. 试判断图 5-37 所示交流通路中，哪些能产生振荡，哪些不能产生振荡。若能产生振荡，则说明属于哪种振荡电路。

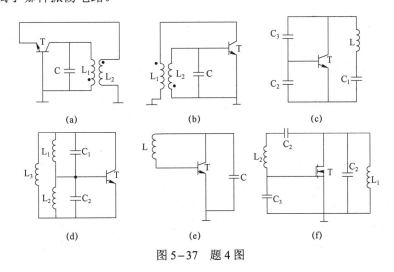

图 5-37　题 4 图

5. 试判断图 5-38 所示各振荡器的交流通路，并判断哪些电路可能产生振荡，哪些电路不能产生振荡。图中，C_B、C_E 为交流旁路电容或隔直流电容，L_C 为高频扼流圈，偏置电阻 R_{B1}、R_{B2}、R_C 不计。

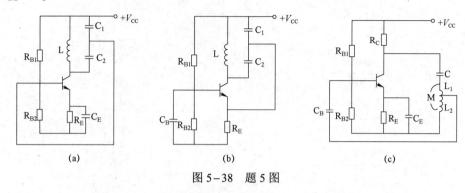

图 5-38　题 5 图

6. 图 5-39 为三回路振荡器的交流等效通路，假设以下 6 种情况，即：

（1）$L_1C_1 > L_2C_2 > L_3C_3$；

（2）$L_1C_1 < L_2C_2 < L_3C_3$；

（3）$L_1C_1 = L_2C_2 = L_3C_3$；

（4）$L_1C_1 = L_2C_2 > L_3C_3$；

（5）$L_1C_1 < L_2C_2 = L_3C_3$；

（6）$L_2C_2 < L_3C_3 < L_1C_1$

试问：哪几种情况可能振荡？其振荡频率与各回路的固有谐振频率有什么关系？

7. 某振荡器如图 5-40 所示。

（1）试说明个元件的作用；

（2）当回路电感 $L = 1.5\ \mu H$ 时，要使振荡器的频率为 49.5 MHz，则 C_4 应调到何值？

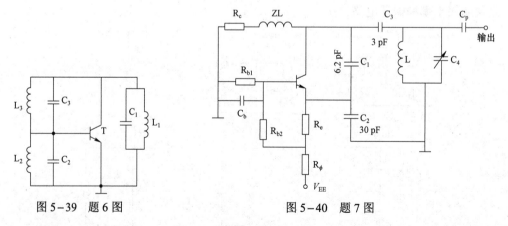

图 5-39　题 6 图　　　　　　　图 5-40　题 7 图

8. 在如图 5-41 所示的电容三点式振荡电路中，图中 C_B、C_C 对交流短路，L_E 为高频扼流圈。已知 $L = 0.5\ \mu H$，$C_1 = 51\ pF$，$C_2 = 3\ 300\ pF$，$C_3 = 12 \sim 250\ pF$，试求能够起振的频率范围。

9. 图 5-42 是某调幅通信机的主振荡器电路，其中 $L_2 \gg L_1$（$L_1 \approx 0.3\ \mu H$），C_3、C_4 是不

同温度系数的电容。

（1）试说明各元件的主要作用；

（2）画出交流通路；

（3）分析该电路特点。

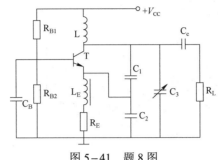

图 5-41　题 8 图

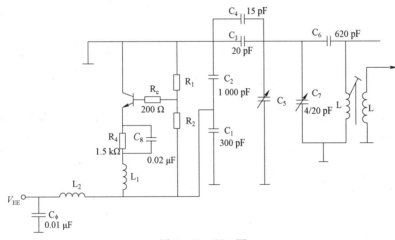

图 5-42　题 9 图

10. 晶体管振荡器起振后（振荡达到平衡状态）的集电极直流分量 I_{C0} 与起振前（停振状态）相比是否发生变化？怎么变化？为什么？

11. 设计一个振荡器，其技术指标为：

工作频率：$f = 10\ \text{MHz}$

短期稳定度：$\dfrac{\Delta f}{f_0} = 5 \times 10^{-4}$

输出电压振幅：$V_{\text{om}} = 1\ \text{V}$（负载为 $600\ \Omega$）

输出波形质量：较好

12. 设计一个波段工作的电感三端振荡器电路，已知条件为：

工作频率：$\lambda = 50 \sim 80\ \text{m}$

短期稳定度：$\dfrac{\Delta f}{f_0} = 1 \times 10^{-3}$

寄生电容的变化量：$\Delta C_d = 1.6\,\text{pF}$

回路谐振电阻：$R_p = 5\,\text{k}\Omega$

反馈系数：$F = 0.3$

13. 图 5-43 所示的振荡电路，是某通信接收机"本振"的实际电路，试画出其交流等效电路，并说明是什么形式的电路。

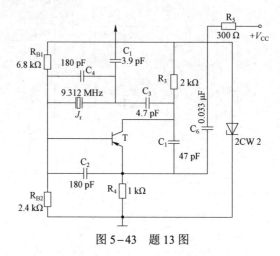

图 5-43　题 13 图

14. 根据自激振荡条件，试分析图 5-44 所示的电路哪些可以产生振荡，哪些不能产生振荡，为什么？

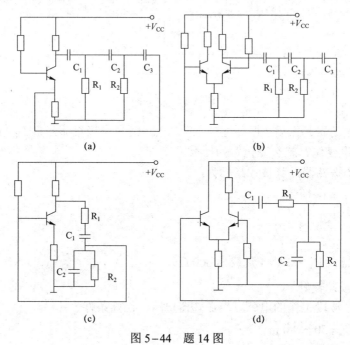

(a)　　　　　　　(b)

(c)　　　　　　　(d)

图 5-44　题 14 图

15. 图 5-45 为 RC 串并联选频网络，当 $R_1 \neq R_2$，$C_1 \neq C_2$ 时，求网络传输系数 $\dot{F} = \dfrac{\dot{V}_o}{\dot{V}_i}$，

$\varphi_{\mathrm{F}} = 0$ 时的角频率 ω_0 及振幅的最大值。

16. 图 5−46 为电容三端振荡器，$C_1 = 100\,\mathrm{pF}$，$C_2 = 300\,\mathrm{pF}$，$L = 50\,\mu\mathrm{H}$，求该电路振荡频率和维持振荡所必须的最小放大倍数 $A_{\min}$。

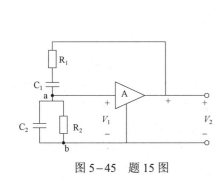

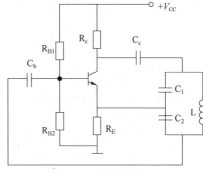

图 5−45　题 15 图　　　　　　　　　　图 5−46　题 16 图

17. 振荡器如图 5−47 所示，图中 $C_1 = 100\,\mathrm{pF}$，$C_2 = 0.013\,2\,\mathrm{pF}$，$L_1 = 100\,\mu\mathrm{H}$，$L_2 = 300\,\mu\mathrm{H}$。

（1）试画出交流等效电路；

（2）求振荡频率；

（3）求反馈系数 F。

18. 某石英晶体的参数如下：

$C_{\mathrm{q}} = 0.04\,\mathrm{pF}$，$C_0 = 8\,\mathrm{pF}$，$r_{\mathrm{q}} = 1\,500\,\Omega$，$L_{\mathrm{q}} = 250\,\mathrm{H}$，试求：

（1）串联与并联的谐振频率；

（2）计算它的 Q 值（以串联谐振为准）；

（3）如果 C_0 增大一倍，成为 16 pF，则并联谐振频率变化了多少？

19. 图 5−48 是某彩色电视机 VHF 调频电路中第 6～12 频段的压控振荡器（VCO）实际电路。当电路中控制电压 V_{e} 为 0.5～30 V 时，变容二极管 D 的 $C_{\mathrm{j}} = 10\sim3.25\,\mathrm{pF}$。根据电路参数求它的振荡频率，并说明该 VCO 属于何种振荡电路。

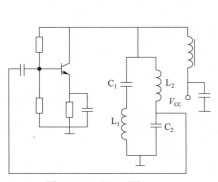

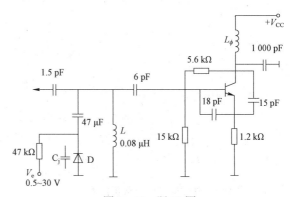

图 5−47　题 17 图　　　　　　　　　　图 5−48　题 19 图

第 6 章 振幅调制电路设计与 Multisim 实现

信息传递一直存在于通信系统中，无时无刻不在发生，传递信息的信道可以采用有线传输和无线传输，信息的内容可以是文字、图形、语音等。所有这些消息在进行远距离传输时，需要经过调制和解调的过程，在通信原理课程学过模拟调制和数字调制等相关内容，而数字调制系统是基于模拟调制系统而产生的，在调制和解调的过程中使用的电路和调制原理是相同或相似的，因此本章主要讲解模拟调制系统。在调制模拟调制系统中，最简单的调制系统是线性调制系统，这类调制系统在时域上是用高频信号的振幅携带调制信号——振幅调制，在频域这种调制过程是频谱搬移，因此定义为线性调制系统，但是在传输过程中信号需要变频，电路核心采用非线性电子线路。本章主要讲解模拟调制系统中线性调制（振幅调制）系统基本原理和应用电路。

振幅调制是调制信号控制高频信号的振幅，使已调信号振幅随调制信号变化，振幅调制共分为 4 种调制方式：常规双边带调制（AM）、抑制双边带调制（DSB-SC）、单边带调制（SSB-SC）和残留边带调制（VSB-SC），从频谱上看，调制后信号从低频搬移到高频，即调制信号的频谱搬移到高频信号频谱两侧，解调是调制信号频谱搬移到原来低频位置。

在已调信号传输过程中，混频也是经常使用的，特别是在超外差接收机中，混频电路是其中的一部分，混频是将已调信号的较高中心频率转换到另一较低中心频率。在接收机中，为了使接收机具有广泛的适用性，需要不同电台的中心频率变成固定中频信号，以便接收机电路优化与配置。混频不改变调制信号的频谱结构，它也是一种频谱搬移的过程。

本章讲解振幅调制、解调和混频的基本原理、波形分析、性能特点，重点分析电路性能并设计实际应用电路。读者可以掌握线性搬移电路的设计方法。

6.1 振幅调制电路原理

振幅调制电路有两个输入信号，一个输入调制信号 $v_{\Omega}(t)$，它包含所有的传送信息，另一个是高频等幅信号（又称载波信号）$v_c(t) = V_0\cos\omega_c t = V_0\cos 2\pi f_c t$，其中 $\omega_c = 2\pi f_c$ 是载波信号的角频率，f_c 是载波信号的频率。振幅调制电路功能是在两个信号同时输入电路后，得到载波信号振幅随调制信号变化的已调波。

6.1.1 振幅调制的原理简介

1. 常规双边带调制（AM）

常规双边带调制时域的表达式为：

$$v_o(t) = [A + v_{\Omega}(t)] \cdot V_0\cos\omega_c t \qquad (6-1)$$

式中：A——直流。

其调制模型如图 6-1 所示。

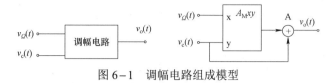

图 6-1　调幅电路组成模型

2. 单音调制

1）单音调制时域分析

为了简化分析，设调制信号是单频正弦波，表达式为：

$$v_\Omega\left(t\right)=V_\Omega\cos\Omega t \tag{6-2}$$

如果用载波 $v_c\left(t\right)=V_o\cos\omega_c t=V_o\cos 2\pi f_c t$ 进行调幅，则已调信号的表达式为：

$$v\left(t\right)=(V_o+K_a V_\Omega\cos\Omega t)\cos\omega_c t=V_o\left(1+m_a\cos\Omega t\right)\cos\omega_c t \tag{6-3}$$

式中：$m_a=\dfrac{K_a V_\Omega}{V_o}$ ——调幅指数或调幅度，其取值范围 $0<m_a\leqslant 1$，通常用百分数来表示。相应的波形如图 6-2 所示。

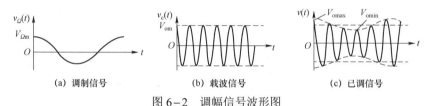

(a) 调制信号　　　　(b) 载波信号　　　　(c) 已调信号

图 6-2　调幅信号波形图

根据图 6-2 可知，$V_o\left(1+m_a\cos\Omega t\right)$ 显示了输出信号的振幅和幅度的变化情况，也称调幅信号包络，在一个周期内，信号的最大振幅是 $v_{omax}=V_o\left(1+m_a\right)$，最小振幅为 $v_{omin}=V_o\left(1-m_a\right)$，调幅度表征信号的一个重要的参数，它的定义为：

$$m_a=\dfrac{v_{omax}-v_{omin}}{v_{omax}+v_{omin}}\times 100\% \tag{6-4}$$

在常规双边带调幅中，图 6-3（a）是已调信号的波形图，图 6-3（b）和图 6-3（c）是调制后失真的波形，因为这两个波形的包络不能反映调制信号的波形。在调制过程中为了能配合接收电路，采用图 6-3（a）的形式，因此在调制过程中，保证的条件是：$m_a<1$。

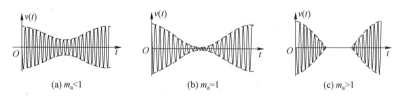

(a) $m_a<1$　　　　(b) $m_a=1$　　　　(c) $m_a>1$

图 6-3　调幅指数不同取值信号波形图

2）单音调制频域分析

常规双边带调制是线性调制系统，主要原因是调制后的已调信号的频谱只发生了搬移，没有频谱结构的变化，其分析如下：

$$v(t) = V_o(1 + m_a \cos \Omega t) \cos \omega_c t$$

$$= V_o \cos \omega_c t + V_o m_a \cos \Omega t \cos \omega_c t = V_o \cos \omega_c t + \frac{V_o m_a}{2} \cos(\Omega + \omega_c)t + \frac{V_o m_a}{2} \cos(\omega_c - \Omega)t$$

$$（6-5）$$

从图 6-4 得到，频谱共有 3 个，其中有载波频谱，能量最大，两个调制信号频谱对称分布在载波频谱两侧，分布称为上边带 $(\omega_c + \Omega)$ 和下边带 $(\omega_c - \Omega)$，其频谱幅度小于载波信号频谱幅度的一半，而调制后的信号的带宽为调制前的 2 倍。

3. 复杂音调制

上面只讨论了一个单音信号的频谱，实际传输的信号比这个复杂得多，含有许多频谱分量，因此它所产生的上下边带也不止一个，而是由很多频率分量，见式（6-6），载波调制后已调信号产生多个上边带和下边带，对称分布在载波频谱两侧，见式（6-7），其频谱图如图 6-5 所示。

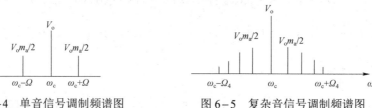

图 6-4　单音信号调制频谱图　　　图 6-5　复杂音信号调制频谱图

设调制信号为：

$$v_\Omega(t) = V_{\Omega 1}\cos \Omega_1 t + V_{\Omega 2}\cos \Omega_2 t + V_{\Omega 3}\cos \Omega_3 t + \cdots = \sum_{n=1}^{n_{max}} V_{\Omega n}\cos n\Omega_n t \qquad（6-6）$$

$$v(t) = V_o(1 + m_1 \cos \Omega_1 t + m_2 \cos \Omega_2 t + m_3 \cos \Omega_3 + \cdots)\cos \omega_c t = V_o \cos \omega_c t +$$

$$\frac{v_o m_1}{2}\cos(\Omega_1 + \omega_c)t + \frac{v_o m_1}{2}\cos(\omega_c - \Omega_1)t + \frac{v_o m_2}{2}\cos(\Omega_2 + \omega_c)t + \frac{v_o m_2}{2}\cos(\omega_c - \Omega_2)t +$$

$$\frac{v_o m_3}{2}\cos(\Omega_3 + \omega_c)t + \frac{v_o m_3}{2}\cos(\omega_c - \Omega_3)t + \cdots$$

$$（6-7）$$

由式（6-7）可得，在复杂信号的频谱结构中，除了载波频率分量 ω_c 外，还有 $(\omega_c \pm \Omega_1)$，$(\omega_c \pm \Omega_2)$，$\cdots$，$(\omega_c \pm \Omega_n)$ 的上下边频分量，它们的幅度与调制信号中相应频谱分量幅度 $V_{\Omega n}$ 成正比，也就是说，调制后的信号是将调制信号的频谱不失真地搬移到载波频谱的两侧，使得调制后的信号的带宽与调制信号相比扩大了两倍，即：$BW_{AM} = 2F_{max}$。

4. 常规双边带调制信号的功率

如果将式（6-5）调幅波信号电源加载到电阻为 R 的设备上，则载波功率和边带功率分别如下。

载波功率：
$$P_{oT} = \frac{1}{2}\frac{V_o^2}{R} \qquad（6-8）$$

下边带功率：
$$P_{\omega_c - \Omega} = \frac{1}{2R}\left(\frac{V_o m_a}{2}\right)^2 = \frac{1}{4}m_a^2 P_{oT} \qquad（6-9）$$

上边带功率：
$$P_{\omega_c+\Omega} = \frac{1}{2R}\left(\frac{V_o m_a}{2}\right)^2 = \frac{1}{4}m_a^2 P_{oT} \qquad (6-10)$$

$$P_o = P_{oT} + P_{\omega_c-\Omega} + P_{\omega_c+\Omega} = P_{oT}\left(1+\frac{m_a^2}{2}\right) \qquad (6-11)$$

在未调幅时，$m_a = 0$，$P_o = P_{oT}$；在 100% 调幅（$m_a = 1$）时，$P_o = 1.5P_{oT}$。

根据以上分析可知，m_a 越大，输出调幅波的功率越大，当 100% 调幅时，最大增加 $0.5P_{oT}$，但是实际信号传输过程中由于环境等因素的限制，调幅指数往往很小，有的甚至比 10% 还小，因此调幅度只有 20%～30%，这样信号中调制信号功率（传输有用信号）很小，发射机效率很低，这是常规双边带调制固有的缺点。

在信号传输过程中，载波功率占有很大的比例，而载波本身不包含调制信号，例如，当 $m_a = 100\%$ 时，$P_{oT} = \frac{2}{3}P_o$；当 $m_a = 50\%$ 时，$P_{oT} = \frac{8}{9}P_o$，从信息传输的观点来看这部分功率是没用的，为了提高调制信号的功率和节约带宽，提出抑制双边带调制、单边带调制和残留边带调制，这些调制系统原理在通信原理课程中有详细的讲解，读者自行参考。

5. 双边带调制信号（DSB）

由于 AM 调制后的已调信号效率低，主要的原因是携带载波的频谱，而载波的频谱能量占有的比例大，又不携带调制信号信息，因此提出抑制载波双边带调制，即在信号传输过程中不传递载波，这样可以使调制信号的效率达到 100%，携带信号全部为调制信号。

其时域表达式为：$v_o(t) = k_a v_\Omega(t)\cos\omega_c t$

从图 6-6 可以看出，直流分量不存在了，载波的频谱消失了，在传递过程中的能量是调制信号的能量，但是带宽仍然是调制信号的 2 倍。其实现电路可以采用具有乘法器功能的电路，直接采用调制信号与载波信号相乘，输出即为双边带信号（DSB）。

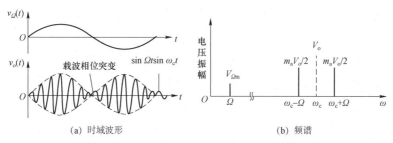

(a) 时域波形　　　　　(b) 频谱

图 6-6　双边带调制信号时域波形和频谱图

6. 单边带调制信号

双边带虽然解决了效率问题，但是信道中仍然传递调制信号两个相同的频谱，这样浪费了带宽，这时提出单边带调制，即通过带通滤波器滤除一个边带信号，从而只传输调制信号的一个边带（上边带或下边带），这样节约了带宽。在得到单边带时，除了采用带通滤波器的过滤法外，也可以采用移相法完成，具体调制系统原理在通信原理课程已经讲解过，读者自行查阅通信原理相关书籍。

6.1.2 低电平振幅调制电路设计

调制电路分为高电平调制和低电平调制，高电平调制是将功率放大电路和调制电路合二为一，调制后的信号不需要放大，直接发送传输，可分为基极调制和集电极调制，许多广播发射机就是采用这种调制方式，这种调制主要形成 AM 信号。低电平调制是将功率放大电路和调制分开，调制后的信号电平较低，还需经过放大到一定的功率再发射出去。这种调制主要用于 AM、DSB、SSB、FM 波，主要电路有二极管调制电路、晶体管调制电路和集成乘法器调制电路等。

1. 非线性电路的线性时变分析法

1）幂级数分析法

若一个非线性电路有两个不同频率的交流信号同时输入，当其中一个交流信号的振幅远远小于另一个交流信号的振幅时，可以采用线性时变电路分析法来分析该电路。

设一个非线性器件的伏安特性为 $i=f(v)$，器件上的电压 $v=V_Q+v_1+v_2$，其中 V_Q 是静态偏置电压，v_1 和 v_2 都是交流信号，并且满足 $v_1 \gg v_2$，则可以认为器件的工作状态主要由 V_Q 与 v_1 决定，若在交变工作点（V_Q+v_1）处将输出电流 i 展开为幂级数，可以得到：

$$i = f(v) = f(V_Q + v_1 + v_2)$$
$$= f(V_Q + v_1) + f'(V_Q + v_1)u_2 + \frac{1}{2!}f''(V_Q + v_1)v_2^2 + \cdots + \frac{1}{n!}f^{(n)}(V_Q + v_1)v_2^n + \cdots \tag{6-12}$$

根据以上条件 $v_1 \gg v_2$，因此在 u_2 的高次项可以忽略的情况下，表达式近似为：

$$i = f(v) = f(V_Q + v_1 + v_2) = f(V_Q + v_1) + f'(V_Q + v_1)v_2 = I_0(t) + g(t)v_2 \tag{6-13}$$

式中：$I_0(t)$——静态工作点电流，$I_0(t) = f(V_Q + v_1)$；

$\quad\quad g(t)$——跨导，$g(t) = f'(V_Q + v_1)$。

2）开关函数分析法（折线法）

在分析非线性元件中可以采用开关函数的形式，如二极管，在模拟电子技术课程学过其特性，理想情况下单向导电性，即一个方向导通，另一个方向必然截止，因此可以用开关函数分析法进行分析。

（1）单项正向余弦型开关函数。此时开关函数是正向导通，负向截止，如图 6-7 所示。其函数表示如下。

开关函数表达式为：

$$K_1(\omega t) = \begin{cases} 1, & v_1(t) > 0 \\ 0, & v_1(t) \leqslant 0 \end{cases} \tag{6-14}$$

$K_1(\omega t)$ 波按照傅氏级数展开得：

$$K_1(\omega t) = \frac{1}{2} + \frac{2}{\pi}\cos\omega t - \frac{2}{3\pi}\cos 3\omega t + \frac{2}{5\pi}\cos 5\omega t + \cdots$$
$$= \frac{1}{2} + \sum_{n=1}^{\infty}(-1)^{n-1}\frac{2}{(2n-1)\pi}\cos(2n-1)\omega t \tag{6-15}$$

（2）单项负向余弦型开关函数。此时开关函数是负向导通，正向截止，如图 6-8 所示，其函数表示如下。

$$K_1(\omega t - \pi) = \begin{cases} 0, & v_1(t) \geqslant 0 \\ 1, & v_1(t) < 0 \end{cases} \tag{6-16}$$

$K_1(\omega t)$ 波按照傅氏级数展开得：

$$\begin{aligned} K_1(\omega t - \pi) &= \frac{1}{2} - \frac{2}{\pi}\cos\omega t + \frac{2}{3\pi}\cos 3\omega t - \frac{2}{5\pi}\cos 5\omega t + \cdots \\ &= \frac{1}{2} - \sum_{n=1}^{\infty}(-1)^n \frac{2}{(2n+1)\pi}\cos(2n+1)\omega t \end{aligned} \tag{6-17}$$

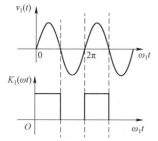

图 6-7　单项正向开关余弦型示意图　　图 6-8　单项负向开关余弦型示意图

（3）双向余弦开关函数。此时开关函数是负向导通，正向也导通，如图 6-9 所示，其函数表示如下。

$$K_2(\omega t) = K_1(\omega t) - K_1(\omega t - \pi) \tag{6-18}$$

$$K_2(\omega t) = \begin{cases} 1, & v_1(t) > 0 \\ -1, & v_1(t) \leqslant 0 \end{cases} \tag{6-19}$$

同时　$K_1(\omega t) + K_1(\omega t - \pi) = 1$

根据式（6-18），把开关函数代入可得：

$$K_2(\omega t) = \frac{4}{\pi}\cos\omega t - \frac{4}{3\pi}\cos 3\omega t + \frac{4}{5\pi}\cos 5\omega t + \cdots = \sum_{n=1}^{\infty}(-1)^{n-1}\frac{4}{(2n-1)\pi}\cos(2n-1)\pi \tag{6-20}$$

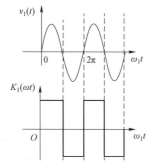

图 6-9　双向余弦型开关示意图

2. 二极管低电平调幅电路

1）二极管电路开关函数分析

在某些情况下，非线性元件受一个大信号控制轮流导通（或饱和导通）和截止，实际上是一个开关的作用。

在图 6–10（a）所示电路中，$v_1(t)$ 是一个小信号，$v_2(t)$ 是一个振幅足够大的信号。二极管 D 受大信号 $v_2(t)$ 的控制，工作在开关状态，设输入信号的方程分别为：

$$v_1(t) = V_{1m}\cos\omega_1 t \tag{6-21}$$

$$v_2(t) = V_{2m}\cos\omega_2 t \tag{6-22}$$

在 $v_2(t)$ 的正半周，二极管导通，负半周截止，通过电阻 R_L 和 r_D 的电流为：

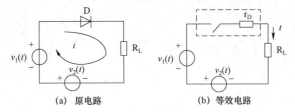

(a) 原电路   (b) 等效电路

图 6–10　二极管开关电路示意图

$$i = \begin{cases} \dfrac{1}{r_D + R_L}(v_1 + v_2), & v_2 > 0 \\ 0, & v_2 < 0 \end{cases} \tag{6-23}$$

若将二极管用开关函数表示，则：

$$K_1(\omega_2 t) = \begin{cases} 1, & v_2 > 0 \\ 0, & v_2 < 0 \end{cases} \tag{6-24}$$

$$K_1(\omega_2 t) = \frac{1}{2} + \frac{2}{\pi}\cos\omega_2 t - \frac{2}{3\pi}\cos 3\omega_2 t + \frac{2}{5\pi}\cos 5\omega_2 t + \cdots = \frac{1}{2} + \sum_{n=1}^{\infty}(-1)^{n-1}\frac{2}{(2n-1)\pi}\cos(2n-1)\omega_2 t$$

则式（6–23）可以表示成：

$$i = \frac{1}{r_D + R_L}K_1(\omega_2 t)(v_1 + v_2) \tag{6-25}$$

将开关函数、$v_1(t)$ 和 $v_2(t)$ 代入式（6–25）可得：

$$i = \frac{1}{r_D + R_L}\left[\frac{1}{2} + \sum_{n=1}^{\infty}(-1)^{n-1}\frac{2}{(2n-1)\pi}\cos(2n-1)\omega_2 t\right](v_1 + v_2)$$

$$= \frac{1}{2(r_D + R_L)}\left[v_1 + v_2 + v_1\sum_{n=1}^{\infty}(-1)^{n-1}\frac{4}{(2n-1)\pi}\cos(2n-1)\omega_2 t + v_2\sum_{n=1}^{\infty}(-1)^{n-1}\frac{4}{(2n-1)\pi}\cos(2n-1)\omega_2 t\right]$$

$$\tag{6-26}$$

式（6–26）展开整理可得电流 i 的表达式，读者自行整理，则电流的频谱分量有：

① 含有 v_1 和 v_2 的频谱成分 ω_1 和 ω_2；

② 含有 v_1 和 v_2 的和频（$\omega_1 + \omega_2$）与差频（$\omega_1 - \omega_2$）；

③ 含有 v_1 频率分量、v_2 的各奇次谐波频率分量与其 v_1 频率分量的和频 $\omega_1 + (2n-1)\omega_2$ 及差频 $\omega_1 - (2n-1)\omega_2$，这里 n 是除零外的整数；

④ 含有 v_2 的偶次谐波频率。

在此电路中，二极管具有变频的作用，产生的新的频率分量较多，但在解调电路中只需要差频 $\omega_1 - \omega_2$，其余的频率分量需要滤掉，为此设计二极管平衡乘法器电路，减少不需要的频率分量，电路设计方法和原理如下所示。

2）二极管电路平衡相乘器

在图 6-11 所示电路中，由于二极管工作在线性时变工作状态，因而二极管产生的频率分量大大减小，为了进一步减少频率分量，采用二极管平衡电路。

图 6-11（a）是二极管平衡电路原理图。它是由两个性能一样的单二极管和变压器（Tr_1、Tr_2）构成的平衡电路。在图 6-11（a）中，控制电压 v_1 加载变压器 Tr_1 和 Tr_2 中心轴之间。输出变压器 Tr_2 次级接滤波器，用以除掉不需要的频率分量。从变压器 Tr_2 的次级向右看的负载为 R_L，为分析方便，设 R_L 忽略不计，变压器匝数比 $N_1 : N_2 = 1:1$（N_1 为初级线圈的匝数；N_2 为副线圈上、下匝数），因此加到 D_1 和 D_2 的电压都为 v_2，大小相等，方向相同；而 v_1 同相加到两管上，因此图 6-11（a）电路等效成图 6-11（b）电路。

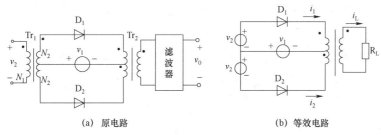

(a) 原电路　　　　　　　　　(b) 等效电路

图 6-11　二极管平衡电路示意图

与单二极管电路条件相同，二极管处于大信号工作状态，即 $V_{1m} \geqslant 0.5\,\mathrm{V}$。这样，二极管伏安特性可以近似为开关状态，即折线法等效，管子处于导通和截止两种状态，同时 $V_{1m} \gg V_{2m}$，二极管通断主要受 v_1 控制。若忽略电压的反作用，则加到两个二极管上的电压 v_{D_1}、v_{D_2} 为：

$$\begin{cases} v_{D_1} = v_1 + v_2 \\ v_{D_2} = v_1 - v_2 \end{cases} \tag{6-27}$$

由于加到二极管两端的控制电压 v_1 是同相的，则两个二极管导通和截止时间是相同的，其时变电导也是相同的，则流过二极管的电流 i_1、i_2 为：

$$\begin{cases} i_1 = \dfrac{1}{r_D}(v_1 + v_2)K_1(\omega_1 t) = g_D(v_1 + v_2)K_1(\omega_1 t) \\ i_2 = \dfrac{1}{r_D}(v_1 - v_2)K_1(\omega_1 t) = g_D(v_1 - v_2)K_1(\omega_1 t) \end{cases} \tag{6-28}$$

变压器的匝数比 $N_1 : N_2 = 1:1$，因此，流过负载的电流分别为：

$$\begin{cases} i_{L_1} = \dfrac{N_1}{N_2}i_1 = i_1 \\ i_{L_2} = \dfrac{N_1}{N_2}i_2 = i_2 \end{cases} \qquad (6-29)$$

两电流在 Tr_2 次级流动方向相反，通过负载的总电流 i_L 为：

$$i_L = i_{L_1} - i_{L_2} \qquad (6-30)$$

代入式（6-28）可得：

$$i_L = 2g_D K_1(\omega_1 t)v_2 \qquad (6-31)$$

根据前面设：$v_2(t) = V_{2m}\cos\omega_2 t$ 代入式（6-31）可得：

$$i_L = g_D V_{2m}\cos\omega_2 t + \frac{2}{\pi}g_D V_{2m}\cos(\omega_1 + \omega_2)t + \frac{2}{\pi}g_D V_{2m}\cos(\omega_1 - \omega_2)t$$

$$-\frac{2}{3\pi}g_D V_{2m}\cos(3\omega_1 + \omega_2)t - \frac{2}{3\pi}g_D V_{2m}\cos(3\omega_1 - \omega_2)t + \cdots \qquad (6-32)$$

可以看出，输出电流 i_L 的频率分量有：

① 含有输入信号 v_2 的频谱成分 ω_2；

② 含有 v_1 和 v_2 的和频（ $\omega_1 + \omega_2$ ）与差频（ $\omega_1 - \omega_2$ ）；

③ 含有控制信号 v_1 的奇次谐波频率成分与输入信号 v_2 的频率 ω_2 组合分量 $(2n+1)\omega_1 \pm \omega_2$，这里 n 是除零外的整数。

与单个二极管相比消掉了 v_1 的基波分量和偶次谐波频率，二极管输出频率组合进一步减少，这主要是使用了两个性能完全相同的二极管加了同相控制电压 v_1，电路采用了对称结构，使得流过负载的电流大小相等，方向相反的缘故。

考虑到负载接入电路的影响，则：

$$g = \frac{1}{r_D + 2R_L} \qquad (6-33)$$

式（6-28）是在忽略负载 R_L 的情况下流过二极管的电流值，实际电路的负载见表达式（6-33）所示。

在上面的分析中，抵消掉一部分频率分量是在假设两个二极管完全对称的情况下进行的分析，在实际电路应用中完全对称是不可能的，如果电路不能完全对称，则电流 i_1 和 i_2 不可能大小相等，方向相反，频率分量也不能完全抵消掉，同时变压器不对称也会造成这样的效果。与此同时，在上述电路中，二极管只导通正半周，负半周截止，造成能量效率低，也是不可取的，为改善上述情况，采用图 6-12 所示电路进行调幅。

3）二极管环形调幅器

二极管环形调幅器与二极管平衡电路相比，多了两只二极管 D_3 和 D_4，4 只二极管型号一致，组成一个环路，因此称为二极管环形调幅器。控制电压 v_1 正向加到二极管 D_1 和 D_2 两端，反向加到 D_3 和 D_4 两端，随控制电压 v_1 正负变化，两组二极管交替导通与截止。当 $v_1 \geqslant 0$ 时，二极管 D_1 和 D_2 导通，D_3 和 D_4 截止；当 $v_1 < 0$ 时，二极管 D_3、D_4 导通，D_1 和 D_2 截止，理想情况下，4 只二极管互不影响，因此二极管环形调幅器由两个平衡电路组成，二极管 D_1

和 D_2 组成一个平衡电路Ⅰ，二极管 D_3 和 D_4 组成另一个平衡电路Ⅱ，电路如图 6-12 所示。

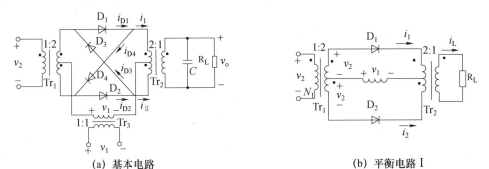

$$\text{(a) 基本电路} \qquad\qquad\qquad \text{(b) 平衡电路Ⅰ}$$

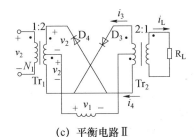

$$\text{(c) 平衡电路Ⅱ}$$

图 6-12　二极管环形调幅器

二极管环形电路调幅器的分析条件与单二极管电路和二极管平衡电路相同，平衡电路Ⅰ与前面图 6-11 电路原理和分析方法完全相同。平衡电路Ⅱ是单项负向余弦型开关函数模型，与平衡电路Ⅰ相比，周期相差 $T_1/2$，$T_1 = 2\pi/\omega_1$，相位相差 π，根据所学原理，在电阻 R_L 上产生的总电流为：

$$i_L = i_{L1} + i_{L2} = (i_1 - i_2) + (i_4 - i_3) \tag{6-34}$$

$$i_{L1} = 2g_D K_1(\omega_1 t) v_2 \tag{6-35}$$

$$i_{L2} = -2g_D K_1\left[\omega_1\left(t - \frac{T_1}{2}\right)\right]v_2 = -2g_D K_1(\omega_1 - \pi)v_2 \tag{6-36}$$

将式（6-35）和式（6-36）代入式（6-34），则输出总电流为：

$$i_L = 2g_D[K_1(\omega_1 t) - K_1(\omega_1 - \pi)]v_2 = 2g_D K_2(\omega_1 t)v_2 \tag{6-37}$$

由式（6-37）可知，平衡电路Ⅰ和平衡电路Ⅱ组成了双向开关函数，参见图 6-9，其函数在此可以表示为：

$$K_2(\omega_1 t) = K_1(\omega_1 t) - K_1(\omega_1 - \pi) = \begin{cases} 1, & v_1 \geqslant 0 \\ -1, & v_1 \leqslant 0 \end{cases} \tag{6-38}$$

和

$$K_1(\omega_1 t) + K_1(\omega_1 - \pi) = 1$$

整理得：

$$K_2(\omega_1 t) = \frac{4}{\pi}\cos\omega_1 t - \frac{4}{3\pi}\cos 3\omega_1 t + \frac{4}{5\pi}\cos 5\omega_1 t + \cdots = \sum_{n=1}^{\infty}(-n)^{n-1}\frac{4}{(2n-1)\pi}\cos(2n-1)\omega_1 t$$

$$\tag{6-39}$$

将 $v_2 = V_{2m} \cos \omega_2 t$ 代入到式（6-37）中可得：

$$i_L = \frac{4}{\pi} g_D V_{2m} \cos(\omega_1 + \omega_2)t + \frac{4}{\pi} g_D V_{2m} \cos(\omega_1 - \omega_2)t - \frac{4}{3\pi} g_D V_{2m} \cos(3\omega_1 + \omega_2)t - \tag{6-40}$$
$$\frac{4}{3\pi} g_D V_{2m} \cos(3\omega_1 - \omega_2)t + \cdots$$

从式（6-40）可以看出，环形调幅器输出电流 i_L 的频率分量只有 v_1 的基波分量和奇次谐波分量与输入信号 v_2 的频率分量 ω_2 的组合分量 $(2n+1)\omega_1 \pm \omega_2 \, (n=0,1,2,\cdots)$，在平衡电路的基础上消除了输入信号 v_2 的频率分量 ω_2，且输出只有组合分量 $(2n+1)\omega_1 \pm \omega_2 \, (n=0,1,2,\cdots)$ 的频率分量的幅度是平衡电路的 2 倍。

环形调幅器频率分量进一步减少，使得频谱数量降低，频谱频率间隔距离增加，在使用滤波器时更容易实现设计电路的需求，因此环形调幅器变频电路已经接近理想乘法器电路，在低电平调幅、混频等得到广泛应用。

在环形调幅器中，仍然存在二极管性能参差不齐的问题，实际电路中可采用两个二极管并联的方式或环形组件的方法。

3. 集成模拟相乘器调幅电路

另一种低电平调幅器是集成模拟乘法器，乘法器的种类很多，如 MC1496、BG314 等，这些电路内部都是差分对构成，下面简单介绍一下电路的基本原理。

在非线性器件中，能够实现模拟乘法器的有很多，由于集成电路的发展，差分对模拟乘法器应用越来越广泛，图 6-13 是差分对模拟乘法器的原理电路，其中 T_1 与 T_2 组成差分放大器，T_3 为受 v_2 控制的电流源。根据晶体管电流与电压的关系，并考虑到差分 T_1 与 T_2 管的对称性，可以写出

$$i_{E1} = I_S e^{\frac{v_{BE1}q}{KT}} \tag{6-41}$$

$$i_{E2} = I_S e^{\frac{v_{BE2}q}{KT}} \tag{6-42}$$

T_3 的集电极电流为：

$$i_o = i_{E1} + i_{E2} = i_{E1}\left(1 + \frac{i_{E2}}{i_{E1}}\right) = i_{E1}\left(1 + e^{-qv_1/(KT)}\right) \tag{6-43}$$

或

$$i_{E1} = \frac{i_o}{\left(1 + e^{-qv_1/(KT)}\right)} \tag{6-44}$$

式中：$v_1 = v_{BE1} - v_{BE2}$

同理可得：

$$i_{E2} = \frac{i_o}{\left(1 + e^{qv_1/(KT)}\right)} \tag{6-45}$$

由于 $i_{C1} = \alpha i_{E1}$，$i_{C2} = \alpha i_{E2}$，则式（6-45）可以写成

$$i_{C1} = \frac{\alpha i_o}{\left(1 + e^{-Z}\right)} \tag{6-46}$$

$$i_{C2} = \frac{\alpha i_o}{\left(1+e^Z\right)} \tag{6-47}$$

式中：α——基极电流放大系数；

　　　Z——归一化特性因子，$Z = qv_1/(KT)$。

可见 i_{C1} 和 i_{C2} 都是 Z 的函数，图 6-14 画出了归一化电流 $\dfrac{i_{C1}}{\alpha i_o}$、$\dfrac{i_{C2}}{\alpha i_o}$ 与 Z 的关系曲线。由图可知，在 $|Z| < 1$ 范围内，i_{C1} 和 i_{C2} 与输入电压 v_1 近似为线性关系。由于在 $T = 300$ K 时，$KT/q \approx 26$ mV，因此线性范围内 v_1 的最大值为 26 mV。可见，所允许的 v_1 值是很小的。

在可以认为的线性放大区内由交流信号 v_1 产生的电流为：

$$i_{C1} = g_{m0}v_1 \tag{6-48}$$

$$i_{C2} = -g_{m0}v_1 \tag{6-49}$$

式中：$g_{m0} = \dfrac{\partial i_{C1}}{\partial v_1} = -\dfrac{\partial i_{C2}}{\partial v_1}$ 为放大器跨导，是对式（6-46）和式（6-47）求偏导求得，Z 很小，当 $e^Z = e^{-Z} \approx 1$ 时，有 $g_{m0} = \dfrac{\alpha q i_o}{4KT}$。

考虑到电阻的对称性，$R_{c1} = R_{c2} = R_c$，差分放大器的输出电压为：

$$v_o = i_{C1}R_{c1} - i_{C2}R_{c2} = 2g_{m0}v_1R_c = \frac{\alpha q i_o}{2KT}v_1R_c \tag{6-50}$$

由于 i_0 受交流信号源 v_2 的控制，可以写成：

$$i_0 = I_0 + \Delta i_o = I_0 + gv_2 \tag{6-51}$$

式中：I_0——恒定分量；

　　　Δi_o——交流分量，$\Delta i_o = gv_2$；

　　　g——T_3 的跨导，若 R_e 足够大，$g = \dfrac{1}{R_e}$。将 i_o 代入式（6-50）可得：

$$v_0 = \frac{\alpha q}{2KT}R_c\left(I_0 + gv_2\right)v_1 = K_0v_1 + K_1v_1v_2 \tag{6-52}$$

式中：$K_0 = \dfrac{\alpha q}{2KT}I_0R_c$；

　　　$K_1 = \dfrac{\alpha q}{2KT}gR_c$。

式中具有 v_1 和 v_2 的乘积项，因此称为模拟乘法器，正是由于两个输入电压 v_1 和 v_2 乘积项的存在，因此可以起到变频作用，常用于调幅、混频和解调电路中。

在实际应用中，模拟乘法器的集成器件有很多，其内部组成器件主要由差分对组成，但是差分对不止一组，分析方法和结构与前文原理相同，这里不做过多介绍，下面举例说明国产双差分乘法器 MC1496 的使用方法，管脚与外部电路配置如图 6-15 所示。

图中管脚①接的是调制信号 u_Ω；连接到管脚②和管脚③的是负反馈电阻 $R_{E2} = 1$ kΩ，目的是扩大 u_Ω 的线性动态范围；接在管脚⑤的是 $R_5 = 6.8$ kΩ，用来控制电流源电路 I_0；连接到

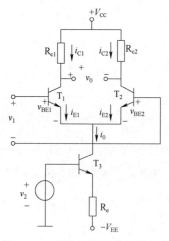

图 6-13　差分对模拟乘法器电路

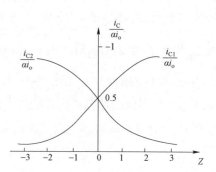

图 6-14　归一化电流 Z 值的关系

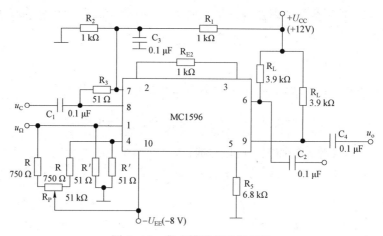

图 6-15　集成模拟相乘器电路

管脚⑥和管脚⑨的是负载电阻 $R_L = 3.9\ \text{k}\Omega$；从 12 V 电源到管脚⑦、⑧的电阻为集成乘法器内部两对差分对提供基极偏置电压；管脚⑦是输入载波电压 u_c；R_P 为调零电位器，使差分对称，输出电压为 0，双差分对的工作特性受载波信号 u_c 振幅 V_{1m} 控制，当 $V_{1m} > 26\ \text{mV}$ 时，电路处于开关状态，当 $V_{1m} < 26\ \text{mV}$ 时，电路处于线性状态。当同时输入载波信号 u_c 和调制信号 u_Ω，则输出为载波抑制双边带信号 u_o（DSB-SC）。要想输出普通双边带信号，在 $u_\Omega = 0$ 时，调节 R_P 使输出 u_o 适当，则再次加入 u_Ω，即可得到标准的调幅输出。

6.2　高电平振幅调制电路原理

高电平调幅是在功率电平高的级中完成的，电平比较高，因此把功率级完成的调幅电路叫高电平调幅。高电平调幅广泛用于丙类功率放大电路，一般在三极管上完成调幅，根据调制信号控制三极管的电极不同，调制可分为以下两项：① 集电极调幅：用调制信号控制晶体管放大器集电极电压，实现调幅；② 基极调幅：用调制信号控制晶体管放大器基极电压，实现调幅。

高电平调幅电路有以下特点。

（1）高电平调幅电路产生的是振幅调制，当集电极调幅时，丙类功放工作在过压状态；当基极调幅时，丙类功放工作在欠压状态。

（2）集电极调幅效率高，晶体管利用充分，其缺点是已调信号的边带功率由调制信号供给，需要大功率调制信号源。集电极调幅效率较高，适用于较大功率的发射机中。

（3）基极调幅电路电流小，消耗功率小，所需调制的功率很小，调制信号放大电路比较简单。其缺点是工作在欠压状态，集电极效率低，只能用于功率不大，对失真要求较低的发射机中。

（4）低电平调幅电路用于发射机前端，产生小功率已调信号，低电平调幅电路是将振幅调制和功率放大分开，调制后信号的电平较低，需要通过线性功率放大器放大到所需的功率，再将已调信号发射出去。低电平调幅电路主要用来实现抑制双边带和单边带调制，对它提出的主要要求是调制线性好，载波抑制能力强，而功率和效率要求是次要的，常用乘法器完成，可以用二极管组成的环形乘法器或集成乘法器等。

1. 集电极调幅

集电极调幅是用调制信号 $v_\Omega(t) = V_\Omega \cos \Omega t$ 来改变高频功率放大电路集电极输出电压，实现振调调制，如图 6-16（a）所示，图中三极管集电极所加电压为调制电压信号 v_Ω 与直流电压 V_{CC} 串联，因此放大器的有效集电极电压是两个电压之和，它随调制信号的波形而变化。根据丙类功率放大器知识，在过压的工作状态下，集电极电流的基波分量 I_{cm1} 随集电极电压成正比变化。因此集电极的回路输出高频电压振幅随调制信号的波形而变化，调幅波输出，其放大器静态工作点调整及集电极输出波形如图 6-17 所示。

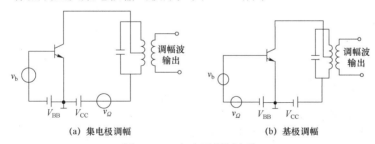

(a) 集电极调幅　　　　　　　　(b) 基极调幅

图 6-16　高电平调幅电路

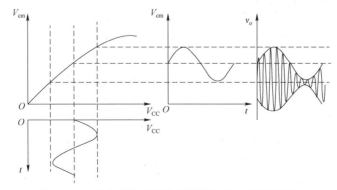

图 6-17　放大器静态工作点调整及集电极输出波形

2. 基极调幅

所谓基极调幅，就是用调制信号电压来改变高频功率放大器的基极偏置电压，以实现调幅，它的电路如图6-16（b）所示。由图可知，三极管基极所加电压为调制电压信号 v_Q 与直流电压 V_{BB} 串联，因此放大器的有效偏置电压是两个电压之和，它随调制信号的波形而变化。根据功率放大器知识，在欠压的工作状态下，集电极电流的基波分量 I_{cm1} 随基极电压成正比变化。因此三极管集电极输出高频电压振幅随调制信号幅度成正比变化，调幅波输出如图6-18所示。

由此可知，为了基极有效调幅，丙类功率放大器必须工作在欠压状态，它的缺点是基极调幅平均集电极效率并不高，它主要用于调制功率较小机型，小型化有利。

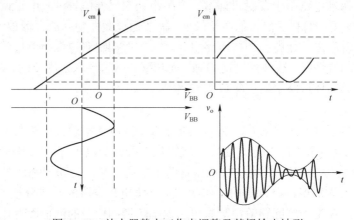

图6-18 放大器静态工作点调整及基极输出波形

6.3 振幅检波电路

从高频已调信号中恢复出调制信号的过程称为解调，也叫检波，它是振幅调制的逆过程。检波器的功能也是频谱搬移的过程，即从调制后的高频搬移到零频附近，这种搬移与调制过程相反，因为在搬移过程中，调制信号的频谱结构不变，因此也称为线性解调或检波。

6.3.1 振幅检波电路基本原理

振幅解调分为包络检波和同步检波两大类。包络检波是指解调器输出电压与输入已调波的包络成正比的检波方法。由于 AM 包络与解调信号成线性关系，因此包络检波只适合 AM 信号，已调信号先通过非线性电路进行频率变换，然后用低通滤波器滤出调制信号，其输入、输出波形如图6-19所示。同步检波是外加一个频率和相位都与被抑制的载波相同的电压信号，通过相乘器和低通滤波器完成检波，如图6-20所示。

DSB 和 SSB 信号包络不能反映调制信号的变化规律，因此不能用包络检波，只能用同步检波的方法，当然，同步检波也可以解调 AM 波。同步检波分为叠加型和乘积型，具体原理如图6-20所示。

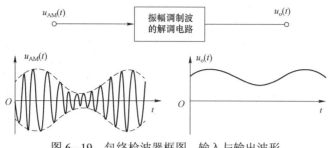

图 6-19　包络检波器框图、输入与输出波形

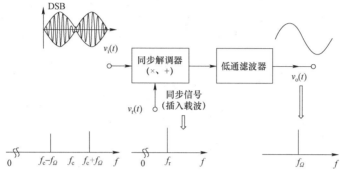

图 6-20　同步检波器框图、波形与频谱

6.3.2　二极管包络检波

1. 包络检波的原理

前面原理已经讲过,不管哪种振幅调制信号,都可以采取相乘器和低通滤波器组成的同步检波器完成解调,只有 AM 可以采用包络检波的方式完成解调,现在广泛采用的是二极管包络检波,具体原理如下。

图 6-21 是二极管包络检波电路原理图,它是由二极管和低通滤波器组成的检波电路,二极管起到开关的作用,理想情况下正向导通,反向截止,如图 6-22 所示电流 i 的图形。

当输入端作用于 AM 信号时,设信号电压方程为:$v_s(t) = V_{im}(1 + m_a \cos \Omega t)$,且当其值足够大时,二极管导通,若 $1/\Omega C \gg R_L$,则电源 v_s 通过二极管向 C 充电,充电时间常数为 $r_d C$(r_d 二极管的内阻),当充电截止,C 向 R_L 放电,放电时间常数为 $R_L C$,直至充、放电达到动态平衡时,输出电压 v_o,如图 6-22 所示输出电压 v_o 波形。从输出波形可以得出,解调正弦波上叠加高频分量和直流分量,在实际电路应用中应后续处理。

由此可见,大信号的检波过程是利用二极管的单向导电性和检波负载 RC 充放电过程完成的。

2. 包络检波的性能指标

1)检波效率——电压传输系数

电压传输系数定义为:
$$K_d = \frac{\text{检波器的音频输出电压} V_\Omega}{\text{输入调幅波包络振幅} m_a V_{im}} \qquad (6-53)$$

式中:V_{im}——已调波输入幅值;

V_Ω——调制信号输入幅值;

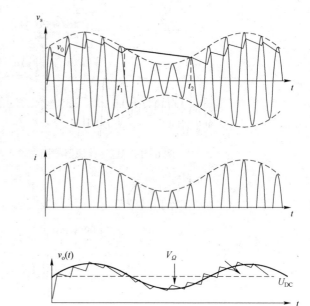

图 6-22　二极管包络检波各点输出波形

图 6-21　包络检波电路原理图

m_a ——调制指数。

$$K_d = \cos\theta \qquad\qquad （6-54）$$

式中：θ ——电流导通角，其值为：

$$\theta = \sqrt[3]{\frac{3\pi R_d}{R_L}} \qquad\qquad （6-55）$$

式中：R_L ——检波器负载电阻；

　　　　R_d ——检波器内阻。

因此大信号检波电压传输系数 K_d 是不随小信号电压而变化的常数，它仅取决于二极管内阻 R_d 与负载电阻 R_L 的比值。当 $R_L \gg R_d$ 时，$\theta \to 0$，$\cos\theta \to 1$。即检波效率 K_d 接近于 1，这是包络检波的主要优点。

2）等效输入电阻

检波器输入电阻定义为：

$$R_i = \frac{V_{im}}{I_{im}} \qquad\qquad （6-56）$$

根据以上分析，检波器输入电压为：

$$v_s(t) = V_{im}(1 + m_a \cos\varOmega t) \qquad\qquad （6-57）$$

则检波器获得的输入功率为：

$$P_i = \frac{V_{im}^2}{2R_i} \qquad\qquad （6-58）$$

经二极管变换后一部分消耗到二极管内阻 r_d 上，一部分输出加到负载 R_L 上，因为二极管正向内阻很小，满足 $r_d \ll R_L$，因此，二极管正向导通时消耗的功率可以忽略不计，反向二极管截止，电阻 $\rightarrow \infty$，功率消耗到二极管上，因此 $P_L = \frac{1}{2} P_i$，此时求得：

$$R_i \approx \frac{1}{2} R_L \qquad (6-59)$$

由于二极管输入电阻的影响，使得输入谐振的 Q 值下降，消耗高频功率。这是二极管检波的主要缺点。图 6-23 为二极管包络检波等效电路。

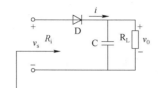

图 6-23　二极管包络检波等效电路

3. 失真

1）惰性失真（对角线切割失真）

由于负载电阻 R_L 与负载电容 C 的时间常数 $R_L C$ 太大，如图 6-24 所示，在 $t_1 \sim t_2$ 时间内，输入信号 v_s 总是低于电容上的电压（v_c），二极管始终处于截止，输出电压不受输入电压控制，而取决于 $R_L C$ 放电，只有输入信号重新超过输出电压时，二极管才重新导通。这种失真是由于电容 C 上的电荷不能很快地随调幅波包络变化，从而产生失真。

为了防止惰性失真，只要适当选择 $R_L C$ 的数值，使检波器能跟上高频信号电压包络的变化就行了。

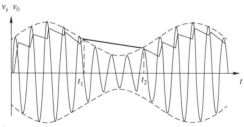

图 6-24　惰性失真

为了避免惰性失真，应使电容 C 放电的速度大于或等于包络的下降速度，即

$$\left| \frac{\mathrm{d} v_c}{\mathrm{d} t} \right|_{t=t_1} \geqslant \left| \frac{\mathrm{d} v_s}{\mathrm{d} t} \right|_{t=t_1} \qquad (6-60)$$

$$v_s(t) = V_{im} \left(1 + m_a \cos \Omega t_1 \right)$$

$$\left| \frac{\mathrm{d} v_s}{\mathrm{d} t} \right|_{t=t_1} = m_a \Omega V_{im} \sin \Omega t_1 \qquad (6-61)$$

二极管停止导电瞬间传输效率 $K_d \approx 1$，此时，$v_c = v_s = V_{im} \left(1 + m_a \cos \Omega t_1 \right)$

$$C \frac{\mathrm{d} v_c}{\mathrm{d} t} = \frac{v_c}{R_L} \Rightarrow \frac{\mathrm{d} v_c}{\mathrm{d} t} = \frac{v_c}{R_L C} = \frac{V_{im}}{R_L C} \left(1 + m_a \cos \Omega t_1 \right)$$

$$A = \left| \frac{\mathrm{d} v_s}{\mathrm{d} t} \right|_{t=t_1} \bigg/ \left| \frac{\mathrm{d} v_c}{\mathrm{d} t} \right|_{t=t_1} = R_L C \Omega \left| \frac{m_a \sin \Omega t_1}{1 + m_a \cos \Omega t_1} \right| \qquad (6-62)$$

实际上，不同的 t_1 的值，输出电压下降的速度是不同的，因此 t 在某一时刻时，A 取到最大值 A_{max}，只要 $A_{max} < 1$，则不管 t 为何值，惰性失真就不会发生。

将 A 对 t 求导，并令 $\dfrac{dA}{dt} = 0$，可求得

$$A_{max} = R_L C \Omega \frac{m_a}{\sqrt{1 - m_a^2}} \qquad (6-63)$$

Ω 是调制信号的频率，它包含一个频率范围，当 $\Omega = \Omega_{max}$ 时，A_{max} 最大。为保证 $\Omega = \Omega_{max}$ 时不产生失真，必须满足：

$$R_L C \Omega_{max} \frac{m_a}{\sqrt{1 - m_a^2}} < 1 \qquad (6-64)$$

或者写成

$$R_L C \Omega_{max} < \frac{\sqrt{1 - m_a^2}}{m_a} \qquad (6-65)$$

式（6-64）或式（6-65）是不产生惰性失真的条件。Ω_{max} 是被检信号的最高调制角频率。同时当 m_a 越大，高频包络的变化越快，则 $R_L C$ 时间常数应选择小些，以缩短时间放电才能跟上包络的变化。同样最高 Ω_{max} 加大时，高频包络的变化也加快，则 $R_L C$ 时间常数应缩短。

当 $m_a = 0.8$ 时，根据式（6-64）和式（6-65）可得：

$$R_L C \Omega_{max} \leqslant 0.75$$

通常，对应的最高角频率调制系数很难达到 0.8，工程上可按照下式计算：

$$R_L C \Omega_{max} \leqslant 1.5 \qquad (6-66)$$

2）负峰切割失真

这种失真是由于检波器直流电阻 R_L 与交流（音频）电阻不相等，并且调幅度 m_a 很大引起的。图 6-25 为负载切割失真电路和波形图。

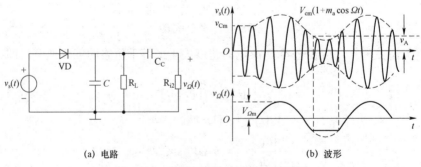

(a) 电路　　　　　　　　　(b) 波形

图 6-25　负载切割失真电路和波形图

当检波器与下一级级联时，必须加入隔直耦合电容 C_C，去掉直流分量。R_{i2} 为下一级负载，这样检波器的直流负载为 R_L，交流负载为 $R_\Omega = R_L /\!/ R_{i2}$，交直流负载不同，将引起底部失真。

因为 C_C 较大，其两端直流电压基本不变，近似等于载波振幅值 V_{cm}，可视为一个直流电

源。它在电阻 R_L 上产生的分压为：

$$V_{R_L} = \frac{R_L}{R_L + R_{i2}} V_{cm}$$

调幅波的最小幅值为：$(1-m_a)V_{cm}$，要避免底部失真，则需要满足：

$$(1-m_a)V_{cm} \geq \frac{R_L}{R_L + R_{i2}} V_{cm}$$

$$m_a \leq \frac{R_{i2}}{R_L + R_{i2}} = \frac{R_\Omega}{R_L} \tag{6-67}$$

式中：$R_\Omega = R_L // R_{i2}$——交流负载；

    R_L——直流负载。

式（6-67）是不产生负载切割失真的条件，当 $m_a = 0.8 \sim 0.9$ 时，R_Ω 和 R_L 的差别不能超过 10%～20%。R_L 越大，这个条件越难满足。

在实际中可以采用各种措施减少交直流电阻的差别，例如，将 R_L 分成 R_{L1} 和 R_{L2}，并通过隔直流电容将 R_{i2} 并联在 R_{L2} 两端，如图 6-26 所示，由图可见，当 $R_L = R_{L1} + R_{L2}$ 维持一定时，R_{L1} 越大，交直流电阻的差别越小，但是输出音频电压也越小，为了折中解决这个矛盾，在实用电路中常取 $R_{L1}/R_{L2} = 0.1 \sim 0.2$。电路中 R_{L2} 上还并联了电容 C_2，用来进一步滤除高频分量，提高检波器高频滤波能力。

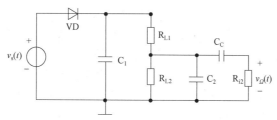

图 6-26 二极管包络检波改进电路

4. 包络检波电路设计

综上可知，设计二极管包络检波的关键是正确选择晶体二极管，合理选取直流负载电阻、低通滤波器等参数，保证检波器具有尽可能大的输入电阻，同时满足不失真要求。

1）检波器二极管的选择

为了提高检波电压传输系数，应选用二极管正向导通电阻 r_d 和极间电容 C_D 小（或最高工作频率高）的晶体二极管。为了克服导通电压的影响，一般需要加正向偏置电压，提供电流 $20 \sim 50\,\mu A$ 的静态工作点电流，具体数据由实际设计而定。

2）$R_L C$ 的选择

首先考虑 $R_L C$ 的乘积，从提高检波电压传输系数考虑，乘积尽量大，工程上要求最小满足：

$$R_L C \geq \frac{5 \sim 10}{\omega_c} \tag{6-68}$$

避免惰性失真考虑 $R_L C$ 的乘积最大满足：

$$R_L C \leqslant \frac{\sqrt{1 - m_{amax}^2}}{m_{amax} \Omega_{max}} \tag{6-69}$$

要同时满足上述条件，$R_L C$ 的乘积范围是：

$$\frac{5 \sim 10}{\omega_c} \leqslant R_L C \leqslant \frac{\sqrt{1 - m_{amax}^2}}{m_{amax} \Omega_{max}} \tag{6-70}$$

$R_L C$ 的乘积确定后考虑 R_L 和 C 的数值。

保证所需的检波输入电阻 R_i 和 R_L 的取值范围最小应满足：

$$R_L \geqslant 2R_i \quad (\text{或 } R_L \geqslant 3R_i) \tag{6-71}$$

为避免产生负载切割失真，根据式（6-67），R_L 的最大允许范围是：

$$R_L \leqslant \frac{1 - m_{amax}}{m_{amax}} R_{i2} \tag{6-72}$$

要满足上述两个条件，R_L 的取值范围是：

$$(3R_i) \, 2R_i \leqslant R_L \leqslant \frac{1 - m_{amax}}{m_{amax}} R_{i2} \tag{6-73}$$

当 R_L 选定后，可以按照 $R_L C$ 的乘积确定 C 的取值应满足条件：

$$C > 10C_D \tag{6-74}$$

这是因为输入高频电压是通过 C_D 和 C 的分压后加到二极管上，满足上述条件可以保证输入高频电压有效地加到二极管上，以提高检波电压传输系数。

当采用图 6-26 所示电路时，根据 $R_{L1}/R_{L2} = 0.1 \sim 0.2$，$C_1$ 和 C_2 均可取 $C/2$。

图 6-27 是二极管包络检波器实际应用电路,前级中频放大器提供载波的频率为 456 kHz 的 AM 调幅波，$L_1 C$ 组成中频谐振回路，调谐在 465 kHz，通过互感耦合在 L_2 两端取得检波输入电压 v_s，二极管应该选取正向特性线性好，正向电阻小，反向电阻大，故一般检波器选取点接触型锗二极管，与原理电路相比，多了一个 $R_1 C_2$ 组成的低通滤波器，它的作用是进一步去除高频，但 R_1 不能过大，否则会增加低频损耗，减小电压传输系数 K_d，负电源经过电阻 R_4、R_3、R_1 给二极管提供正向偏置电压，以消除二极管对导通电压的影响，从而减小非线性失真，提高电压传输系数 K_d。为减小负载切割失真，电阻 R_L 采用部分接入的方式。C_3 隔直通交。电位器 R_2 的动端越向下移动，R_L 的影响越小。R_3 和 C_4、C_3 组成的低通滤波器，设

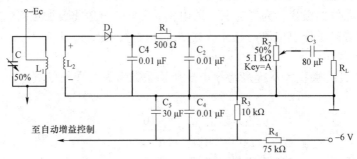

图 6-27　二极管包络检波器实际应用电路

计使 $R_3 \geqslant \dfrac{1}{\Omega(C_4 + C_3)}$，这样，$C_4$、$C_3$ 上取得的近乎是直流电压，这个直流电压正比于输入信号的大小，用它作为自动增益控制。

6.3.3　同步检波电路

同步检波又叫相干检波，只用来解调双边带和单边带信号，它有两种实现电路，一是由相乘器和低通滤波器组成，二是采用二极管包络检波的方式，但是在解调之前要将信号与载波信号进行相加，后进入包络检波器。

1. 乘积型同步检波器

乘积型同步检波器如图 6-28 方框图所示。

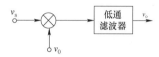

信号源为抑制载波双边带 DSB 信号，其方程为：

$$v_s(t) = V_{sm}\cos \Omega t\cos \omega_c t$$

图 6-28　乘积型检波器方框图

同步信号：　$v_0(t) = V_{0m}\cos \omega_0 t$

相乘器输出：　$v_s(t)v_0(t) = (V_{sm}\cos \Omega t\cos \omega_0 t)V_{0m}\cos \omega_0 t$

同步信号与载波信号同频同相：

$$= V_{sm}V_{0m}\cos \Omega t(\cos \omega_0 t)^2 = V_{sm}V_{0m}\cos \Omega t \cdot \frac{1}{2}[1 + \cos 2\omega_0 t] \quad （6-75）$$

由式（6-75）可知，接收 DSB 信号和同步信号相乘后出现一个低频信号和一个高频信号，通过低通滤波器滤掉高频信号，得到调制信号，其表达式为：

$$V_\Omega(t) = \frac{1}{2}V_{sm}V_{0m}\cos \Omega t \quad （6-76）$$

上面的讨论基于同步信号与载波信号是同频同相的情况，但是这种情况实现较难，如果同步信号与载波信号不同频同相，在什么条件下可以解调出调制信号？

若载波信号与同步信号存在相位差，设同步信号：

$$v_0(t) = V_{0m}\cos(\omega_0 t + \varphi)$$

式中：　φ——两个信号的相位差，是一个常数。

乘法器输出为：

$$v_s(t)v_0(t) = (V_{sm}\cos \Omega t\cos \omega_c t)V_{cm}\cos(\omega_0 t + \varphi)$$

$$= V_{sm}V_{0m}\cos \Omega t \cdot \frac{1}{2}\Big[\cos(2\omega_0 t + \varphi) + \cos \varphi\Big] \quad （6-77）$$

低通滤波器输出：

$$V_\Omega(t) = \frac{1}{2}V_{sm}V_{0m}\cos \Omega t\cos \varphi \quad （6-78）$$

从式（6-78）可以看出，同步信号与载波存在相位差直接影响解调输出，若 φ 为常数，只是解调信号幅值变小，信号频率不变，即同频不同相，解调信号与原输入调制信号成正比，若相位不恒定，解调出的信号与原输入调制信号不同频也不同相，接收机解调信号振幅起伏，出现失真。

乘法器解调单边带信号原理相同，读者自行完成。

乘积型同步检波器的关键是如何得到与载波信号同频同相的同步信号，否则解调效率会降低，同时出现失真。

2. 叠加型同步检波器

将输入信号与同步信号叠加，合成信号的包络与调制信号一致，见式（6-79）。叠加后的信号成为普通双边带信号 AM 信号，因此可以用包络检波进行解调。方框图如图 6-29 所示。其原理分析如下：

$$v_s(t) + v_c(t) = (V_{sm}\cos\Omega t\cos\omega_c t) + V_o\cos\omega_c t = V_o\cos\omega_c t(1 + m_a\cos\Omega t) \quad （6-79）$$

包络检波的原理在前面已经介绍过了，这里就不再累述，读者自行查询即可。

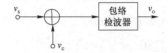

图 6-29　叠加型检波器方框图

同步检波比包络检波复杂，而且需要一个与载波同频同相的同步信号，这个在接收端得到比较困难，但是同步检波线性好，不存在惰性失真和负载切割失真的问题。

6.4　混频原理与电路

6.4.1　混频器的概述

混频是将某一频率的输入信号变换成另一个频率的输出信号，而保持原有的调制规律不变的一种变频器，混频的过程属于频谱的线性搬移过程。在超外差接收机中，混频器将已调信号（如 HF 波段 3～30 MHz，VHF 波段 30～300 MHz）变为固定的中频信号，如图 6-30 所示，表示了超外差接收机的工作过程，f_s 是混频器已调信号频率，f_o 是本地振荡信号频率，$f_i = f_o - f_s$ 是混频器变换后的固定中频信号。从混频器输入到输出可以看出，只有输出频率不同，包络完全相同。

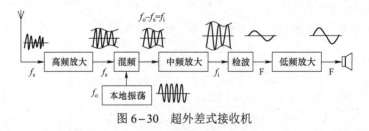

图 6-30　超外差式接收机

在保持相同调制规律的条件下，将输入已调信号的载波频率从 f_s 变换为固定 f_i 的过程称为变频或混频。在接收机中，f_i 称为中频，其中 f_o 是本地振荡频率。一般其值为：$f_i = f_o \pm f_s$，如图 6-31 所示，$f_s = 1.6 \sim 6\,\text{MHz}$，$f_o = 2.165 \sim 6.465\,\text{MHz}$，经过混频器变频后，输出频率为 465 kHz。混频的结果是，较高的不同的载波频率变为固定的较低的中频信号频率，而振幅包络形状不变。

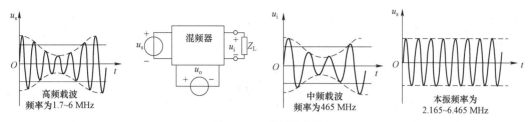

图 6-31　混频示意图

中频 f_i 与 f_s 和 f_o 的关系有几种情况，当混频输出差频时，有 $f_i = f_o - f_s$ 或 $f_i = f_s - f_o$；取和频时，$f_i = f_o + f_s$，当 $f_i < f_o$ 时，称为向下变频，输出低中频，当 $f_i > f_o$ 时，称为向上变频，输出高中频，虽然高中频比输入信号还要高，但是仍然称为中频，根据信号取值范围不同，常用的中频数值为 465（455），500 kHz 及 1，1.5，4.3，5，10.7，21.4，30，70，140 MHz，调幅收音机的中频为 465（455）kHz，调频收音机的中频为 10.7 MHz，微波接收机、卫星接收机的中频为 70 MHz 或 140 MHz。

混频器是频率变换电路，在频域上起到加法器和减法器的作用，振幅调制也是频率变换电路，在频域上也起到加法器和减法器的作用，同属于频谱线性搬移，由于频谱搬移的位置不同，则功能也不同。这两种电路都是六端网络，两个输入，一个输出，可以用同一种形式完成不同的搬移功能。从实现电路来看，输入、输出信号不同，因而输出、输入回路各异。调制信号输入是调制信号 v_Ω 和载波 v_c，输出为已调波 v_s；而混频器输入是已调波 v_s、本地振荡信号 v_o，输出为已调波 v_i，3 个信号都是高频信号，从频谱搬移看，调制是经低频信号 v_Ω 线性搬移到载波两边，而混频器是将已调信号的频谱搬移到中频 f_i 处，也是线性搬移，如图 6-32 所示。

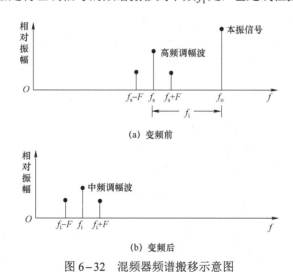

(a) 变频前

(b) 变频后

图 6-32　混频器频谱搬移示意图

6.4.2　混频器的电路设计

1. 混频器的指标

1）变频（混频）增益

变频（混频）增益：混频器输出中频电压 V_{im}（或功率 P_i）与输入信号电压 V_{sm}（或功率

P_{o}）的比值，用分贝表示，即

$$A_{VC} = 20\lg\frac{V_{im}}{V_{sm}}（或A_{VC} = \frac{V_{im}}{V_{sm}}）\tag{6-80}$$

$$A_{PC} = 10\lg\frac{P_{i}}{P_{o}}（或A_{PC} = \frac{P_{i}}{P_{o}}）\tag{6-81}$$

混频器增益表征混频器把输入高频信号变换为中频信号的能力。增益越大，变换能力越强。故希望混频增益大。而且混频增益大，对接收机而言有利于调高其灵敏度。

2）噪声系数

混频器的噪声系数是输入信噪比与输出信噪比的比值。常用分贝表示为：

$$N_{F} = 10\lg\frac{(P_{s}/P_{ni})}{(P_{i}/P_{no})}\tag{6-82}$$

式中：P_{s}——混频器输入信号的功率；

$\qquad P_{ni}$——混频器噪声信号的输入功率；

$\qquad P_{no}$——混频器噪声输出功率；

$\qquad P_{i}$——混频器输出中频信号的功率。

接收机的噪声系数主要取决于它的前端电路，在没有高频放大的情况下，主要由混频器电路决定。

3）选择性

选择性即抑制中频以外干扰信号的能力。混频器有用输出为中频，输出应该只有中频信号，实际由于各种原因会混入许多干扰信号，为了抑制中频以外的不需要的干扰信号，要求高频输入与中频输出有良好的选择性，即回路应该具有良好的谐振特性曲线。为此选用高的品质因数谐振电路或集中选择性滤波器。

4）混频失真

混频失真包括频率失真、非线性失真及各种干扰，如组合频率干扰、交叉调制、互相调制等。混频失真的存在将影响通信质量，因此要求混频具有良好的频率特性，应工作在曲线近似平方率的区域内，以保证完成频率变换功能，又能抑制各种干扰。非线性干扰重点是中频干扰和镜像干扰。

5）隔离度

理论上，混频器各端口之间是隔离的，任何一个端口的信号频率不会窜到其他端口。但是在实际电路中，总有极少量功率在各端口窜通，隔离度就是用来评价这种窜通大小的一个性能指标，定义本端口功率与窜通到其他端口功率之比，用分贝表示。

在接收机中，本端口功率窜通到其他端口危害最大，在实际应用中，为保证混频性能，加载本端口的功率比较大，当窜通到输入信号端口时，就会通过输入回路加到天线上，产生与本振功率相反的辐射，严重干扰临近接收机。

2. 混频器电路

图 6-33 是晶体三极管混频电路原理图，输入信号由 v_{0} 本振信号和 v_{s} 已调信号组成，同

时输入端加入直流偏置电源 V_{BB}；LC 为中频输出谐振电路，调谐在 f_i 上，本振输入电压设为：$v_0(t) = V_{0m} \cos \omega_0 t$ 接在基极回路中，V_{BB} 为基极静态偏置电压。由图 6-33 可见，加在发射结上的电压 $v_{BE} = V_{BB} + v_0 + v_s$，若将（$V_{BB} + v_0$）作为三极管的等效基极偏置电压，用 $v_{BB}(t)$ 表示，称为时变基极偏压，当输入电压为：$v_s(t) = V_{sm} \cos \omega_s t$ 很小，满足线性条件时，三极管的集电极电流为：

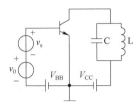

图 6-33　晶体三极管混频器电路

$$i_c \approx f(v_{BE}) \approx I_{C0}(v_0) + g_m(v_0)v_s$$
$$= I_{c0}(t) + (g_0 + g_{m1} \cos \omega_0 t + g_{m2} \cos 2\omega_0 t + \cdots)v_s = I_{c0} + g_m(t)v_s \qquad (6-83)$$

$g_m(t)$ 中的基波分量 $g_{m1} \cos \omega_0 t$ 与输入信号电压 v_s 相乘，得到：

$$g_{m1} \cos \omega_0 t \cdot V_{sm} \cos \omega_s t = \frac{1}{2} g_{m1} V_{sm} \left[\cos(\omega_0 + \omega_s)t + \cos(\omega_0 - \omega_s)t \right]$$

此时，令 $\omega_i = \omega_0 - \omega_s$ 为中频频率，经过集电极频率过滤后，得到中频电流分量为：

$$i_i = I_{1m} \cos \omega_i t = \frac{1}{2} g_{m1} V_{sm} \cos \omega_i t = g_{mc} \cos \omega_i t$$

$$g_{mc} = \frac{I_{1m}}{V_{sm}} = \frac{1}{2} g_{m1} \qquad (6-84)$$

式中，g_{mc} 称为混频跨导，定义为输出中频电流幅度 I_{1m} 对输入信号电压幅度 V_{sm} 的比值，其值等于 $g_m(t)$ 中基波分量幅度 g_{m1} 的一半。

晶体管混频器变频增益较高，因而在中短波接收机和测量仪中得到广泛应用，图 6-34 是晶体管混频器原理图电路。在图 6-34（a）中，本振电压 v_0 和信号电压 v_s 都加在三极管基极和发射极之间，利用基极和发射极之间的非线来实现变频。实际上晶体管的变频电路有多种形式，按照晶体管的组态和本振电压注入点的不同，有图 6-34 的 4 种基本电路。其中

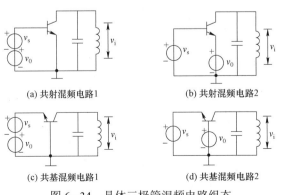

(a) 共射混频电路1　　　　　　(b) 共射混频电路2

(c) 共基混频电路1　　　　　　(d) 共基混频电路2

图 6-34　晶体三极管混频电路组态

图 6-34（a）和（b）为共射混频电路，在图 6-34（a）中，本振电压 v_0 和信号电压 v_s 都是由基极注入；图 6-34（b）表示信号电压由基极注入，本振电压由发射机注入；图 6-34（c）和（d）为共基混频电路，在图 6-34（c）中，本振电压 v_0 和信号电压 v_s 都是由发射极注入；图 6-34（d）表示本振电压由基极注入，信号电压由发射极注入，这 4 种组态各有其优缺点。

图 6-34（a）所示电路对振荡电压来说是共射极接法电路，输入阻抗较大，在混频时，本地振荡电路比较容易起振，需要的本振注入功率也较小。这是它的优点。但是信号输入电路与振荡电路相互影响较大（直接耦合）。

图 6-34（b）所示电路的输入信号与本振电压分别从基极输入和发射极注入，因其输入阻抗较小，不易过激励，因此振荡波形好，失真小。这是它的优点。但需要较大的本振注入功率，不过通常所需功率也只有几十毫瓦，本振电路是完全可以供给的。因此，这种电路应用较多。

图 6-34（c）和（d）两种电路都是共基极接法混频电路。在较低的频率工作时，变频增益低，输入阻抗也较低，因此在频率较低时一般都不采用。但在较高的频率工作时（几十兆赫），因为共基电路的 f_α 比共射电路的 f_β 要大很多，变频增益较大。因此，在较高频率工作时也有采用这种电路的。

3. 实际应用混频电路的例子

图 6-35 是某调幅通信机采用的混频电路的例子。高频调幅波（频率为 1.7～6 MHz）由第二输出回路的次级加至混频器的基极。本振电压（频率为 2.165～6.465 MHz）经电感耦合加至发射级。集电极负载输出回路输出频率为 456 kHz 的中频调幅波。电阻 R_1、R_2、R_3、R_4 和 R_6 共同组成混频器偏置电路。R_2 是具有负温度系数的补偿电阻。R_5 为发射机交流负反馈电阻，用以改善混频器的非线性特性和扩大动态范围，提高抗干扰能力。R_7 和 C_9、C_{10} 组成去耦电路。第二高放的次级回路调谐在高频信号频率上，它与初级回路除互耦合外，还存在电容耦合。

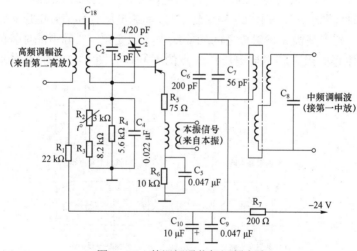

图 6-35 某调幅通信机混频电路

图 6-36 是变频电路或自激式变频器，其晶体管除了完成混频外，本身构成一个自激振荡器。信号电压加至晶体管的基极，振荡电压注入晶体管的发射极，在输出调谐回路上得到中频电压。晶体管发射极和地之间接有调谐回路（调谐于本振频率 f_0），集电极和发射极之间通过变压器 Tr_2 的正反馈作用完成耦合，因此适当选取 Tr_2 的匝数比和连接的极性，能产生并维持振荡。电阻 R_1、R_2 和 R_3 组成变频管的偏置电路，C_7 为耦合电容。振荡回路除 Tr_2 的次级和主调电容 C_2 外，还有串联电容 C_5 和并联电容 C_4 共同组成调谐回路，达到统一的调谐目的。

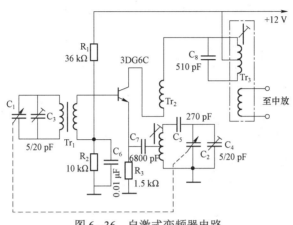

图 6-36　自激式变频器电路

除了晶体三极管可以做混频器外，二极管和集成乘法器也可以完成混频（变频）的功能。图 6-37 是二极管环形混频器电路，其接法与调幅器基本相同，但完成的功能不同，本振电压从输入变压器 Tr_1 和输出变压器 Tr_2 中心抽头接入，控制二极管的开关状态。各电压电流的方向如图 6-37 所示，实线是电压在负半周电流的方向，虚线是正半周电流方向。

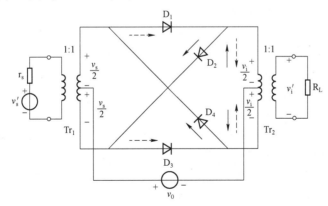

图 6-37　二极管环形混频器电路

集成电路混频器是将信号电压与本振电压通过乘法器直接相乘，再由选频电路选出所需的频率（和频或差频）实现混频。其工作原理与乘积型调幅电路非常相似，但功能不同。乘积型混频器输出的频率分量少，因此抗干扰性能好，被广泛应用。

利用模拟乘法器实现混频，原理非常简单，将本振信号 v_0 和已调信号 v_s 分别加到乘法器输入端，其输出电流为：

$$i = Kv_sv_0 = KV_{sm}V_{0m}\cos\omega_s(t)\cos\omega_0t = \frac{1}{2}KV_{sm}V_{0m}\cos[(\omega_s+\omega_0)t+(\omega_s-\omega_0)t] \quad (6-85)$$

滤波器滤除和频，得到差频，可获得中频，实现混频。

图 6-38 是使用乘法器 MC1496 设计的乘积型混频器电路，本振信号 v_0 从 8 脚接入和已调信号 v_s 从 1 脚接入，混频后从 6 脚输出，经过 π 型带通滤波器输出中频信号 v_i。该滤波器的通频带约为 465 kHz，除处理选频外还具有阻抗变换作用，以获得较高的变频增益。当 $f_s=30\,\text{MHz}$，$V_{sm}\leqslant 15\,\text{mV}$，$f_0=39\,\text{MHz}$，$V_{0m}=100\,\text{mV}$，电路变频增益可达 13 dB。为了减小非线性失真，1 脚和 4 脚之间接有平衡调节电路，在应用中仔细调节。

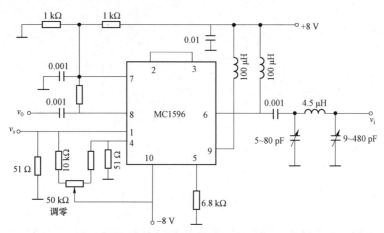

图 6-38 乘积型混频器电路

模拟乘法器混频有以下优点。

（1）混频器输出频率较干净，可大大减少接收机中的寄生通道干扰。

（2）对本振电压的振幅限制不严格，其大小只影响变频增益而不会频率失真。

4. 混频失真

一般情况下，由于混频器的非线性，混频器将产生各种干扰和失真，包括干扰哨声、寄生通道干扰、交调失真、互调失真等。

1）干扰哨声和寄生通道干扰

由于混频器的非线性特性，使得在其输出电流中，除了有需要的中频（f_0-f_s）外，还有一些组合频率 $|\pm pf_0 \pm qf_s|$（p 和 q 为正整数），它们的振幅随着（$p+q$）的增大而迅速减小，这种情况说明混频器输入端有很多输入信号，而这些输入信号中只有 $p=q=1$ 是有用的，其他频率分量都是干扰，是有害的，例如，对应一对 p 和 q 的值（除 1 外）混合后十分接近中频，即

$$|\pm pf_0 \pm qf_s| = f_i \pm F \quad (6-86)$$

式中：F——可听到的音频频率，在混频器中除了有用信号外，还有这些接近中频的信号一同输入混频器，经过中频放大后接收者可以接收到有用信号，同时也可以接收到差拍（频率为 F）所形成的哨声，这种干扰称为干扰哨声，具体分成以下 4 种情况：

$$-pf_0 - qf_s = f_i \pm F$$

$$pf_0 + qf_s = f_i \pm F$$

$$-qf_s + pf_0 = f_i \pm F$$

$$qf_s - pf_0 = f_i \pm F$$

若令 $f_0 - f_s = f_i$，则上式只有后两个式子成立，前两个是无效的（因为 $-pf_0 - qf_s$ 和 $pf_0 + qf_s$ 是恒大于 f_i 的），将两个式子合并，便可得到产生哨声的输入有用信号的频率为：

$$f_s = \frac{p \pm 1}{q - p} f_i \pm \frac{F}{q - p} \tag{6-87}$$

一般情况下，$f_i \gg F$，因而式（6-87）可以简化成：

$$f_s \approx \frac{p \pm 1}{q - p} f_i \tag{6-88}$$

式（6-88）表明，当中频一定时，只要信号频率接近该值，就可能产生干扰哨声。p、q 取不同的正整数会产生干扰哨声，输入信号频率有无限多个，并且其值都接近 f_i 的整数倍或分数倍。实际上，任何一部接收机接收的频段是有限的，中频广播收音机接收的频率是 535～1 605 kHz，只有落在这个频段范围内才能产生干扰哨声。同时随着 p、q 取值的不断增大，幅度迅速减小，只有 p、q 取值较低时，才会有干扰哨声，p、q 较大的值产生的干扰哨声可忽略不计。综上，只要把产生干扰哨声的频率移到接收信号频段以外，信号噪声可以大大降低干扰信号的影响。根据式（6-88）可知，$p=0$，$q=1$ 的干扰哨声最强，相应的输入信号接近中频 $f_s \approx f_i$，因此为了避免这个最强的干扰哨声，接收机中频总选在接收频段以外，例如，上述中波段广播接收机，f_i 规定为 465 kHz。

【例 6-1】某超外差接收机的中波段为 531～1 603 kHz，$f_i = f_0 - f_s = 465$ kHz，问：在该波段内哪些频率能产生较大的干扰哨声（设非线性特性为 3 次方项及其以下项）？

解：$f_s = $ 531～1 603 kHz　　　　$f_s / f_i = 1.14～3.45$

据题意，$p + q \leqslant 6$

当 $p = 1$，$q = 2$ 时，$\dfrac{p+1}{q-p} = 2$，此值在 1.14～3.45 范围内。

则　$f_s \approx 2f_i = 930$ kHz，即 $2f_s - f_0 \approx f_i$。

上式说明，当 f_s 为 930 kHz 时，将产生组合频率干扰。

寄生通道干扰：由于混频器前输入回路选择性不好，外来强干扰信号 f_n 进入了混频器，然后与本振信号及其谐波进行混频，而形成接近中频频率的干扰，即产生条件为 $pf_0 - qf_n \approx f_i$ 或 $-pf_0 + qf_n \approx f_i$。结果除有用信号进入混频器外，干扰信号也进入混频器，并同时被中频放大器放大，然后检波输出。

$f_s = f_0 - f_i$，　　　上式又可写为：$f_n = \dfrac{1}{q}(pf_0 \pm f_i)$　或　$f_n = \dfrac{1}{q}[pf_s + (p \pm 1)f_i]$

① $p = 0$，$q = 1$——中频干扰，此时，$f_n = f_i$。该干扰信号直接在混频器中放大输出，产生干扰。产生原因是由混频器非线性特性的一次方项产生。

② $p = 1$，$q = 1$——镜像频率干扰，如图 6-39 所示，此时，$f_n = f_s + 2f_i$。

产生的原因是由混频器非线性特性的二次方项产生。f_i 取值大小的影响：f_i 越小，f_n 越接近 f_s，则越易进入混频器，从而形成干扰。

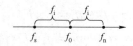

图 6-39　镜像干扰频谱结构

【例 6-2】 一部普通 87～108 MHz 调频收音机，当频率指针调到 106.2 MHz 附近时，在飞机场附近居然接收到了 127.6 MHz 的机场地面气象报告内容，请解释其原因。（已知收音机 IF=10.7 MHz）

答：产生了镜频干扰。

因为符合关系式：$f_n \approx f_s + 2f_i$

其中：$f_s = 106.2$ MHz，$f_i = 10.7$ MHz

2）减小副波道干扰的措施

（1）要消除副波道干扰，就必须加大寄生通道干扰信号与有用输入信号之间的频率间隔，以便混频器前滤波器将副波道干扰信号滤除，不让它们加到混频器输入端。

（2）中频干扰是最强的寄生通道干扰，为消除它，与干扰哨声一样，中频应选在接收频段以外，且远离接收频段。

（3）镜像频率干扰是另一个副波道干扰，鉴于它与有用信号之间的频率间隔为中频的二倍，可以采用两种措施来消除它：一是高中频方案，二是二次混频结构。

3）交叉调制干扰

交叉调制干扰指如果接收机对欲接收信号频率调谐，则可清楚地收到干扰信号电台的声音。接收机对接收信号频率失谐，则干扰电台的声音减弱。如果欲接收电台的信号消失，则干扰电台的声音也消失。交叉调制干扰是由于变频电路和高频放大器的非线性输出/输入特性产生的，与干扰信号频率无关。

4）减小交叉调制干扰的主要方法

（1）提高高频放大器和变频器输入电路的选择性，尽可能使干扰信号不进入变频电路或高频放大器。

（2）限制高频放大器输入信号幅度，以使高频放大器和变频器基本工作于线性状态（交叉调制是由晶体管特性中的 3 次或更高次非线性项产生的）。

5）互相调制干扰

互相调制干扰是由于混频器输入回路选择性不好，多个外来干扰信号进入了混频器，彼此混频，产生一系列组合频率分量。如果某些分量的频率接近信号频率，则形成干扰。一般由高放或混频器的二次、三次和更高次非线性项所产生。

产生条件：$\pm m f_1 \pm n f_2 = f_s$

一般来说，$-m f_1 - n f_2 = f_s$ 不存在，其他 3 种情况都存在。

其中：满足 $2f_1 - f_2 \approx f_s$ 或 $2f_2 - f_1 \approx f_s$ 的干扰最为严重，称为三阶互调干扰。

例如，某混频器的中频为 0.5 MHz，在接收 25 MHz 信号时，若同时有 24.5 MHz 和 24 MHz 的两个干扰信号，则正好满足 $2f_1 - f_2 = (2 \times 24.5 - 24) = 25$（MHz）$= f_s$，因而产生三阶互调干扰。

6）非线性失真

（1）包络失真。包络失真是指由于混频器的"非线性"，输出包络与输入包络不成正比。当输入信号为一振幅调制信号时（如 AM 信号），混频器输出包络中出现新的频率分量。

（2）阻塞干扰。当强干扰信号与有用信号同时进入混频器时，强干扰会使混频器工作于严重的非线性区，使信噪比大大下降，输出的有用信号幅值减小，严重时，甚至小到无法接收。通常能减少互调干扰的措施，都能改善包络失真与阻塞失真。

6.5　振幅调制、解调和混频的 Multisim 实现

1. 二极管环形电路

在 Multisim 电路窗口中，创建二极管环形电路如图 6-40 所示，其中二极管选择开关二极管即可，其他电路元件参数如图 6-40 所示。其运行后输出波形如图 6-41 所示，由此可以看出二极管的开关作用。应用此电路可以混频和调幅，请读者自行设计。

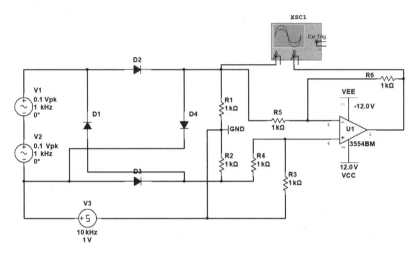

图 6-40　二极管环形电路

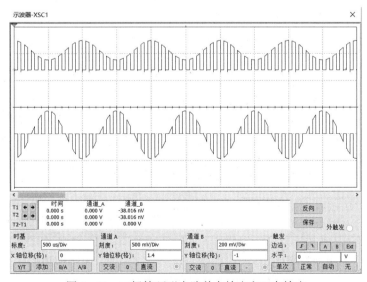

图 6-41　二极管环形电路单向输出和双向输出

2. 乘法器调幅

在 Multisim 电路窗口中，创建模拟乘法器双边带 DSB 仿真电路，如图 6–42（a）所示，其乘法器自行选择，其他电路元件参数如图所示。运行后其输出波形如图 6–42（b）所示。

应用此电路可以混频和调幅，请读者自行设计。通过图形可知，此乘法器完成了上边带调幅。

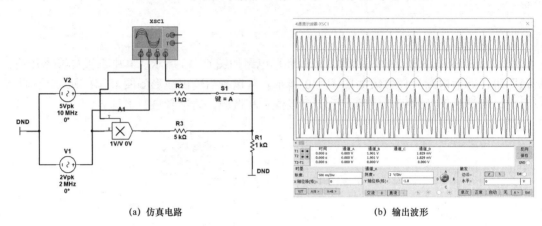

(a) 仿真电路　　　　　　　　　　　　　　(b) 输出波形

图 6–42　模拟乘法器仿真

读者可以自行仿真 AM 调制波形，AM 与 DSB 区别是 AM 调制需要加直流。

3. 高电平调幅–晶体三极管基极调幅

在 Multisim 电路窗口中，创建晶体管基极调幅电路和输出波形，如图 6–43 所示。晶体管需要设置直流偏置电压，需要工作在欠压状态下的丙类功率放大器，V_4 加的是反向电压，其他电路元件参数如图 6–43 所示。运行后其输出波形不如乘法器理想。这种电路主要用于混频器电路。

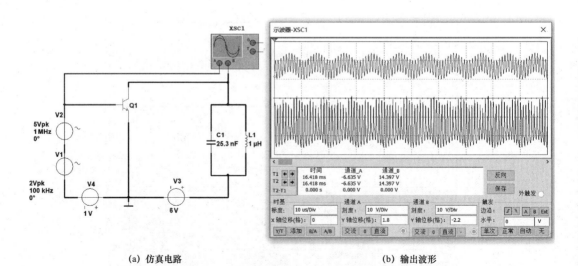

(a) 仿真电路　　　　　　　　　　　　　　(b) 输出波形

图 6–43　晶体三极管基极调幅仿真

4. 高电平调幅-晶体三极管集电极调幅

在 Multisim 电路窗口中，创建晶体管集电极调幅电路和输出波形，如图 6-44 所示，晶体管需要设置直流偏置电压，需要工作在过压状态下的丙类功率放大器，V_3 加的是反向电压，其他电路元件参数如图 6-44 所示。运行后其输出波形如图，效果不如乘法器理想，但对比基极调幅效果好。这种电路主要用于混频器电路。

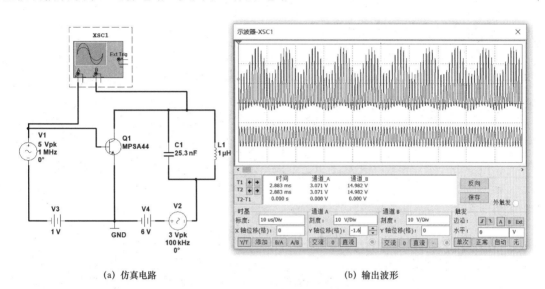

(a) 仿真电路　　　　　　　　　　　　(b) 输出波形

图 6-44　晶体三极管集电极调幅仿真

5. 二极管大信号检波及负载切割失真

在 Multisim 电路窗口中，信号源加 AM 调幅波，如图 6-45 所示，各参数如图 6-45 所示，二极管使用开关状态，理想情况下正向导通，反向截止，同时结合低通滤波器提取包络，过滤出低频信号。

在电路不满足条件的情况下会产生惰性失真和负载切割失真，图中给出了负载切割失真的原理图，只要调节负载电阻 R_1 接入较大就会产生失真，接入越大失越严重。同时增大 C_1，电路出现惰性失真，这部分内容读者设计好电路自行调节即可，并思考原因。

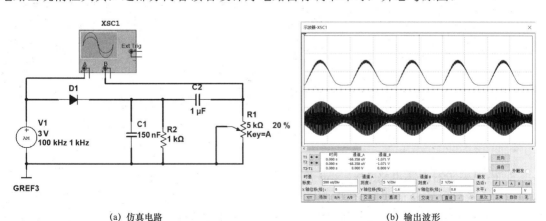

(a) 仿真电路　　　　　　　　　　　　(b) 输出波形

图 6-45　二极管包络检波仿真

6. 叠加型同步检波器

在 Multisim 电路窗口中，电路通过乘法器产生 DSB 调幅波，后用加法器 A_2 与产生的 DSB 信号相加，生成类似 AM 的信号，再用包络检波的方式完成解调，如图 6−46 所示，解调波形较好，其余各参数如图 6−46 所示。

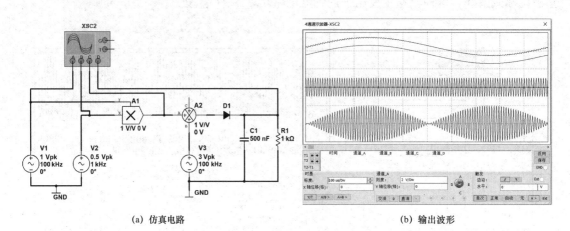

(a) 仿真电路　　　　　　　　　　　(b) 输出波形

图 6−46　叠加型同步检波仿真

7. 乘积型同步检波电路

在 Multisim 电路窗口中，电路通过乘法器产生 DSB 调幅波，后用乘法器 A_2 与产生的 DSB 信号和 V_1 同频同相的 V_3 进入相乘器，后通过选频电路完成解调，如图 6−47 所示。解调波形很好，其余各参数如图 6−47 所示。但是这种电路在实际应用中同频同相的信号较难完成。

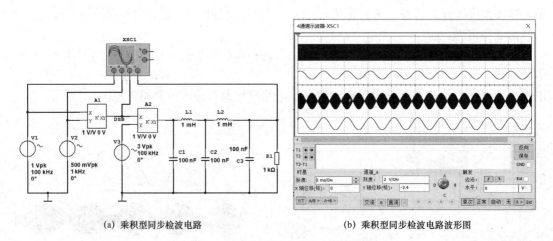

(a) 乘积型同步检波电路　　　　　　　(b) 乘积型同步检波电路波形图

图 6−47　乘积型同步检波电路仿真

8. 模拟乘法器混频电路 Multisim 仿真实现

混频电路广泛应用在通信及电子设备中，是超外差接收机的重要组成部分，在发送设备中用于改变载波频率，以改善调制性能，从而得到各种不同频率，以乘法器为例，构建乘法器混频器仿真电路，如图 4−48 所示，四踪示波器观察调幅信号 V1、本振信号 V2、乘法器输出端和低通滤波器输出端信号。

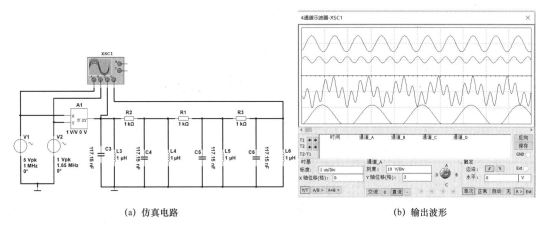

(a) 仿真电路   (b) 输出波形

图 6-48   模拟乘法器混频电路 Multisim 仿真实现

本 章 小 结

本章主要阐述了模拟电子线路调幅、混频和解调的方法及电路设计。从非线性电路的特点出发，阐述非线性电路在用于线性调制的电路分析方法，线性调制的类型，使用二极管的低电平调幅电路和使用三极管丙类功率放大器设计的高电平调幅电路及集成乘法器用于调幅电路的设计。

混频是调幅接收机必备的电路，在电路设计中使用的是具有乘法器功能的电路，因此三极管分立元件的混频器和集成乘法器混频都能完成功能，同时分析了混频干扰，简要分析了为避免干扰电路和实际设计中采取的措施。

检波器也是振幅调制信号的解调，在检波过程中，电路最简单的检波方式是包络检波，但是这种方式只能用于 AM 检波，而同步检波是线性调制电路 4 种调制方式都可以使用的，但是要获得与调制载波同频同相的本振信号较难。

习 题 6

1. 已知调制信号 $v_\Omega(t) = 2\cos(2\pi \times 500t)$ V，载波信号 $v_c(t) = 4\cos(2\pi \times 10^5 t)$ V，令比例常数 $k_a = 1$，试写出调幅波表示式，求出调幅系数及频带宽度，画出调幅波波形及频谱图。

2. 已知调制信号 $v_\Omega = [2\cos(2\pi \times 2 \times 10^3 t)]$ V，载波信号 $v_c = 5\cos(2\pi \times 5 \times 10^5 t)$ V，$k_a = 1$，试写出调幅波的表示式，画出频谱图，求出频带宽度 $BW_{0.7}$。

3. 已知调幅波表示式 $v(t) = [20 + 12\cos(2\pi \times 500t)]\cos(2\pi \times 10^6 t)$ V，试求该调幅波的载波振幅 V_{cm}、调频信号频率 F、调幅系数 m_a 和带宽 $BW_{0.7}$ 的值。

4. 有两个已调波电压，其表达式分别为：

$$v_1(t) = 2\cos 2\pi \times 10^6 t + 0.2\cos 2\pi \times (10^6 + 10^3)t + 0.2\cos 2\pi \times (10^6 - 10^3)t \quad (\text{V})$$

$$v_2(t) = 0.2\cos 2\pi \times (10^6 + 10^3)t + 0.2\cos 2\pi \times (10^6 - 10^3)t \quad (\text{V})$$

试问：$v_1(t)$ 和 $v_2(t)$ 是何种已调波？消耗到 $1\,\Omega$ 上的功率和频谱宽度。

5. 图 6-49 与平衡调幅电路相比，其中一个二极管接反，设二极管工作于平方率状态。图 6-49(b)中，v 与 v_Ω 互换，两种情况能否实现平衡调幅，请解释原因。（设 $v_\Omega(t) = V_{\Omega m}\cos \Omega t$，$v = V_0\cos \omega_0 t$）

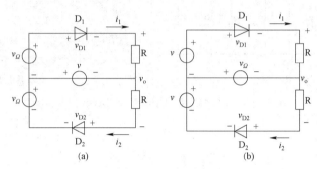

图 6-49　题 5 图

6. 有一调幅波，载波的功率为 100 W。试求当 $m_a = 1$ 和 $m_a = 0.3$ 时，每一边频功率和总功率各是多少？

7. 一个调幅发射机的载波输出功率为 5 kW，$m_a = 0.7$，被调级的平均效率为 50%。试求：

（1）边带功率；

（2）当电路为集电极调幅时，直流电源供给被调级的功率；

（3）当电路为基极调幅时，直流电源供给被调级的功率。

8. 为提高单边带发送的载波频率，用 4 个平衡调幅器级联。在每个调幅器输出端都接有只输出上边带的滤波器。设调制频率为 5 kHz，平衡调幅器的载波频率依次是：$f_1 = 20\,\text{kHz}$，$f_2 = 200\,\text{kHz}$，$f_3 = 1780\,\text{kHz}$，$f_4 = 8000\,\text{kHz}$。试求最后边带输出的频率。

9. 某发射机发射 9 kW 未调制的载波信号，当载波被 Ω_1 调幅时，发射功率为 10.125 kW，试计算调制度 m_1。如果再加上另一个频率为 Ω_2 正弦波对它进行 40%调幅后再发射，试求这两个正弦波同时调幅时的总的发射功率。

10. 如图 6-50 所示，设调制信号 $v_\Omega(t) = V_\Omega\cos \Omega t$，载波 $v_1(t) = V_{1m}\cos \omega_0 t$，$V_{1m}$ 足够大，以使二极管导通或截止完成由 $v_1(t)$ 控制。试画出 A、B 两点的电压波形，若 D_1、D_2 开路或短路，这两点的波形如何变化。

11. 为什么检波器中一定要有非线性器件？对检波器一般有哪些要求？如果检波器用于广播收音机，这几点指标对整机的质量指标有哪些影响？

12. 在大信号检波时，根据负载上的电容 C 充放电过程，对 R 和 C 的参数选择应做哪些考虑？为什么？

13. 为什么负载电阻越大，检波的直线性越好、非线性失真越小，检波电压传输系数 K_d 越高，对末级中频放大影响越小？如果 R 太大，会产生什么不良后果？

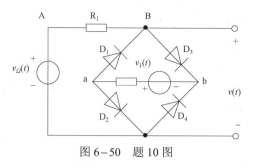

图 6－50　题 10 图

14. 图 6－51 是某收音机二极管检波器的实际电路，低频电压由电位器 R_2 引出（音量控制）。C_1R_1 和 C_2R_2 组成检波负载，取出低频分量，滤除高频分量。电阻 $R_3' \left[R_3' = R_3 + \dfrac{R_d(R_1+R_2)}{R_d+(R_1+R_2)} \right]$ 和 R_4 是确定自动增益控制（AGC）受控级（中放由 T 组成）工作点电流的基极分压电阻。电阻 R_3 和 R_4 也是供给二极管固定偏压的分压电阻。试确定各元件值。

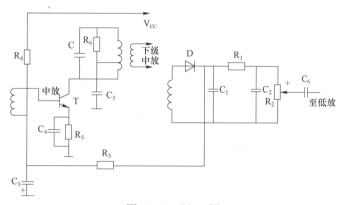

图 6－51　题 14 图

15. 在图 6－52 中，$C_1=C_2=0.01\,\mu F$，$R_1=510\,\Omega$，$R_2=4.7\,k\Omega$，$C_c=10\,\mu F$，$r_{i2}=1\,k\Omega$，晶体管的 $R_d \approx 100\,\Omega$，$f_i=465\,kHz$；调制系数 $m=30\%$；输入信号的幅度 $V_{1m}=0.5\,V$，如果 R_2 在最高端，计算低放管输入端所获得的低频电压与功率，以及相对于输入载波功率的检波功率增益。

16. 在图 6－52 中，如果 R_2 触点在中间位置，会不会产生负载切割失真？触点在最高点又如何？

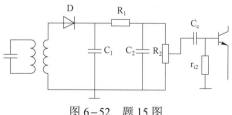

图 6－52　题 15 图

17. 使用一调幅接收机，在接收载波频率为 f_i，振幅为 V_{im} 的等幅电报信号时，检波器输出电压是一串矩形脉冲，无法用耳朵收听。为此，通常在检波器输入端同时加一个等幅的差

拍振荡器 v_0，而差拍振荡频率 f_0 与 f_i 之差应为一个可听见的频率 F。试问：

（1）这时检波（差外差检波器）的工作过程；

（2）若检波器的电压传输系数为 K_d，写出外差检波的表达式；

（3）为什么利用这种方法接收等幅电报的抗干扰性好？

18. 为什么单边带信号解调要用乘积型检波器？它与包络检波器的不同点和相同点有哪些？

19. 图 6-53 为一乘积检波器的方框图，相乘器的特性为 $i = kv_1v_0$，其中 $v_0 = V_0\cos(\omega_0 t + \varphi)$。假设 $k \approx 1$，$Z_L(\Omega) = R_L$，$Z_L(\omega_1) = 0$，试求下列两种情况下输出电压 v_2 的表达式，并分析是否失真。

（1）$v_1 = mV_{1m}\cos\omega_1 t\cos\Omega t$；

（2）$v_1 = \dfrac{1}{2}mV_{1m}\cos(\omega_1 + \Omega)t$。

20. 二极管包络检波电路如图 6-54 所示，已知输入已调波的载频 $f_c = 465\,\text{kHz}$，调制信号频率 $F = 5\,\text{kHz}$，调幅系数 $m_a = 0.3$，负载电阻 $R = 5\,\text{k}\Omega$，试确定滤波电容 C 的大小，并求出检波器的输入电阻 R_i。

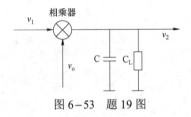

图 6-53 题 19 图

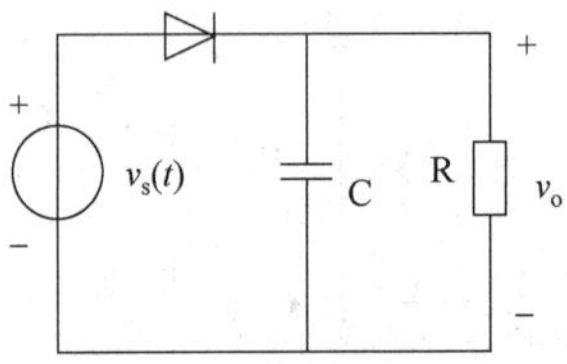

图 6-54 题 20 图

21. 二极管包络检波电路如图 6-55 所示，已知：

$$v_s(t) = [2\cos(2\pi \times 465 \times 10^3 t) + 0.3\cos(2\pi \times 469 \times 10^3 t) + 0.3\cos(2\pi \times 461 \times 10^3 t)]\,\text{V}，$$

试问：

（1）该电路会不会产生惰性失真和负峰切割失真？

（2）若检波效率 $\eta_d \approx 1$，按对应关系画出 A、B、C 点电压波形，并标出电压的大小。

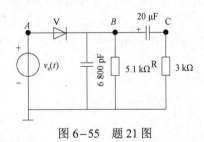

图 6-55 题 21 图

第7章　非线性调制电路设计与 Multisim 实现

角度调制电路是用调制信号控制载波信号的频率和相位的一种信号变换电路。如果控制载波的频率称为频率调制（frequency modulation，FM），则控制载波的相位称为相位调制（phase modulation，PM），无论是哪种调制，载波的振幅不受影响。调频信号的解调称为鉴频，调相信号的解调称为鉴相。它们都是从已调信号中恢复出原调制信号。

图 7−1 绘制了振幅调制（AM）和频率调制（FM）的时域波形，从波形可以看出，幅度调制是用调制信号控制载波幅度，频率调制是用调制信号的幅值控制载波的频率，使载波时域波形频率疏密变化与调制信号幅值变化一致，相位调制是调制信号控制载波相位，使载波的时域波形频率疏密变化，从时域波形变化上无法区别调频或调相，因此统称为调频。

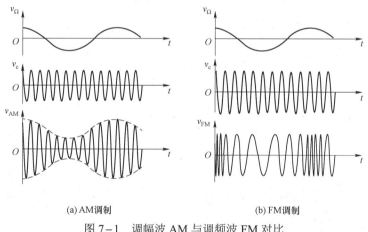

(a) AM调制　　　　　　　　　　(b) FM调制

图 7−1　调幅波 AM 与调频波 FM 对比

无论调频还是调相，都使载波相角发生变化，因此可以统称为角度调制，和振幅调制相比主要优点是抗干扰能力强，调频主要用于调频广播、广播电视、通信和遥测等；调相主要用于通信系统的移相键控。

调频和调相所得的已调波是非常相似的，因为频率有变化，相位必然跟着变化；反之相位有所变化，频率必然也跟着变化，因此在后续章节中，主要讲解调频特性，或者先转化为调相波，后将调相变为调频波。

7.1 角度调制的基本原理

1. 瞬时频率和瞬时相位的概念

一个为调制的高频载波可以用余弦信号表示为：

$$v_c(t) = V_{cm}\cos(\omega_c t + \varphi_0) \tag{7-1}$$

式中：$\varphi(t) = \omega_c t + \varphi_0$——该余弦信号的全相角，$\varphi_0$ 称为初相，ω_c 称为角频率。当 $t = 0$ 时的初相，$\varphi(t) = \varphi_0$。

瞬时相位：某一时刻全相角为该时刻的瞬时相位。在 t_1 时刻的瞬时相位为：

$$\varphi(t_1) = \omega_c t_1 + \varphi_0 \tag{7-2}$$

瞬时角频率：某一时刻角频率为该时刻的瞬时角频率。

$$\omega(t) = \frac{\mathrm{d}\varphi(t)}{\mathrm{d}t} \tag{7-3}$$

在图 7-2 所示的余弦信号矢量图中，当载波信号未受调制时，矢量绕顶点匀速旋转，瞬时角频率为一常数 ω_c，当受调制信号控制时，矢量绕顶点变为非匀速旋转，瞬时角频率和瞬时相位是对时间的微分，反过来是积分运算：

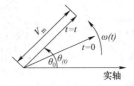

图 7-2　余弦信号矢量图

$$\varphi(t) = \int_0^t \omega(t)\,\mathrm{d}t + \varphi_0 \tag{7-4}$$

瞬时角频率和瞬时相位是调角波基本物理量，这两个概念对于推导调频波和调相波数学表达式及分析有很重要的作用。

2. 调频波和调相波数学表达式

1）调频波瞬时频率及表达式

调频是高频载波的频率不变，相对于 ω_c 的频偏受调制信号控制成正比变化，瞬时角频率可以表示为：

$$\omega_f(t) = \omega_c + k_f v_\Omega(t) \tag{7-5}$$

式中：k_f——调制电路决定的比例常数，称为调频灵敏度（表示单位调制信号电压引起的角频率变化量），rad/（s·V）。

载波振幅恒定不变。此时的瞬时相位的变化为：

$$\varphi_f(t) = \int_0^t \left[\omega_c + k_f v_\Omega(t)\right]\mathrm{d}t = \omega_c t + k_f \int_0^t v_\Omega(t)\,\mathrm{d}t + \varphi_0 \tag{7-6}$$

为了研究方便，一般认为初相位为零，即：$\varphi_0 = 0$，设高频载波的表达式为

$$v_{\mathrm{c}}(t) = V_{\mathrm{cm}}\cos\omega_{\mathrm{c}}t$$

则调频信号的表达式可以写成：

$$v_{\mathrm{FM}}(t) = V_{\mathrm{cm}}\cos\left[\omega_{\mathrm{c}}t + k_{\mathrm{f}}\int_0^t v_{\varOmega}(t)\,\mathrm{d}t\right] \tag{7-7}$$

2）调相波瞬时频率及表达式

调相是高频载波的基础频率不变，附加相位受调制信号控制成正比变化，瞬时相位可以表示为：

$$\varphi_{\mathrm{P}}(t) = \omega_{\mathrm{c}}t + k_{\mathrm{P}}v_{\varOmega}(t) \tag{7-8}$$

式中：k_{P}——调制电路决定的比例常数，称为调相灵敏度（表示单位调制信号电压引起的相位的变化量），rad/V。

载波振幅恒定不变。此时调相信号的表达式可以写成：

$$v_{\mathrm{PM}}(t) = V_{\mathrm{cm}}\cos\left[\omega_{\mathrm{c}}t + k_{\mathrm{P}}v_{\varOmega}(t)\right] \tag{7-9}$$

则瞬时频率变化的表达式为：

$$\omega_{\mathrm{P}}(t) = \frac{\mathrm{d}\varphi(t)}{\mathrm{d}t} \tag{7-10}$$

3. 调频波和调相波的相关物理量之间的关系

以单频调制为例，设调制信号的表达式为：

$$v_{\varOmega}(t) = V_{\varOmega\mathrm{m}}\cos\varOmega t \tag{7-11}$$

则根据上面分析，调频信号的瞬时角频率可以写成：

$$\omega_{\mathrm{f}}(t) = \omega_{\mathrm{c}} + k_{\mathrm{f}}v_{\varOmega}(t) = \omega_{\mathrm{c}} + k_{\mathrm{f}}V_{\varOmega\mathrm{m}}\cos\varOmega t \tag{7-12}$$

则：$\Delta\omega_{\mathrm{f}}(t) = k_{\mathrm{f}}V_{\varOmega\mathrm{m}}\cos\varOmega t$，称为瞬时角频偏，当 $\cos\varOmega t = 1$ 时，$\Delta\omega_{\mathrm{m}} = k_{\mathrm{f}}V_{\varOmega\mathrm{m}}$，称为最大角频偏，简称频偏 $\Delta\omega$。它与调制信号振幅成正比，与调制信号的频率无关，此时的瞬时相位可以表示为：

$$\varphi_{\mathrm{f}}(t) = \int_0^t \omega_{\mathrm{f}}(t)\,\mathrm{d}t = \int_0^t (\omega_{\mathrm{c}} + k_{\mathrm{f}}V_{\varOmega\mathrm{m}}\cos\varOmega t)\,\mathrm{d}t = \omega_{\mathrm{c}}t + \frac{k_{\mathrm{f}}V_{\varOmega\mathrm{m}}}{\varOmega}\sin\varOmega t \tag{7-13}$$

则信号产生的附加相移部分：

$$\Delta\varphi_{\mathrm{f}}(t) = \frac{k_{\mathrm{f}}V_{\varOmega\mathrm{m}}}{\varOmega}\sin\varOmega t \tag{7-14}$$

式中：$m_{\mathrm{f}} = \dfrac{k_{\mathrm{f}}V_{\varOmega\mathrm{m}}}{\varOmega}$ ——调频波的最大相移，也叫调频指数，因此调频波单频调制表达式为：

$$v_{\mathrm{FM}}(t) = V_{\mathrm{cm}}\cos\left[\omega_{\mathrm{c}}t + \frac{k_{\mathrm{f}}V_{\varOmega\mathrm{m}}}{\varOmega}\sin\varOmega t\right] = V_{\mathrm{cm}}\cos\left[\omega_{\mathrm{c}}t + m_{\mathrm{f}}\sin\varOmega t\right] \tag{7-15}$$

调频指数：

$$m_{\mathrm{f}} = \frac{k_{\mathrm{f}}V_{\varOmega\mathrm{m}}}{\varOmega} = \frac{\Delta\omega}{\varOmega} = \frac{\Delta f}{F} \tag{7-16}$$

式中：$\Delta f = \Delta\omega_{\mathrm{m}}/2\pi$，调制信号的频率：$F = \varOmega/2\pi$。

此时单频调相波的表达式可以表示为：

$$v_{\text{PM}}(t) = V_{\text{cm}} \cos\left[\omega_c t + k_p v_\Omega(t)\right] = V_{\text{cm}} \cos\left[\omega_c t + k_p V_{\Omega m} \cos \Omega t\right] \tag{7-17}$$

式中：$m_P = k_p V_{\Omega m}$ ——调相波的最大相移，也叫调相指数，因此调相波单频调制表达式为：

$$v_{\text{PM}}(t) = V_{\text{cm}} \cos\left[\omega_c t + m_p \cos \Omega t\right] \tag{7-18}$$

单音时，调相指数只与调制信号的振幅成正比，与调制信号的频率无关，则瞬时频率为：

$$\varphi_P(t) = \omega_c t + m_p \cos \Omega t \Rightarrow \omega_P(t) = \frac{\mathrm{d}\varphi_P(t)}{\mathrm{d}t} = \omega_c - m_p \Omega \sin \Omega t = \omega_c + \Delta\omega_P(t) \tag{7-19}$$

则最大角频偏为：

$$\Delta\omega_m = m_p \Omega \tag{7-20}$$

根据以上分析可知，调频信号是载波频率变化与调制信号成正比关系，而相位变化则与调制信号积分成正比关系；调相信号是载波的相位变化与调制信号成正比关系，而频率变化则与调制信号微分成正比关系，如图 7-3 所示。从最终的时域输出波形结果来看，调角信号都是载波的频率在随调制信号变化，都可以认为是调频。频率调制与相位调制对照表见表 7-1。

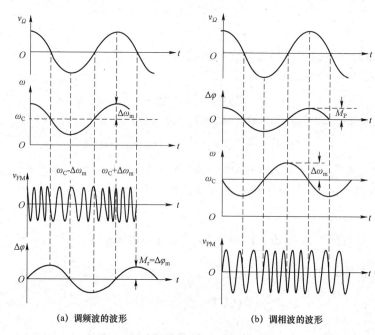

(a) 调频波的波形   (b) 调相波的波形

图 7-3 单音调制调频和调相的波形

表 7-1 频率调制与相位调制对照表

物理量	频率调制（FM）	相位调制（PM）
角频率	$\omega_f(t) = \omega_c + K_f V_{\Omega m} \cos \Omega t$	$\omega_P(t) = \omega_c - K_P V_{\Omega m} \Omega \sin \Omega t$
角频偏	$\Delta\omega_f(t) = k_f V_{\Omega m} \cos \Omega t$	$\Delta\omega_P(t) = - K_P V_{\Omega m} \Omega \sin \Omega t$
相位	$\varphi_f(t) = \omega_c(t) + \dfrac{k_f V_{\Omega m}}{\Omega} \sin \Omega t$	$\varphi_P(t) = \omega_c t + k_p V_{\Omega m} \cos \Omega t$

物理量	频率调制（FM）	相位调制（PM）
附加相位	$\Delta\varphi_f(t)=\dfrac{k_f V_{\Omega m}}{\Omega}\sin\Omega t$	$\Delta\varphi_p(t)=k_p V_{\Omega m}\cos\Omega t$
最大频偏	$\Delta\omega_m=k_f V_{\Omega m}$	$\Delta\omega_m=k_p V_{\Omega m}\Omega$
调制指数	$m_f=k_f V_{\Omega m}/\Omega$	$m_p=k_p V_{\Omega m}$
表达式	$V_{cm}\cos\left[\omega_c t+k_f\displaystyle\int_0^t v_\Omega(t)\mathrm{d}t\right]$　$V_{cm}\cos(\omega_c t+m_f\sin\Omega t)$	$A_0\cos[\omega_0 t+k_p v_\Omega(t)]$　$A_0\cos(\omega_0 t+m_p\cos\Omega t)$

【例 7-1】已知调频波表达式为：$v(t)=8\cos(2\pi\times10^8 t+10\sin 2\pi\times10^3 t)$ 试求该调频波的最大频偏 Δf 和最大相位偏移 m_f，若 $k_f=2\pi\times2\times10^3\,\text{rad/s}\cdot\text{V}$，求出调制信号和载波的表达式。

解：根据调频信号的表达式：$v_{FM}(t)=V_c\cos(\omega_c t+m_f\sin\Omega t)$

因此：$m_f=10$，$\omega_c=2\pi\times10^8$，$\Omega=2\pi\times10^3$

$$\Delta\omega=m_f\Omega=10\times2\pi\times10^3=2\pi\times10^4\Rightarrow\Delta f=\frac{\Delta\omega}{2\pi}=10^4\,\text{Hz}$$

$$m_f=k_f\frac{V_{\Omega m}}{\Omega}\Rightarrow V_{\Omega m}=\frac{m_f\Omega}{k_f}=\frac{10\times2\pi\times10^3}{2\pi\times2\times10^3}=5\,\text{V}$$

所以，（1）调制信号：$v_\Omega(t)=V_{\Omega m}\cos\Omega t=5\cos 2\pi\times10^3 t\,(\text{V})$

（2）载波信号：$v_c(t)=V_{cm}\cos\omega_0 t=8\cos 2\pi\times10^8 t\,(\text{V})$

7.2　调角波的频谱及带宽

1. 调频波的频谱

通过式（7-15）可知，调频波的时域表达式为：$v_{FM}(t)=V_{cm}\cos(\omega_0 t+m_f\sin\Omega t)$，为了研究方便，设 $V_{cm}=1$，则调频波的表达式为：

$$v_{FM}(t)=V_{cm}\cos(\omega_0 t+m_f\sin\Omega t)=\cos\omega_c t\cos(m_f\sin\Omega t)-\sin\omega_c t\sin(m_f\sin\Omega t)$$

$$(7-21)$$

式（7-21）中表达式中的 $\cos(m_f\sin\Omega t)$ 和 $\sin(m_f\sin\Omega t)$ 这两个特殊的函数可以用贝塞尔函数的分析法，可以分解为：

$$\cos(m_f\sin\Omega t)=J_0(m_f)+2\sum_{n=1}^{\infty}J_{2n}(m_f)\cos 2n\Omega t \tag{7-22}$$

$$\sin(m_f\sin\Omega t)=2\sum_{n=0}^{\infty}J_{2n+1}(m_f)\sin(2n+1)\Omega t \tag{7-23}$$

$$v_{\mathrm{FM}}(t) = J_0(m_{\mathrm{f}})\cos\omega_{\mathrm{c}}t + J_1(m_{\mathrm{f}})\cos(\omega_{\mathrm{c}}+\Omega)t - J_1(m_{\mathrm{f}})\cos(\omega_{\mathrm{c}}-\Omega)t +$$
$$J_2(m_{\mathrm{f}})\cos(\omega_{\mathrm{c}}+2\Omega)t + J_2(m_{\mathrm{f}})\cos(\omega_{\mathrm{c}}-2\Omega)t + \qquad (7\text{--}24)$$
$$J_3(m_{\mathrm{f}})\cos(\omega_{\mathrm{c}}+3\Omega)t - J_3(m_{\mathrm{f}})\cos(\omega_{\mathrm{c}}-3\Omega)t + \cdots$$

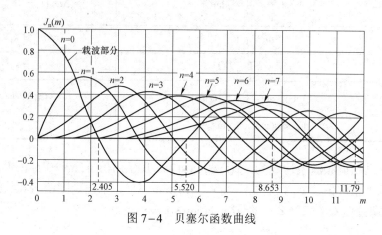

图 7-4　贝塞尔函数曲线

调频波是由 ω_{c} 和无数边频 $\omega_{\mathrm{c}}+n\Omega$ 组成，这些边频对称地分布在载频两边，其幅度决定于调制指数 m_{f}。

由式（7-24）可知，在单音调制的情况下，调频波或调相波的表达式可以分解为载频和无穷多对上、下边频分量的代数和；各边频分量之间的距离均等于调制信号的频率，奇数次的边频分量相位相反，偶数次边频分量的相位相同；而且，包括载波在内的各频率分量的幅度均由贝塞尔函数 $J_{\mathrm{n}}(m_{\mathrm{f}})$ 的值来确定。

图 7-5 给出了 $m_{\mathrm{f}}=0$、$m_{\mathrm{f}}=0.5$、$m_{\mathrm{f}}=2.4$ 对应的频谱图。

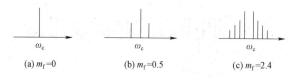

图 7-5　单音调制时的频谱图

为了方便分析，图中各频率的边频分量幅度都取绝对值，且忽略了 $J_{\mathrm{n}}(m_{\mathrm{f}})<0.01$ 的边频分量。

从上文可以看出，由简谐信号调制的调频波，其频谱具有以下特点。

（1）载频分量上、下各有无数个边带分量。它们与载波分量相隔都是调制频率的整数倍。载波分量与各自边频分量的振幅由对应的各自贝塞尔函数值所确定。奇数次的上、下边频分量相位相反。

（2）根据图 7-4 的贝塞尔函数曲线可以看出，调制指数 m_{f} 越大，具有较大的振幅的边频分量就越多。这与调幅波不同，在简谐信号调幅的情况下，边频数量与调制指数 m_{f} 无关。

（3）从图 7-4 贝塞尔函数曲线还可以看出，对于某些 m_{f} 值，载频或某边频振幅为零。利用这一现象可以确定调制指数 m_{f}。

（4）根据式（7-24）可以计算调频信号消耗到 $R=1\,\Omega$ 的功率为：

$$P_{\mathrm{av}} = \frac{V_{\mathrm{cm}}^2}{2} \sum_{n=-\infty}^{\infty} J_{\mathrm{n}}^2\left(m_{\mathrm{f}}\right) \tag{7-25}$$

根据贝塞尔函数的性质，$\sum_{n=-\infty}^{\infty} J_{\mathrm{n}}^2\left(m_{\mathrm{f}}\right) = 1$，则：

$$P_{\mathrm{av}} = \frac{V_{\mathrm{cm}}^2}{2} \tag{7-26}$$

式（7-26）表明，当载波信号的幅度一定时，调频波的平均功率也就一定，且等于未调制时载波信号的平均功率，其值与 m_{f} 无关，换句话说，改变 m_{f} 仅引起载波分量和各边带分量功率的重新分配，不会引起总功率的变化。

2. 调频波的带宽

虽然调频波边频分量有无数多个，但是对于任意一个 m_{f} 值，高到一定次数的边频分量其振幅已经小到可以忽略，以致滤除这些边频分量对调频波形不会产生显著影响。因此调频信号的频带宽度实际上认为是有限的。通常规定：凡是振幅小于未调制载波振幅的 1%（或 10%），边频分量均可忽略不计，保留下来的频谱分量就确定了调频的频带宽度。

若忽略小于未调制载波振幅的 10% 的边频分量，则调频波的频带宽度近似表示为：

$$\mathrm{BW} = 2(m_{\mathrm{f}} + 1)F \tag{7-27}$$

$$m_{\mathrm{f}} = \frac{k_{\mathrm{f}} V_{\Omega\mathrm{m}}}{\Omega} = \frac{\Delta\omega}{\Omega} = \frac{\Delta f}{F}$$

因此，式（7-26）可以写成：

$$\mathrm{BW} = 2\left(\Delta f + F\right) \tag{7-28}$$

（1）当 $m_{\mathrm{f}} \gg 1$ 时，$\Delta f \gg F$，即：$\mathrm{BW} \approx 2\Delta f$，宽带调频的频谱宽度约等于频率偏移的两倍，调频广播中规定 $\Delta f = 75\ \mathrm{kHz}$；

（2）当 $m_{\mathrm{f}} \ll 1$ 时，$\Delta f \ll F$，即：$\mathrm{BW} \approx 2F$，窄带调频的频谱宽度约等于调制频率的两倍。

从上面的讨论知道，调频波和调相波的频谱结构及频带宽度与调制指数有密切的关系。总的规律是：调制指数越大，应当考虑的边带分量数目就越多，无论对于调频还是调相均是如此。这是它们共同的性质。但是，当调制信号振幅恒定时，调频波的调制指数 m_{f} 与调制频率 F 成反比，而调相波的调制指数 m_{p} 与调制频率 F 无关。因此，它们的频谱结构、频带宽度与调制频率之间的关系就互不相同。

对于调频来说，由于 m_{f} 随 F 的下降而增大，应当考虑边频分量增多，但同时由于各边频之间距离缩小，最后反而造成频带宽度略变窄。应当注意，边带分量数目增多和边带分量密集这两种变化对于频带宽度的影响恰好相反，所以总的效果是使频带略微变窄。因此有时候把调频叫作恒定带宽调制。

【例 7-2】 利用近似公式 $\mathrm{BW} = 2(\Delta f + F)$ 计算下列 3 种情况的频带宽度：

（1）$\Delta f = 75\ \mathrm{kHz}, F_{\mathrm{m}} = 0.1\ \mathrm{kHz}$；（2）$\Delta f = 75\ \mathrm{kHz}, F_{\mathrm{m}} = 1\ \mathrm{kHz}$；

（3）$\Delta f = 75\ \mathrm{kHz}, F_{\mathrm{m}} = 10\ \mathrm{kHz}$（式中，$F_{\mathrm{m}}$ 是调制信号的最高频率）。

解：（1）$\mathrm{BW} = 2(\Delta f + F) = 2(75 + 0.1) \approx 150\ (\mathrm{kHz})$

（2） $BW = 2(75 + 1) = 152$（kHz）

（3） $BW = 2(75 + 10) = 170$（kHz）

由此可以看出，尽管调制频率变化了 100 倍，但频带宽度的变化却非常小。

【例 7-3】 对于调相制，采用 $BW = 2(m_p + 1)F$ 来求它的频谱宽度。设 $m_p = 75$，试求下列情况下的调相波频谱宽度：（1） $F = 0.1\,kHz$ ；（2） $F = 1\,kHz$ ；（3） $F = 10\,kHz$ 。

解：（1） $BW = 2(m_p + 1)F = 2(75 + 1) \times 0.1 = 15.2$（kHz）

（2） $BW = 2(75 + 1) \times 1 = 152$（kHz）

（3） $BW = 2(75 + 1) \times 10 = 1\,520$（kHz）

结论：可见，调相波的频带宽度发生剧烈变化。

上面仅讨论单频的情况，频谱已经比较复杂，一般对于调制信号来说可能有多个频率，因此频谱分量更多，但是原理是相同的，在分析中根据单频信号分析即可。

7.3 调 频 电 路

调频电路实现有两种方法，分别是直接调频和间接调频，本节对于这两种实现方法及对应电路分别进行介绍。

7.3.1 直接调频和间接调频

1. 直接调频

调频信号的特点是它的瞬时频率按调制信号的规律变化。因而直接调频就是直接使振荡器的瞬时频率随调制信号成线性变化，即直接改变振荡频率的方法，例如，在一个由 LC 回路决定振荡频率的振荡器中，将一个可变电抗元件接入回路，使可变电抗元件的电抗值随调制电压而变化。即可使振荡器的振荡频率随调制信号而变化，如变容二极管直接调频电路。

2. 间接调频

利用调频和调相的内在关系，将调制信号 v_{Ω} 先积分，然后用积分后得到的 $\varphi(t)$ 进行调相。所得的信号就是调频信号，通常这种方法叫作间接调频法。间接调频电路组成框图如图 7-6 所示。

$$\omega(t) = K_f v_{\Omega}(t) \Rightarrow \varphi(t) = \int_0^t \omega(t)\mathrm{d}t + \varphi_0 \tag{7-29}$$

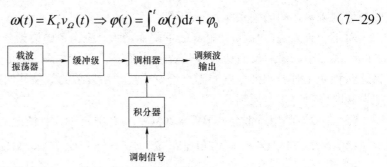

图 7-6　间接调频电路组成框图

在图 7-6 中，通常正弦波振荡器由高稳定的晶体振荡器产生载波电压。这个电压通过调相后引入一个附加的相移，这个附加相移受调制信号积分值的控制，且控制特性为线性，则输出的调相信号就是以调制信号为输入调频信号。可见，调相器的作用是产生线性控制的附加相移，它是实现间接调频的关键，与直接调频电路相比，调相电路的实现方法灵活，载波中心频率稳定度较好，后面对其加以说明。

3. 调频电路的技术指标

调频电路的主要技术指标有调制特性的线性、调制灵敏度、最大频偏和中心频率稳定度等。

1）调制特性的线性

调频电路的作用是产生瞬时角频率随着调制信号幅值而变化的调频信号，因此调频电路的基本特征是描述已调信号瞬时频偏随调制电压变化的调频特性，如图 7-7 所示，它要求在特定的调制电压范围内是线性变化的。这就说明在一定调制电压范围内，调制特性应该近似为直线。

$$\Delta f = g\left(v_\Omega\right) \qquad (7-30)$$

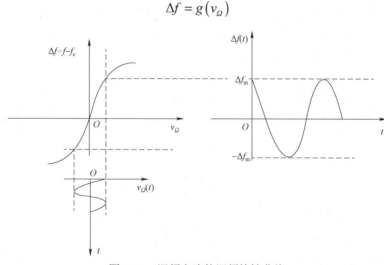

图 7-7　调频电路的调频特性曲线

2）调制灵敏度

在图 7-7 调频特性曲线上，在原点的单位调制电压变化产生的频偏称为调制灵敏度，记为：

$$S_\mathrm{F} = \left.\frac{\mathrm{d}\Delta f}{\mathrm{d}v_\Omega}\right|_{v_\Omega=0} \qquad (7-31)$$

S_F 单位为 Hz/V，显然 S_F 越大，调制信号瞬时频率的控制能力就越强。图 7-7 画出调制信号为 $v_\Omega\left(t\right)=V_{\Omega\mathrm{m}}\cos\Omega t$ 时对应的 Δf 的波形。

3）最大频偏

最大频偏是在调制电压作用下所能达到的最大频率偏移，称为调制信号的最大频偏，图 7-7 中的 Δf_m 是在 $v_\Omega\left(t\right)=V_{\Omega\mathrm{m}}$ 时对应的频偏，当调制信号的幅度一定时对应的最大频偏 Δf_m 将保持不变。

4）中心稳定度

调制信号的瞬时频率是以稳定的中心频率（载波频率）为基础变化的，如果中心频率不稳定，就有可能使调制信号的频谱落在接收机通带范围之外，以致不能保持正常通信，因此，对于调频电路，不仅要满足频偏的要求，而且要使中心频率保持足够高的稳定度，若调频特性为非线性，由余弦产生的 $\Delta f(t)$ 则为周期性非余弦波，按照傅立叶级数展开为

$$\Delta f(t) = \Delta f_0 + \Delta f_{1m} \cos \Omega t + \Delta f_{2m} \cos 2\Omega t + \cdots \qquad (7-32)$$

式中：$\Delta f_0 = f_0 - f_c$ ——$\Delta f(t)$ 的平均分量，表示调频信号的中心频率 f_0 偏离到 f_c 对应的偏离量，称为中心频率的偏移量。

调频电路必须保持足够高的中心频率准确度和稳定度，它是保证接收机正常接收所必须满足的一项重要的指标。否则调频信号的有效频谱分量就会落到接收机的频带范围之外，造成信号失真，同时干扰临近电台。

7.3.2 变容二极管直接调频电路

变容二极管的主要优点是能够获取较大的频偏（相对于间接调频而言），线路简单，并几乎不需要调制功率，缺点是中心频率稳定度低，它主要用在移动通信及自动频率微调系统中。

1. 变容管全部接入

变容二极管是利用半导体 PN 结的结电容随反方向电压变化这一特性而制成的一种半导体二极管。它是一种电压控制可变电抗元件。它的结电容 C_j 与反向电压 v_Ω 存在关系如下：

$$C_j = \frac{C_{j0}}{\left(1 + \dfrac{v_R}{V_D}\right)^\gamma} \qquad (7-33)$$

式中：C_{j0} ——在 $v_R = 0$ 时的结电容；

V_D ——势垒电压，硅管约为 0.7 V，锗管约为 0.2 V；

γ ——系数，也叫变容指数，取决于 PN 结的结构和杂质分布情况，缓变结变容管，$\gamma=1/3$，突变结变容管，$\gamma=1/2$，超突变结变容管，$\gamma=1\sim4$，最大达到 6 以上；

v_R ——变容二极管 C_j 反向电压。

图 7-8 为变容二极管调频电路及特性曲线。

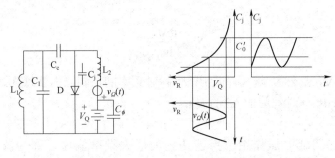

(a) 变容二极管调频电路   (b) 用调制信号控制变容二极管结电容

图 7-8 变容二极管调频电路及特性曲线

$$v_{\mathrm{R}}(t) = V_{\mathrm{Q}} + V_{\Omega}\cos\Omega t$$

$$C_{\mathrm{j}} = \frac{C_{\mathrm{j0}}}{\left(1+\dfrac{v_{\mathrm{R}}}{V_{\mathrm{D}}}\right)^{\gamma}} = \frac{C_{\mathrm{j0}}}{\left(1+\dfrac{V_{\mathrm{Q}}+V_{\Omega}\cos\Omega t}{V_{\mathrm{D}}}\right)^{\gamma}} = \frac{C_{\mathrm{j0}}}{\left[\left(1+\dfrac{V_{\mathrm{Q}}}{V_{\mathrm{D}}}\right)+\dfrac{V_{\Omega}}{V_{\mathrm{D}}}\cos\Omega t\right]^{\gamma}}$$

$$C_{\mathrm{j}} = \frac{C_{\mathrm{j0}}}{\left(1+\dfrac{V_{\mathrm{Q}}}{V_{\mathrm{D}}}\right)^{\gamma}\left[1+\dfrac{V_{\Omega}}{V_{\mathrm{Q}}+V_{\mathrm{D}}}\cos\Omega t\right]^{\gamma}}$$

$$C_{\mathrm{j}} = \frac{C_{\mathrm{jQ}}}{(1+m\cos\Omega t)^{\gamma}} \tag{7-34}$$

式中：m——调制深度，$m = \dfrac{V_{\Omega}}{V_{\mathrm{D}}+V_{\mathrm{Q}}}$（$m<1$）；

　　　C_{jQ}——静态工作点结电容，$C_{\mathrm{jQ}} = \dfrac{C_{\mathrm{j0}}}{\left(1+\dfrac{V_{\mathrm{Q}}}{V_{\mathrm{D}}}\right)^{\gamma}}$。

故振荡频率为

$$f = \frac{1}{2\pi\sqrt{LC_{\mathrm{j}}}} = \frac{1}{2\pi\sqrt{LC_{\mathrm{jQ}}}}[1+m\cos\Omega t]^{\gamma/2} = f_{\mathrm{c}}[1+m\cos\Omega t]^{\frac{\gamma}{2}} \tag{7-35}$$

式中：f_{c}——未调制时的振荡频率，$f_{\mathrm{c}} = \dfrac{1}{2\pi\sqrt{LC_{\mathrm{jQ}}}}$。

利用泰勒级数，可展开为：

$$
\begin{aligned}
f &= f_{\mathrm{c}}\left[1+\frac{\gamma}{2}m\cos\Omega t+\frac{1}{2!}\frac{\gamma}{2}\left(\frac{\gamma}{2}-1\right)(m\cos\Omega t)^2+\cdots\right] \\
&= f_{\mathrm{c}}\left[1+\frac{\gamma}{2}m\cos\Omega t+\frac{\gamma}{8}\left(\frac{\gamma}{2}-1\right)m^2+\frac{\gamma}{8}\left(\frac{\gamma}{2}-1\right)m^2\cos 2\Omega t+\cdots\right]
\end{aligned}
\tag{7-36}
$$

故其调制特性为：

$$\frac{f-f_{\mathrm{c}}}{f_{\mathrm{c}}} = \frac{\gamma}{2}m\cos\Omega t+\frac{\gamma}{8}\left(\frac{\gamma}{2}-1\right)m^2+\frac{\gamma}{8}\left(\frac{\gamma}{2}-1\right)m^2\cos 2\Omega t+\cdots \tag{7-37}$$

当 $\gamma=2$ 时，

$$f = f_{\mathrm{c}}(1+m\cos\Omega t) = f_{\mathrm{c}}+mf_{\mathrm{c}}\cos\Omega t \tag{7-38}$$

如果令 $\Delta f_{\mathrm{m}} = mf_{\mathrm{c}}$ 是调频波的最大偏移，则：$f = f_{\mathrm{c}}+\Delta f_{\mathrm{m}}\cos\Omega t$。实际上，变容二极管的 γ 值不一定都等于 2，要实现频率 f 的变化量与调制信号成正比的线性调制，要求调制信号电压幅度不能太大，即 Δf_{m} 不可能太大，否则会产生线性失真。

一般情况下，$r \neq 2$，将表达式 $\omega(t) = \omega_{\mathrm{c}}(1+m\cos\Omega t)^{r/2}$ 按幂级数展开，并忽略高次项得

$$
\begin{aligned}
\omega(t) &= \omega_{\mathrm{c}}+\frac{r}{8}\left(\frac{r}{2}-1\right)m^2\omega_{\mathrm{c}}+\frac{r}{2}m\omega_{\mathrm{c}}\cos\Omega t+\frac{r}{8}\left(\frac{r}{2}-1\right)m^2\omega_{\mathrm{c}}\cos 2\Omega t \\
&= \omega_{\mathrm{c}}+\Delta\omega_{\mathrm{c}}+\Delta\omega_{\mathrm{m}}\cos\Omega t+\Delta\omega_{2\mathrm{m}}\cos 2\Omega t
\end{aligned}
$$

则，最大角频偏是

$$\Delta\omega_{\mathrm{m}} = \frac{rm\omega_{\mathrm{c}}}{2} \Rightarrow \Delta f_{\mathrm{m}} = \frac{rmf_{\mathrm{c}}}{2} \qquad (7-39)$$

由上文可知，当变容管选定后，增大 m，可增大相对频偏，但同时也增大了非线性失真系数和中心频率的相对偏离值，如图 7-9 所示。也就是说，直接调频能够达到最大相对角频偏受非线性失真和中心频率相对值的限制。调频波的相对角频偏与 m 成正比，或者说与调制信号的振幅成正比，这是直接调频电路的重要特性。当变容二极管选定，m 也选定时，即调频波的相对角频偏一定，提高 ω_{c} 可以增大调频波最大角频偏。

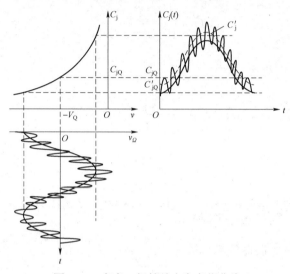

图 7-9　变容二极管结电容变化曲线

2. 变容管部分接入

当变容管作为振荡回路总电容时，调制信号对振荡频率的调变能力强，灵敏度高，较小的 m 值能产生较大的相对频偏。但同时，因外界因素变化引起 V_{Q} 的变化时，造成载波频率的不稳定也相对增大。为了克服这些缺点，一般采用变容管部分接入的振荡回路。基本原理电路如图 7-10 所示。

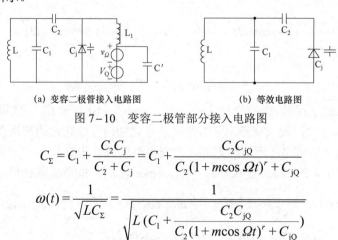

(a) 变容二极管接入电路图　　　　　　(b) 等效电路图

图 7-10　变容二极管部分接入电路图

$$C_{\Sigma} = C_1 + \frac{C_2 C_{\mathrm{j}}}{C_2 + C_{\mathrm{j}}} = C_1 + \frac{C_2 C_{\mathrm{jQ}}}{C_2 (1 + m\cos\Omega t)^r + C_{\mathrm{jQ}}}$$

$$\omega(t) = \frac{1}{\sqrt{LC_{\Sigma}}} = \frac{1}{\sqrt{L\left(C_1 + \dfrac{C_2 C_{\mathrm{jQ}}}{C_2 (1 + m\cos\Omega t)^r + C_{\mathrm{jQ}}}\right)}}$$

$$\omega(t) = \frac{1}{\sqrt{LC_\Sigma}} = \frac{1}{\sqrt{L\left(C_1 + \dfrac{C_2 C_{jQ}}{C_2(1+x)^r + C_{jQ}}\right)}} \qquad (7-40)$$

式中：$x = m\cos\Omega t$。在采用变容管部分接入振荡回路的直接调频电路中，选用 $r>2$ 的变容管，并反复调节 C_1、C_2 和 V_Q 的值，就能在一定的调制电压范围内使 $r\approx2$，获得近似线性调频。

当 C_1 和 C_2 调整到最佳值时，最大角频偏为

$$\Delta\omega_m = \frac{rm\omega_c}{2P} \qquad (7-41)$$

式中：$\omega_c = \dfrac{1}{\sqrt{L\left(C_1 + \dfrac{C_2 C_{jQ}}{C_2 + C_{jQ}}\right)}}$；

$P_1 = C_{jQ}/C_2$，$P_2 = C_1/C_{jQ}$，则 $P = (1+P_1)(1+P_2+P_1P_2)$。

将变容二级管部分接入最大频偏与全部接入相比可知，部分接入最大频偏较全部接入减小 $1/P$，而 P 恒大于 1。当 C_{jQ} 一定时，C_2 越小，P_1 越大；C_1 越大，P_2 越大，这两种情况都是 P 值增大，因此最大频偏越小。

虽然最大频偏减小了 $1/P$，但是，由温度等引起的不稳定造成的载波频率的变化也同样减小了 $1/P$，相当于载波稳定度提高了 P 倍，这样减少调制失真是有利的。

3. 变容二极管直接调频电路举例

图 7-11 所示是一个中心频率为 90 MHz 的直接调频电路及其高频等效电路。在此频率上，0.01 μF 和 1 000 pF 的电容可以认为是近似短路，47 μH 的扼流圈则近似认为是开路，因而高频等效电路如图 7-11（b）所示。由图可见，它是变容二极管部分接入电容三端式振荡电路，其中 L、C_3、C_4、C_5、C_1 组成的电路呈感性。在变容二极管控制电路中，它的直流工作点电压由 -9 V 电源经过 56 kΩ 和 22 kΩ 电阻分压后供给，调制信号 $v_\Omega(t)$ 经 47 μF 隔直电容和 47 μH 高频扼流圈加到变容二极管，并通过 56 kΩ 和 22kΩ 的并联电阻接地。

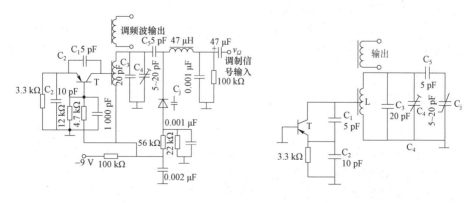

(a) 直接调频电路　　　　　　　　　　　(b) 高频等效电路

图 7-11　90 MHz 直接调频电路及其高频等效电路

7.3.3 晶体振荡器直接调频电路

变容二极管直接调频电路，由于中心频率稳定性差，在很多方面限制了它的应用，例如，在 88～108 MHz 的调频广播中，各个调频台的中心频率不可超过±2 kHz，否则相邻电台就会发生干扰，若某个电台的中心频率为 100 MHz，那么调台发射机中心频率的稳定度不低于 $2×10^{-5}$。

提高中心频率，可以采用以下 3 种方法：① 采用晶体振荡器直接调频电路；② 采用自动频率控制电路；③ 采用锁相环电路进行稳频，在后续相关的章节会进行讨论。本节讨论晶体振荡器直接调频电路。

图 7-12 给出了晶体管直接调频的实际电路及交流等效电路图，图中实际电路是皮尔斯振荡器，是一个电容三端振荡器。电路图中晶体等效电感元件使用并与电容串联，变容管的结电容受调制电压的控制，可以获得调频。前面已经讲过，晶体振荡器的频率稳定度很高，电压参数的变化对振荡频率的影响是微小的。这就是说，变容管的电容变化所引起的调频波的频偏很小，这个频偏值不到超过石英晶体的并联振荡频率和串联谐振频率差值的一半，一般而言，并联谐振频率和串联谐振频率的差只有十几至几百赫兹。

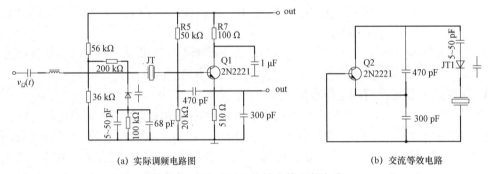

(a) 实际调频电路图 　　　　　　　　(b) 交流等效电路

图 7-12　4 MHz 晶体管直接调频电路

为了加大晶体振荡器直接调频电路的频偏，可以将晶体串联一个电感，电感串入可以减小石英晶体静态电容的影响，扩大石英晶体的感性区域，使并联谐振频率和串联谐振频率的差值加大，从而增强变容管控制频偏的作用，使频偏加大。

为了产生大的频偏，调制线性好的调频波，有时也采用张弛振荡器调频，由于其在电路实现上便于集成化，它也是目前广泛采用的一种调频振荡器。它的主要缺点是载波频率不能做高。

7.3.4 间接调频电路

直接调频的优点是能够获得较大的频偏。缺点是中心频率稳定度低，即便是使用晶体振荡器直接调频电路，其频率稳定度也比不受调制的晶体振荡器有所降低。借助调相来实现调频，可以采用高稳定度的晶体振荡器作为主振器，利用积分器对调制信号积分后，对这个稳定的载频信号在后级进行调相，就可以得到频率稳定度很高的调频波。

间接调频也叫调相电路，这种电路性能优良，调相的方法有很多，从原理上讲大致有 3 种实现方法，即可变相移法、矢量合成法和可变时延法，本书重点介绍可变相移法。

1. 单级可变相移法

根据调频和调相的内在关系，将调制信号 $v_\Omega(t)$ 积分后称为载波的附加相移，这个附加相移受调制信号控制。

$$v_{\text{FM}}(t) = V_{\text{cm}}\cos\left[\omega_c t + k_f \int_0^t v_\Omega(t)\,\mathrm{d}t\right]$$

通过上面调频表达式可以看出，间接调频电路主要由 3 部分组成，一是产生高频载波的振荡器；二是积分器，对调制信号进行积分；三是调相器，高频载波和积分后的调制信号输入到调相器中进行间接调频输出，具体如图 7-13 所示。

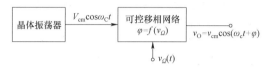

图 7-13　可变移相法调相电路模型

可控移相网络有多种实现电路，广泛使用变容二极管调相电路，其原理图如图 7-14 所示。

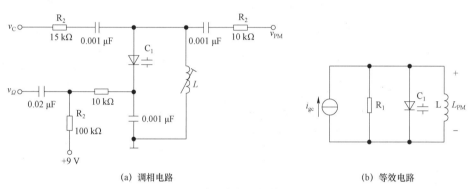

(a) 调相电路　　　　　　　　　　　(b) 等效电路

图 7-14　单级变容二极管调相电路

在图 7-14（b）等效电路中，C_j 是变容二极管，它与电感 L 组成谐振电路，并由角频率为 ω_c 的电流源激励 i_{gc}，其中 R_1 为谐振电阻。在 ω_c 上产生的相移受调制电压 v_Ω 的控制，其分析如下：

$$v_\Omega - C_j - f_o - \Delta f\left(f_c - f_o\right) - \Delta\varphi$$

$$\Delta\varphi = -\arctan\frac{2Q_e\Delta\omega}{\omega_c} \tag{7-42}$$

当 $\varphi < \dfrac{\pi}{6}$ 时，$\Delta\varphi \approx -\dfrac{2Q_e\Delta\omega}{\omega_c}$，把 $\Delta\omega = \dfrac{rm}{2}\omega_c\cos\Omega t$ 代入式（7-42）中可得：

$$\Delta\varphi = -\frac{2Q_e\Delta\omega}{\omega_c} = -rmQ_e\cos\Omega t$$

此时，最大频偏为：$\Delta\varphi_m = m_P = rmQ_e$，其调相（调频）表达式为：

$$v_{\text{PM}} = V_{\text{cm}}\cos(\omega_c t - rmQ_e\cos\Omega t) \tag{7-43}$$

式（7-42）证明了此电路完成了调相的过程，也是间接调频的过程。

189

2. 三级可变相移法

单级调相电路的线性变化范围较小，一般在 30° 以内。为了增大调相系数 m_p，可以采取多级单调谐回路构成的变容二极管调相电路，如图 7–15 所示。

图 7–15 中每个回路都是变容管调相。而各个变容管是同一个调制信号控制。每个回路的 Q 值由可变电阻调节，以便使 3 个回路产生相等的相移，为了减少各回路的影响，每个回路用 1 pF 的小电容耦合，这样电路总的相移等于 3 个回路之和，因此这种回路的 m_p 为单回路调相电路的 3 倍。但是如果各级回路的耦合电容过大，则电路不能看成 3 的单回路的串联，而变成三调谐回路了，这时产生的相移较小，并会出现非线性失真。

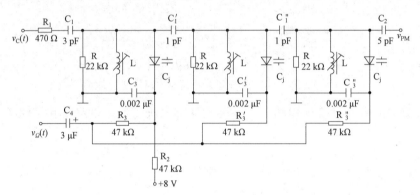

图 7–15　多级变容二极管调相电路

三级变容间接调频，其调频方程为：

$$v_{FM} = V'_{cm} \cos(\omega_c t - 3nm' Q_e \sin \Omega t) \qquad (7-44)$$

$$\Delta \varphi_\Sigma = -3nm' Q_e \sin \Omega t \qquad (7-45)$$

式中：$m' = \dfrac{V'_{\Omega m}}{V_Q + V_B}$，$V'_{\Omega m} = \dfrac{V_{\Omega m}}{3R_3 C_3 \Omega}$。最大值为：$3nm' Q_e = \pi/2$。

此电路有效解决了频偏小的问题。在实际应用中，还可以用倍频和混频的方法扩大频偏

（1）倍频：倍频可以扩大绝对频偏，保持相对频偏不变。

设一调频波的瞬时角频率为：$\omega = \omega_c + \Delta \omega_m \cos \Omega t$，将其 n 倍频后得：

$$\omega' = n\omega_c + n\Delta \omega_m \cos \Omega t \qquad (7-46)$$

可见，倍频可以将载波频率 ω_c 和最大线性频偏 $\Delta \omega_m$ 同时增大 n 倍。但其相对频偏不变。

$$n\Delta \omega_m / n\omega_c = \Delta \omega_m / \omega_c \qquad (7-47)$$

（2）混频：混频可以保持绝对频偏不变，改变相对频偏。混频具有频率加减的功能，它使调频波的载波角频率降低或提高，但不会使最大角频偏变化。

设一调频波的瞬时角频率为：$\omega = \omega_c + \Delta \omega_m \cos \Omega t$，混频后角频率变为：

$$\omega = \omega_I + \Delta \omega_m \cos \Omega t \qquad (7-48)$$

可见，混频可以在保持最大角频偏 $\Delta \omega_m$ 不变的条件下，改变中心频率，从而改变相对角频率 $\Delta \omega_m / \omega_I$。

可先用倍频器增大调频信号的最大频偏，再用混频器将调频信号的载波频率降低到规定的数值。

7.4 鉴 频 电 路

调角波的解调就是将已调波恢复成原调制信号的过程。调频波的解调电路称为频率检波器或鉴频器，调相波的解调电路称为相位检波器或鉴相器。

实现鉴频的方法很多，常用的方法有以下几种。

（1）利用波形变换进行鉴频，即将调频信号先通过一个线性变换网络，使调频波变成调频调幅波，再作振幅检波即可恢复原调制信号。

（2）对调频波通过零点的数目进行计数（脉冲计数式鉴频器）。

（3）利用移相器与复合门电路相配合。

下面简要说明一下鉴频器的性能指标。

就鉴频器功能而言，它是一个将输入调频信号的瞬时频率变换为相应解调输出的电压的转换器。通常把转换器的变换特性，即瞬时频偏的变换特性称为鉴频特性，如图 7-16 所示，图中原点（f_c）上的斜率 S_D 称为鉴频跨导，单位 V/Hz。

$$S_D = \frac{\Delta v_o}{\Delta f} \tag{7-49}$$

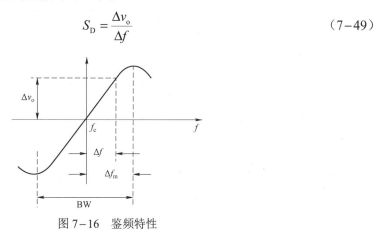

图 7-16 　鉴频特性

S_D 越大，表示鉴频器将输入瞬时频偏变换为输出解调电压的能力越强，当 $\Delta f(t) = \Delta f_m \cos \Omega t$ 时，不失真解调电压输入为：

$$v_o(t) = S_D \Delta f_m \cos \Omega t \tag{7-50}$$

一般情况下，S_D 为调制角频率的复函数，即 $S_D(j\Omega)$，要求它的通频带大于调制信号的最高频率 Ω_{max}。在传输视频信号时，还必须满足相位失真和瞬变失真的要求。

鉴频器的非线性通常用非线性失真来评价。为减小非线性失真，要求鉴频器特性近似线性范围为 $BW \geqslant 2\Delta f_m$。

总之，一个鉴频器，除了有大的鉴频跨导外，还必须满足线性和非线性要求。

7.4.1 　限幅鉴频实现的方法简介

在调制接收机中，当等幅已调制信号通过鉴频前各级电路时，因为电路频率特性不均匀而导致调频信号频谱结构发生变化，从而造成调频信号振幅发生变化，如果存在干扰，还会进一步加剧这种振幅发生变化。当鉴频解调这种信号时，寄生调幅就会反映在输出解调电压上，就会出现解调失真。因此一般在鉴频前必须加一个限幅电压以消除寄生调幅，保证加到鉴频器上的电压是等幅的。

按照工作原理，鉴频可分为两种实现方法，一种是锁相环，在后续章节将介绍，另一种是输入调制信号进行特定的波形变换，波形能反映瞬时频率变化的平均分量，这样可以通过低通滤波器输出所需的解调电压，本章根据波形变换介绍 3 种鉴频器。

1. 包络检波鉴频器

包络检波鉴频器基本原理如图 7-17 所示，先将输入的调频波通过具有合适频率的线性网络，使输出为调频调幅波，此时这个信号的振幅与调制信号是线性关系，后通过包络检波输出解调电压。

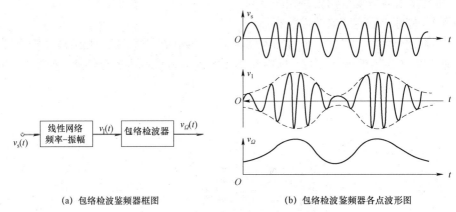

(a) 包络检波鉴频器框图   (b) 包络检波鉴频器各点波形图

图 7-17 包络检波鉴频基本原理

2. 相位检波鉴频器

相位检波鉴频基本原理如图 7-18 所示，先将输入的调频波通过具有合适频率的线性网络，使输出为调频波的附加相移按照瞬时频率规律变化，而后相位检波器将它的相位与输入调频波瞬时相位进行比较，解调出相位发生变化的解调电压。

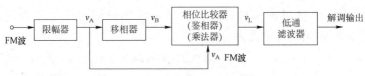

图 7-18 相位检波鉴频基本原理

3. 脉冲式数字鉴频器

脉冲式数字鉴频器基本原理如图 7-19 所示，先将输入的调频波通过合适的非线性网络，使输出为调频等宽脉冲序列，由于该序列含有反映瞬时频率变化的平均分量，因而通过低通滤波器就能输出反映平均分量变化的解调电压。也可将该脉冲序列通过脉冲计数器反映瞬时频率变化的解调电压。

脉冲式数字鉴频器有多种实现电路，为了便于理解这种方法的实现原理，图 7-19（b）绘制了各点输出波形图，通过波形图可以看出电路的作用。

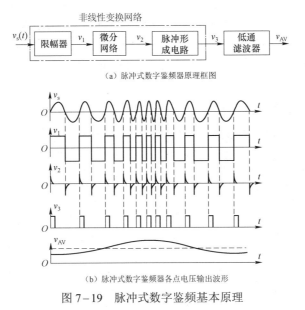

（a）脉冲式数字鉴频器原理框图

（b）脉冲式数字鉴频器各点电压输出波形

图 7-19　脉冲式数字鉴频基本原理

7.4.2　斜率鉴频器电路

1. 单失谐回路斜率鉴频器

斜率鉴频器是鉴频器利用对调频波中心频率失谐的 LC 回路，将 FM 波变换为 FM-AM 波，然后用二极管峰值包络检波器进行振幅检波，从而完成调频信号的解调。

最简单的斜率鉴频器由单失谐回路和二极管包络检波组成，如图 7-20 所示。所谓单失

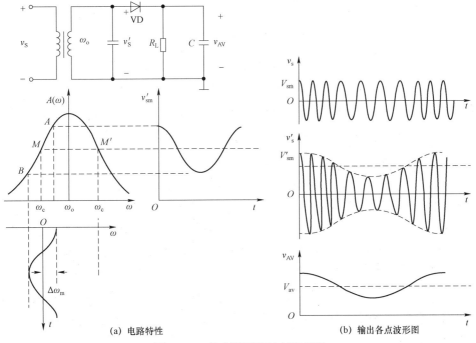

（a）电路特性

（b）输出各点波形图

图 7-20　单失谐回路斜率鉴频器

193

谐回路，指输入谐振回路对输入调频波的载波频率是失谐的。在实际调整时，为了获得线性鉴频特性，总是输入调频波载波的角频率处在谐振曲线倾斜部分中点 M 或 M' 处，这样单调谐回路就可将等幅调频波变换成为幅度反映瞬时频率变化的调频调幅波，后通过包络检波完成鉴频。

2. 改进单失谐回路斜率鉴频器

实际上，单谐振回路的谐振曲线斜率的线性部分范围很小，为了扩大鉴频器的线性范围，实际应用的鉴频器采用两个单失谐回路构成的平衡电路，如图 7-21 所示。

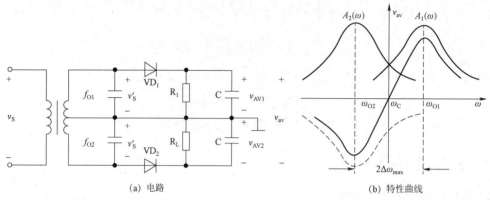

(a) 电路　　　　　　　　　　　　(b) 特性曲线

图 7-21　双失谐回路斜率鉴频器

（1）L_1C_1，L_2C_2 的 Q 值是相同的。

（2）ω_{O1} 和 ω_{O2} 对称地失谐在 ω_c 两侧，并且 $\omega_{O1} > \omega_c > \omega_{O2}$，同时满足：$\omega_{O1} - \omega_c = \omega_c - \omega_{O2}$（$\omega_c$ 为调频信号中心角频率；ω_{O1} 和 ω_{O2} 分别为两个谐振回路的谐振角频率）。

（3）鉴频器特性线性范围达到最大，应限制最大的角频偏为：

$$\Delta\omega_{\mathrm{m}} < \frac{\mathrm{BW}_{0.7}}{4} \qquad (7-51)$$

（4）两谐振回路的特性曲线相同，只是谐振频率不同，并将两个鉴频器的输出之差作为总的输出，即包络检波器上下对称：$v_{\mathrm{AV}} = v_{\mathrm{AV1}} - v_{\mathrm{AV2}}$。

7.4.3　相位鉴频器电路

1. 叠加型相位鉴频器电路

相位鉴频器也是利用波形变换进行鉴频的一种方法。它是利用具有频率－相位转换特性的线性相移网络，将调频波变成调频－调相波（FM-PM），然后把调频－调相波和原来的调频波一起加到鉴相器上，就可通过相位检波器解调此调频波信号。

图 7-22 是电感耦合的相位鉴频器的工作原理图，图中 $\dot{V}_{12}$ 是等幅调频波；$\dot{V}_{ab}$ 用耦合延时电路将等幅调频波变换为调相－调频波，加在两个二极管包络检波器上的输入电压分别为：

$$\begin{cases} \dot{V}_{D1} = \dot{V}_{ac} + \dot{V}_{12} = \dfrac{1}{2}\dot{V}_{ab} + \dot{V}_{12} \\ \dot{V}_{D2} = \dot{V}_{bc} + \dot{V}_{12} = -\dfrac{1}{2}\dot{V}_{ab} + \dot{V}_{12} \end{cases} \Rightarrow \quad \dot{V}_{a'b'} = k_d(\dot{V}_{D1} - \dot{V}_{D2}) \tag{7-52}$$

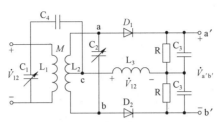

图 7-22　叠加型相位鉴频器

根据式（7-52）恢复出所需的调制信号，完成鉴频。

2. 比例型相位鉴频器电路

在相位鉴频器中，输入信号振幅的变化，必将使输出电压大小发生变化。因此噪声和各种干扰及电路频率特性不均匀所引起的输入信号寄生调幅，都直接在相位鉴频器输出信号中反映出来，为了去掉这些虚假信号，就必须在鉴频之前预先进行限幅。当限幅要求较大的输入信号时，这必将导致限幅器前中放、限幅级数增加，比例鉴频器具有自动限幅作用，不仅可以减少前面放大器的级数，而且可以避免使用硬限幅器。因此，比例鉴频器在调幅广播接收机及电视接收机中得到广泛应用。

比例鉴频器类似乘积型相位鉴频器，有具有自限幅（软限幅）能力的鉴频器，其原理图如图 7-23 所示。它与叠加型相位鉴频器的区别如下。

（1）两个二极管顺接。

（2）在 R_3 和 R_4 两端并接 C_6，容量约 10 μF，时间常数 $(R_3+R_4)C_6$ 很大，为 0.1～0.25 s，远大于低频信号周期。故在调制信号周期内或寄生调幅干扰电压周期内，可认为 C_6 上的电压基本保持不变，近似为一恒定电压 $V_{a'b'}$。

（3）接地端不同。

根据图 7-23 电路可列出以下方程：

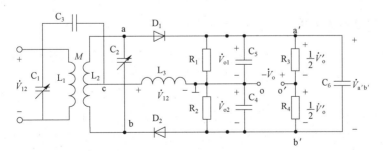

图 7-23　比例型相位鉴频器

$$
\begin{cases}
\dot{V}_o = \dot{V}_{o1} - \dfrac{1}{2}\dot{V}_o' \\[2mm]
\dot{V}_o = -\dot{V}_{o2} + \dfrac{1}{2}\dot{V}_o'
\end{cases}
\Rightarrow \dot{V}_o = \frac{1}{2}(\dot{V}_{o1} - \dot{V}_{o2}) \text{ 或 } V_{om} = \frac{1}{2}k_d(V_{D1} - V_{D2}) \tag{7-53}
$$

故比例鉴频器的输出恰好等于相位鉴频器的一半。

可以证明：

$$
V_{om} = \frac{1}{2}\left(V_{a'b'} - \frac{2V_{a'b'}}{1 + \dfrac{V_{D_1}}{V_{D_2}}} \right) \tag{7-54}
$$

式（7-54）输出电压只与 V_{D_1} 和 V_{D_2} 的比值有关，而不决定于 V_{D_1}、V_{D_2} 本身的大小，故称比例鉴频器。当输入信号频率变化时，比值 $\dfrac{V_{D_1}}{V_{D_2}}$ 将跟随变化，从而实现变频，且能有效地抑制寄生调幅的影响。

调频广播收音机和电视机接收机中广泛使用比例鉴频器，另外，要想得到比较好的限幅效果，比例鉴频器的设计和调整还是比较困难的，而相位鉴频器相对要简单得多，特别是它具有较好的线性，因此在要求较高的情况下，仍然采用相位鉴频器。

7.5　调角电路 Multisim 实现

角度调制是用调制信号控制载波的频率或相位，若载波的频率随调制信号做线性变化，叫调频（FM），若载波的相位随调制信号做线性变化，叫调相（PM）。调频和调相都表现为载波的瞬时角度发生变化，因此叫调角。

在振幅调制中，调制结果是频谱发生了线性搬移；在调角中，频谱发生了非线性变换，已调信号不再保持低频的频谱结构，因此角度调制与解调电路、振幅调制与解调相对比在电路结构上发生了明显的差别。但是，频谱的线性搬移与非线性变换仅指变换形式上的区别，而本质是频谱变换，是典型的非线性过程。

调制信号的解调称为频率检波，也称为鉴频；调相信号的解调称为相位检波，也叫鉴相。它们的作用是从已调信号中恢复出原始调制信号。

7.5.1　直接调频电路的 Multisim 实现

直接调频电路主要使用了变容二极管非线性元件进行直接调频，仿真电路如图 7-24 所示。变容二极管是目前应用最广泛的直接调频元件，主要利用了变容二极管反向呈现的可变电容特性来实现，它具有频率高，损耗小的特点。变容二极管接入 LC 正弦波振荡器中，并用双踪示波器分别观察输出端和调制信号端。用频率计观察信号频率的变化，其中，V_1 是变容二极管直接调频电路电源，V_2 是调制信号，V_3 是变容二极管的直流偏置电源，D_1 为变容二极管。

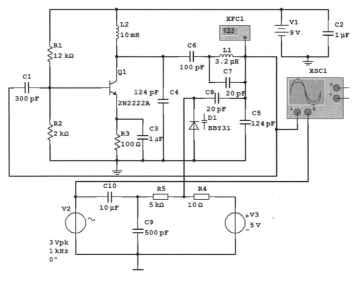

(a) 直接调频电路

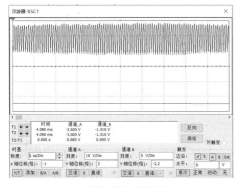

(b) 直接调频电路输出波形

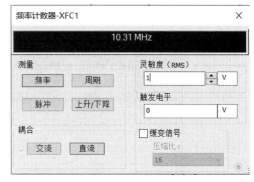

(c) 直接调频电路频率变化测量

图 7-24　直接调频电路 Multisim 仿真

7.5.2　斜率鉴频器电路的 Multisim 实现

先将等幅调频信号送入频率－幅值线性变换网络，变成幅度与频率成正比的调频－调幅波，然后用包络检波进行检波，还原出原调制信号。为了扩大鉴频线性范围，使用两个单失谐回路斜率鉴频电路构成平衡电路，如图 7-25 所示，其中 A_1 是加法器，作为两个单失谐的回路斜率鉴频电路平衡输出，并用四踪示波器分别观察输入端、失谐端、单输出端、平衡输出端的信号波形。

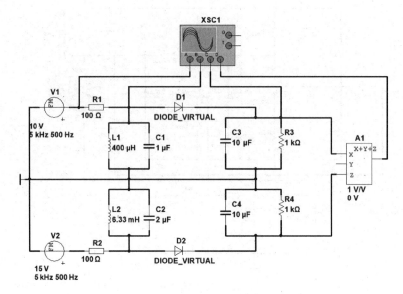

(a) 斜率鉴频电路

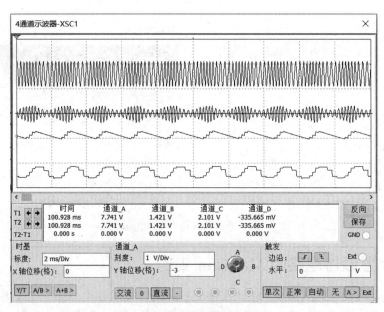

(b) 斜率鉴频电路波形图

图 7-25　斜率鉴频电路 Multisim 仿真

7.5.3　相位鉴频器电路的 Multisim 实现

1. 电容耦合相位鉴频器

电容耦合相位鉴频器如图 7-26 所示，其中 V_1 是调频波信号，用 4 通道观察调频输入端、LC 振荡端、单输出端和平衡输出端。

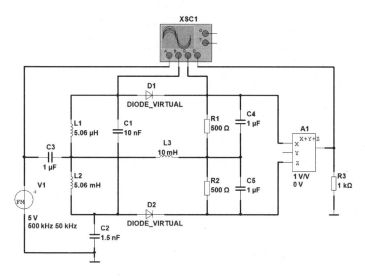

(a) 电容耦合相位鉴频电路

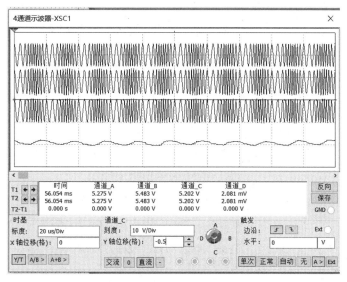

(b) 电容耦合相位鉴频测量结果

图 7-26 电容耦合相位鉴频电路 Multisim 仿真

2. 互感耦合相位鉴频器

互感耦合相位鉴频器如图 7-27 所示,其中 V_1 是调频波信号,用 4 通道观察调频输入端、互感输出、鉴频出端和低通滤波器输出端。

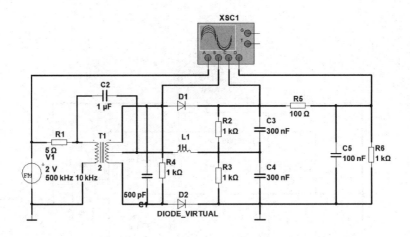

(a) 互感耦合相位鉴频电路

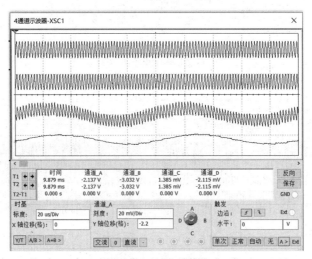

(b) 互感耦合相位鉴频测量结果

图 7-27　互感耦合相位鉴频电路 Multisim 仿真

本 章 小 结

　　频谱非线性变换电路主要有角度调制与解调电路。角度调制电路是用调制信号来控制载波信号的频率和相位的一种信号变换电路，如果受控的是载波的频率，称为调频，用 FM 表示；如果受控的是载波的相位，称为调相，用 PM 表示；无论是 FM 还是 PM，载波的幅度不受调制信号影响。调频波的解调称为鉴频或频率检波，调相波的解调称为鉴相或相位检波。与调幅波检波一样，鉴频和鉴相也是从已调信号中还原出调制信号。

　　与振幅调制相比，角度调制的优点是抗干扰性强，因此在广播和无线电通信系统中得到广泛应用。

　　直接调频电路包含变容二极管直接调频电路和晶体管直接调频电路等。间接调频及调相电路包括矢量合成法调相电路、可变相移法调相电路和可变时延法调相电路等，要注意直接调频和间接调频性能上的差别，同时掌握扩大频偏的方法。

限幅鉴频有 3 种实现方法，即包络检波鉴频器、相位检波鉴频器和脉冲式数字鉴频器等，具体实现电路有斜率鉴频器、相位鉴频器、比例鉴频器等。

习　题　7

1. 当 FM 调制器的调制灵敏度 $k_f = 5\,\text{kHz/V}$，调制信号 $v_\Omega(t) = 2\cos(2\pi \times 2\,000t)$ 时，求最大频率偏移 Δf_m 和调制指数 m_f。

2. 当 PM 调制器的调相灵敏度 $k_p = 2.5\,\text{rad/V}$，调制信号 $v_\Omega(t) = 2\cos(2\pi \times 2\,000t)$ 时，求最大相位偏移 $\Delta \varphi_m$。

3. 调角波 $v(t) = 10\cos(2\pi \times 10^6 t + 10\cos 2\,000\pi t)$。试确定：（1）最大频偏；（2）最大相偏；（3）信号带宽；（4）此信号在单位电阻上的功率；（5）能否确定这是 FM 波或是 PM 波？

4. 调制信号 $v_\Omega(t) = 2\cos 2\pi \times 10^3 t + 3\cos 3\pi \times 10^3 t$，载波为 $v_c(t) = 5\cos 2\pi \times 10^7 t$，调频灵敏度 $k_f = 3\,\text{kHz/V}$。试写出此 FM 信号的表达式。

5. 已知调制信号为 $v_\Omega(t) = V_\Omega \cos 2\pi \times 10^3 t$，$m_f = m_p = 10$，求此时 FM 波和 PM 波的带宽。若 V_Ω 不变，F 增大一倍，两种调制信号的带宽如何变化？若 F 不变，V_Ω 增大一倍，两种调制信号的带宽如何变化？若 V_Ω 和 F 都增大一倍，两种调制信号的带宽又如何变化？

6. 已知调频波振幅 I_m，载波 $f_0 = 50\,\text{MHz}$，$\Delta f = 75\,\text{kHz}$，初始相位为零，调制信号频率 $F = 15\,\text{kHz}$。设调制信号为 $I_\Omega \cos \Omega t$。问 $t = 5\,\text{s}$ 时，此时调频波的瞬时频率是多少？相角又是多少？

7. 设调制信号 $v_\Omega(t) = 2\sin 10^4 t\,\text{V}$，调频灵敏度 $K_f = 2\pi \times 20 \times 10^3\,\text{rad}/s\,\text{V}$，若载波频率为 10 MHz，载波振幅为 6 V。试求：

（1）调频波的表达式；

（2）调制信号的角频率 Ω，调频波的中心角频率 ω_c；

（3）最大频率偏 Δf_m；

（4）调频指数 m_f；

（5）最大相位偏移为多少？

（6）最大角频偏和最大相偏与调制信号的频率变化有何关系？与振幅变化有何关系？

8. 有一调角波，其数学表达式为 $v(t) = 10\cos\left[2\pi \times 10^5 t + 6\cos(2\pi \times 10^4)t\right]\,\text{V}$，（1）若调制信号 $v_\Omega(t) = 3\cos(2\pi \times 10^4)t$，指出该调角信号是调频信号还是调相信号？若 $v_\Omega(t) = 3\sin(2\pi \times 10^4)t$ 呢？（2）载波频率 f_c 是多少？调制信号频率 F 是多少？

9. 调制信号为余弦波，当频率 $F = 500\,\text{Hz}$、振幅 $V_{\Omega m} = 1\,\text{V}$ 时，调角波的最大频偏 $\Delta f_{m1} = 200\,\text{Hz}$。若 $V_{\Omega m} = 1\,\text{V}$，$F = 1\,\text{kHz}$，要求将最大频偏增加为 $\Delta f_{m2} = 20\,\text{kHz}$。试问：应倍频多少次（计算调频和调相两种情况）？

10. 用正弦调制的调频波的瞬时频率为 $f(t) = (10^6 + 10^4\cos 2\pi \times 10^3 t)\,\text{Hz}$，振幅为 10 V，试求：

（1）该调频波的表达式。

（2）最大频偏Δf_m、调频指数 m_f、带宽和在 1 Ω 负载上的平均功率。

（3）若将调制频率提高为 $2×10^3$ Hz，$f(t)$中其他量不变，Δf_m、m_f、带宽和平均功率有何变化？

11. 若调角波的调制频率 $F=400$ Hz，振幅 $V_{\Omega m}=2.4$ V，调制指数 $m_f=60$ rad。

（1）求最大频偏Δf_m。

（2）当 F 降为 250 Hz，同时 $V_{\Omega m}$ 增大为 3.2 V 时，求调频和调相情况下调制指数各变为多少？

12. 载波振荡频率$f_c=25$ MHz，振幅 $V_{cm}=4$ V；调制信号为单频余弦波，频率为$F=400$ Hz；最大频偏 $\Delta f_m=10$ kHz。（1）分别写出调频波和调相波的数学表达式。（2）若调制频率变为 2 kHz，其他参数均不变，再分别写出调频波和调相波的数学表达式。

13. 图 7-28 是变容管直接调频电路，其中心频率为 360 MHz，变容管的 $n=3$，$V_B=0.6$ V，$v_\Omega=\cos\Omega t$（V）。图中 L_1 和 L_3 为高频扼流圈，C_3 为隔直流电容，C_4 和 C_5 为高频旁路电容。

（1）分析电路工作原理和各元件的作用。

（2）调整 R_2，使加到变容管上的反向偏置电压 V_Q 为 6 V 时，它所呈现的电容 $C_{jQ}=20$ pF，试求振荡回路的电感量 L_2。

（3）试求最大偏频 Δf_m 和调制灵敏度 $S_F=\Delta f_m/V_{\Omega m}$。

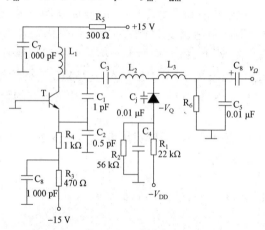

图 7-28 题 13 图

14. 一调频设备如图 7-29 所示。要求输出调频波的载波频率 $f_c=100$ MHz，最大频偏 $\Delta f_m=75$ kHz。本振频率 $f_L=40$ MHz，已知调制信号频率 $F=100$ Hz～15 kHz，设混频器输出频率 $f_{c3}=f_L-f_{c2}$，两个倍频器的倍频次数 $N_1=5$，$N_2=10$。试求：

（1）LC 直接调频电路输出的 f_{c1} 和 Δf_{m1}；

（2）两个放大器的通频带 BW_1、BW_2。

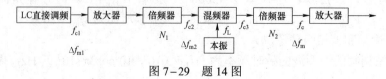

图 7-29 题 14 图

15. 调频振荡回路由电感 L 和变容二极管组成，$L=2$ μH，变容二极管的参数为：

$C_o = 225\,\text{pF}$，$\gamma=1/2$，$U_D = 0.6\,\text{V}$，$U_Q = -6\,\text{V}$，调制信号 $v_\Omega(t) = 3\sin 10^4 t$。求输出 FM 波时：

（1）载波 f_o；

（2）由调制信号引起的载频漂移 Δf_o；

（3）最大频率偏移 Δf_m；

（4）调频灵敏度 k_f。

16. 一个电感耦合的相位鉴频器工作频率为 10.7 MHz，在 $\eta = kQ_e = 1$ 时，鉴频特性曲线峰–峰间的频带宽带为 250 kHz。欲使此频带增加到 400 kHz，当 Q_e 不变时，耦合系数 k 应为多少？

17. 试说明图 7-30 各电路的功能。

（1）在图 7-30（a）中，设 $v_\Omega(t) = V_\Omega \cos(2\pi\times 10^3 t)$，$v = V_o \cos(2\pi\times 10^6 t)$。已知 $R = 30\,\text{k}\Omega$，$C = 0.1\,\mu\text{F}$ 或 $R = 10\,\text{k}\Omega$，$C = 0.01\,\mu\text{F}$。

（2）在图 7-30（b）中，设 $v_\Omega(t) = V_\Omega \cos(2\pi\times 10^3 t)$，$v = V_o \cos(2\pi\times 10^6 t)$。已知 $R = 10\,\text{k}\Omega$，$C = 0.01\,\mu\text{F}$ 或 $R = 100\,\Omega$，$C = 0.03\,\mu\text{F}$。

（3）在图 7-30（c）中，设 $v_f(t) = V_f \cos(\omega_0 t + m_f \sin\Omega t)$。已知 $R = 100\,\Omega$，$C = 0.03\,\mu\text{F}$，鉴频特性为 $A_p\Delta\theta$。

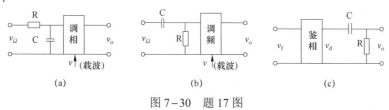

图 7-30　题 17 图

18. 如图 7-31 所示，鉴频特性曲线，鉴频器输出电压为 $v(t) = V\cos(4\pi\times 10^3 t)\text{V}$。试求

（1）鉴频跨导 $S_d = ?$

（2）输入信号 $v_{FM}(t)$ 与原信号 $v_\Omega(t)$ 的表达式。

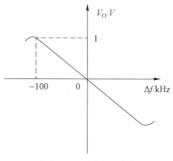

图 7-31　题 18 图

19. 为什么通常在鉴频器之前要采用限幅器？

20. 假若想把一个调幅收音机改成能够接收调频广播，同时又不打算做大的改动，而只是改变本振频率，你认为可能吗？如果可能，试估算接收机的通频带宽度，并与改动前作比较。

21. 为什么比例鉴频器有抑制寄生调幅的作用，而相位鉴频器却没有，其根本原因何在？试从物理概念上加以说明。

第 8 章　常用反馈控制电路设计与 Multisim 实现

8.1　通信中反馈控制电路的概述

反馈控制电路是提高通信质量、改善性能指标的重要技术手段。在系统受到扰动的情况下，通过反馈控制作用，可使系统的某个参数达到所需要的精度或系统输入/输出保持某种预定的关系。它广泛应用在通信系统和电子设备中。根据需要和调节的参数不同，反馈电路分为以下 3 种。

（1）自动电平控制（automatic level control，ALC）电路，主要用于接收机中，以维持整机输出电平恒定。当常见的自动电平控制电路用于调幅接收机时，称为自动增益控制（automatic gain control，AGC）电路，当它要求输入信号变化时，输出信号能保持稳定。

（2）自动频率控制（automatic frequency control，AFC）电路，用于维持电子设备工作频率稳定。

（3）自动相位控制（automatic phase control，APC）电路，也叫锁相环（phase locked loop，PLL），用于锁定相位，能够实现许多功能，是应用最广泛的一种反馈控制电路。

1. 反馈控制基本原理

这些反馈控制都是应用反馈的原理，因而统称为反馈控制电路（feedback control circuit），各种反馈控制电路就原理而言，都可视为自动调节系统，它由反馈控制电路和受控对象两部分组成，如图 8-1 所示。

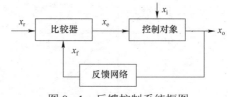

图 8-1　反馈控制系统框图

若系统处于稳定，这时输入信号 x_i，输出信号 x_o，参考信号 x_r，比较器输出误差信号为 x_e，反馈信号 x_f。反馈控制系统分成两种情况来考虑。

（1）参考信号 x_r 保持不变，输出信号 x_o 发生了变化。x_o 发生变化的原因可能是输入信号 x_i 发生了变化，也可能是控制信号本身发生了变化，x_o 的变化经过反馈环节表现为 x_f 发生了变化，反馈信号 x_f 最终使得输出信号 x_o 趋于稳定。在反馈设计系统中，总的输出信号 x_o 进一步变化的方向与原来变化方向相反，也就是减小 x_o 的变化量，x_o 的减小，使得输出误差信号 x_e 减小，这就说明输出信号 x_o 向稳定方向趋近，从而达到稳定输出的目的。显然，整个过程是自动调节的。

（2）参考信号 x_r 发生变化，这时即使输入信号 x_i 和可控对象本身特性没有发生变化，误差信号 x_e 也要发生变化。系统调整的结果使得误差信号 x_e 减小，这样输出信号 x_o 与参考信号 x_r 只能同方向变化，也就是输出信号 x_o 将随参考信号 x_r 的变化而发生变化，总之，由于反馈控制作用，即使参考信号和输出信号发生较大的变化，也引起较小的误差信号变化。欲得到此结果，需满足两个条件。

一是反馈信号变化的方向与参考信号变化的方向一致，因为比较器输出的误差信号是参考信号与反馈信号之差，即：$x_e = x_r - x_f$，因此只要反馈信号与参考信号方向变化一致，才能抵消参考信号的变化，从而减小误差信号的变化。

二是从误差信号到反馈信号的整个通路（包括可控对象、反馈网络、比较器）增益要高，从反馈控制系统工作过程可以看出，整个调整过程就是反馈信号 x_f 与参考信号 x_r 之间的差值 x_e 自动减小的过程，而反馈信号 x_f 的变化是受误差信号控制的，整个通路增益越高，同样的误差信号的变化所引起的反馈信号变化越大。这样对于相同的参考信号与反馈信号的起始偏差，在系统重新达到稳定后，通路增益高，误差信号变化小，整个系统调整的质量就越高。应该指出，提高增益只能减小误差信号的变化，而不能将这个变化减小到零，这是因为补偿参考信号与反馈信号之间的起始偏差所需的反馈信号变化只能由误差信号的变化产生。

2. 具体反馈控制电路组成框图

具体反馈控制电路组成框图如图 8-2 所示，在反馈控制电路里，比较器、控制信号发生器、可控器件和反馈网络 4 部分构成一个负反馈闭合环路。其中比较器的作用是将外加参考信号 $u_r(t)$ 和反馈信号 $u_f(t)$ 进行比较，输出二者差值即误差信号 $u_e(t)$，然后通过控制信号发生器 $u_c(t)$，对可控器件的某一特性进行控制（这个被控制特性就决定了反馈电路的类型）。对可控器件，或者输入/输出特性受控制信号 $u_c(t)$ 的控制（如可控增益放大器），或者是不加输入的情况下，本身输出信号的某一参量受控制信号 $u_c(t)$ 控制（如压控振荡器）。而反馈网络的作用是输出信号 $u_o(t)$ 中提取所需进行比较的分量，并送入比较器。

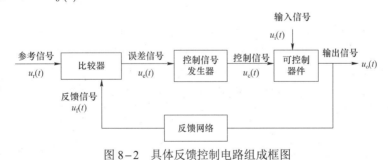

图 8-2　具体反馈控制电路组成框图

反馈电路类型不同，需要的比较器和调节的参数也不同。根据输入比较信号的参量不同，图中的比较器可以是电压比较器、频率比较器（鉴频器）或相位比较器（鉴相器）3 种，所以对应的 $u_r(t)$ 和 $u_f(t)$ 可以是电压、频率和相位，因此输出信号的量纲是电压、频率和相位。自动电平控制电路需要比较和调节的参量为电压（电流）；自动频率控制电路需要比较和调节的参量为频率；自动相位控制电路需要比较和调节的参量为相位。

下面重点介绍反馈控制电路的工作原理和典型电路。

8.2　自动电平控制电路

在通信、导航、遥测遥控系统中，由于受发射功率大小、收发距离远近、电波传输衰落等各种因素的影响，接收机所接收的信号强弱变化范围很大，信号最强时与最弱时相差几十分贝。如果接收机电平不变，则信号太强时，造成接收机饱和或阻塞，而信号太弱时又可能被丢失。因此必须采用自动电平控制电路，使接收机的电平随输入信号的强弱而变化，这是接收机不可缺少的辅助电路。在发射机或其他电子设备中，自动电平控制电路也有广泛应用。

1. 自动电平控制电路基本原理

自动电平控制电路广泛用于各种电子设备中，它的基本作用就是减小因各种因素引起的系统输出信号电平的变化，如图 8-3 所示。

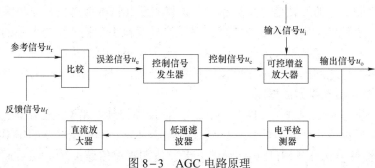

图 8-3　AGC 电路原理

自动增益控制电路的作用是：当输入信号电压在很大范围内变化时，保持接收机输出电平几乎不变，即当输入信号很弱时，接收机增益大，自动控制电路不起作用；而当输入信号很强时，自动增益控制电路进行控制，使接收机的增益减小，这样当信号强弱变化时，接收机输出端的电压或功率几乎不变。

自动增益控制电路在输出电压幅度因为某种原因超过某一定值时，输出电压经电平检测器、低通滤波器、直流放大器的反馈信号与参考电压进行比较，产生误差电压去控制放大器增益（有时也可以控制其他参数，如负载等，结果都是使输出幅度改变），使之降低。从而使输出电压基本保持不变，设输入信号的振幅为 U_i，输出信号的振幅为 U_o，可控增益放大器增益为 $K_V(u_c)$，它是控制电压的函数，则有：

$$u_o = K_V(u_c)u_i \qquad (8-1)$$

在 AGC 电路里，比较参量是信号电压，所以采用电压比较器。反馈网络由电平监测器、低通滤波器和直流放大器组成。反馈网络检测出输出信号振幅电压（平均电压或峰值电压），滤去不需要的较高频率分量，然后进行适当放大后与恒定参考电压 u_r 比较，产生一个误差信号电压，控制信号发生器在这里可视为一个比例环节增益为 K_V。

若 u_i 减小使 u_o 瞬间减小时，环路产生控制信号 u_c，使得增益 K_V 增大，从而使 u_o 趋于增大；若 u_i 增大使 u_o 瞬间增大时，环路产生控制信号 u_c，使得增益 K_V 减小，从而使 u_o 趋于减小。无论何种情况，通过环路不断地循环反馈，都应该是输出信号振幅 u_o 保持不变或在很小的范围内变化。

环路低通滤波器不可或缺。由于发射功率变化、距离远近变化、电波传播衰落等引起信号强度的变化是比较缓慢的，所以整个环路应具有低通传输特性，这样才能保证对信号电平的缓慢变化有控制作用。尤其当输入信号是调幅信号时，为了使调幅波的有用幅值变化不被自动增益控制电路的控制作用抵消（此现象为反调制），必须恰当地选择环路频率特性，使对于高于某一频率的调制信号的变化无响应，而仅对于低于这一频率的缓慢变化才有控制作用。这主要取决于低通滤波器的截止频率。正确选择 AGC 低通滤波器时间常数 $\tau = RC$ 是设计电路的主要任务之一。$\tau = RC$ 不能太大也不能太小，太大接收机增益不能得到及时调整；太小，则会使调幅波受到反调制。通常在接收语音信号时，$\tau = 0.02 \sim 0.2\,\mathrm{s}$；在接收等幅电平时，$\tau = 0.1 \sim 1\,\mathrm{s}$。

2. AGC 电路的性能指标

（1）动态范围。给定输出信号的变化范围，容许输入信号变化的范围称为动态范围。显然，AGC 电路的动态范围越大，性能越好。

（2）响应时间。AGC 电路的控制响应跟随输入信号变化的速度，根据响应时间的长短，分为慢速 AGC 和快速 AGC。由于 AGC 电路是一个反馈控制系统，环路带宽越宽，响应时间越短，反之则越长。响应时间短可以很好地跟随输入信号的变化，但易引起反调制，如对调幅信号，过短的 AGC 响应时间会抵消调幅效果。

3. 自动增益控制电路的类型

1）简单 AGC 电路

在简单 AGC 电路中，参考信号 $u_r = 0$。这时，只要输入信号增大，AGC 电路就会使可控增益放大器的增益减小，反之，则会使可控增益放大器的增益增加，如图 8-4 所示。图 8-5 是简单 AGC 调幅接收机原理方框图，RC 组成低通滤波器，高频放大器、混频器和中频放大器组成可控增益放大器，检波器和低通滤波器构成反馈控制器。

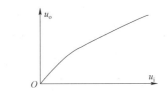

图 8-4　简单 AGC 电路特性曲线

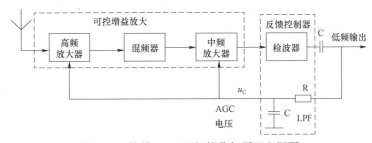

图 8-5　简单 AGC 调幅接收机原理方框图

简单的 AGC 电路优点是电路简单。主要缺点是：一有外来信号，AGC 立即起作用，接收机的增益就因受控制而减小，对接收弱信号不利，不利于提高接收机灵敏度。为了克服这个缺点，也就是希望当外来信号大于某个值时，AGC 才起作用，此时可采用延迟 AGC 电路。在延迟 AGC 电路中有一个起控门限，即比较器参考电压 u_r，其大小与输入信号振幅 $u_{i\,min}$ 相关，当输入信号振幅小于 $u_{i\min}$ 时，AGC 电路不启动，当检波器输入信号幅度大于 $u_{i\min}$ 时，AGC 电路才起控制作用。

　　2）延迟式 AGC 电路

　　延迟式 AGC 电路原理图如图 8-6 所示，二极管和负载 R_IC_I 组成 AGC 检波器，检波后经过 RC 低通滤波器，供给直流 AGC 电压。另外，在二极管上加一负电压（由负电压分压获得），称为延迟电压。当天线上的感应电动势很小时，AGC 检波输入电压也很小，由于延迟电压的存在，AGC 检波器二极管不导通，没有 AGC 电压输出，因此 AGC 不起作用。只有当天线感应电动势达到一定数值时，使检波器输入电压大于延迟电压，AGC 检波器才开始工作，AGC 起调节作用。

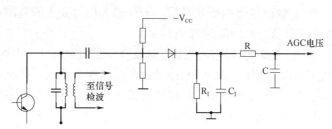

图 8-6　延迟式 AGC 电路原理图

　　在电视机中广泛采用 AGC 电路，如图 8-7 所示，图中是由一个高频放大器、三级中频放大器、视频检波器、AGC 检波、AGC 放大器等电路组成的 AGC 系统。AGC 检波电路是将视频放大器电路输出的全电视信号进行检波，得出与信号电平大小相关的直流信号，然后进行直流放大以提高 AGC 的控制灵敏度。为了控制更合理，采用了延迟 AGC。当输入信号的振幅超过某一定值后，先对中放进行增益控制，而高放增益不变，这是第一级延迟，当输入超过另一个输入值后，中放的增益不再降低，而高放增益开始起控，这是第二级延迟。采用两级延迟 AGC 的原因在于当输入信号不是很大时，保持高放级处于最大增益可使高放级输出信噪比不至降低，有助于降低接收机的总噪声系数。

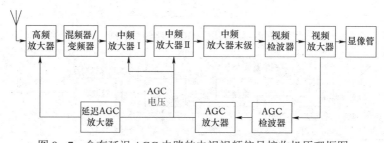

图 8-7　含有延迟 AGC 电路的电视视频信号接收机原理框图

8.3　自动频率控制电路

　　自动频率控制（AFC）电路，同样属于反馈控制电路，用于自动调节振荡器的频率，以减少频率变化，提高系统的频率稳定度。AFC 电路的主要作用是自动控制振荡器的频率，工作原理是当输出信号的频率偏离所需的工作频率时，与标准频率进行比较（鉴频），产生一个正比于频率偏移的电压，即误差电压，该电压用于可控频率器件（压控振荡器），改变器件频率，使之趋向于所需的频率。

1. 自动频率控制电路原理分析

图 8-8 是自动频率控制电路的原理框图。

图 8-8　自动频率控制电路的原理框图

频率比较器输出误差电压 u_e，送入低通滤波器后取出缓变控制信号 u_c，其输出角频率可以写成

$$\omega_y(t) = \omega_{y0} + K_c u_c(t) \tag{8-2}$$

式中：ω_{y0}——控制信号 $u_c = 0$ 时的振荡角频率，称为 VCO 的固有振荡角频率；

$\quad\quad K_c$——压控灵敏度。

当频率比较器是鉴频器时，输出误差电压为

$$u_c = K_b(\omega_0 - \omega_y) = K_b(\omega_r - \omega_y) \tag{8-3}$$

当输入信号角频率 ω_y 与鉴频器中心频率 ω_0 不相等时，误差电压 $u_e \neq 0$，经低通滤波器后送出控制电压 u_c，调节 VCO 的振荡角频率，使之在 ω_0 上，K_b 是鉴频灵敏度。

频率比较器（鉴频器）和可控频率器件（压控振荡器）均是非线性器件，但是在一定条件下，可近似线性状态，则 K_c 与 K_b 均为常数。

图 8-8 的自动频率调整过程是：压控振荡器的频率 f_0 与标称频率 f_r 在鉴频器中心频率中进行比较。当 $f_r = f_0$，鉴频器无输出，控制电压 $u_c = 0$，压控振荡器频率不变；当 $f_r \neq f_0$，鉴频器就有误差电压 u_e 输出，这个误差电压正比于频率误差 $|f_r - f_0|$，经过低通滤波器除去干扰后，得到控制电压 u_c，利用控制电压控制压控振荡器频率，最终使压控振荡器的频率 f_0 发生变化，变化的结果使误差 $|f_r - f_0|$ 减小到一定值 Δf，称为稳态误差（剩余频率误差）。

通过上面的工作过程可知，自动频率控制过程是利用误差信号反馈作用来控制压控振荡器的频率，使之达到稳定。误差电压 u_e 由鉴频器产生，它与频率误差信号成正比，因而在达到最后稳定时，两个频率不能完全相等，仍然有剩余频率误差（稳态误差）$\Delta f = |f_r - f_0|$ 存在，这是 AFC 的电路缺陷，当然希望 Δf 越小越好。图 8-8 中标准频率 f_r 实际可利用鉴频器中心频率，并不需要另外提供。

2. AFC 应用举例

频率比较器有两种，一种是鉴频器，另一种是混频和鉴频器结合完成。在前一种情况中，鉴频中心频率 ω_0 起参考信号 ω_r 的作用，图 8-8 就是前一种，在后一种情况中，调频信号与晶振输出信号取差频，得到一较低的中心频率，然后进行鉴频。在实际应用中采用后一种的情况较多，下面通过应用介绍其原理。

1）自动频率微调电路

图 8-9 是采用自动频率微调电路的调幅接收机组成框图，它和普通接收机相比，增加了

鉴频器（限幅鉴频器）、低通滤波器和压控振荡器等组成部分。同时在混频器中把输入频率的本机振荡器改成压控振荡器，在图 8-9 中除将中频放大器输出信号送入解调器（包络检波）外，还将信号送入鉴频器，将偏离于额定中频频率的误差变成电压信号，而后将电压通过窄带低通滤波器加到压控振荡器（VCO）上，控制压控振荡器的角频率，使偏离于额定频率的误差减小。这样当环路锁定时，接收机输入调幅信号的载波频率和 VCO 振荡频率之差接近于额定中频。采用自动频率微调电路后，中频放大器的带宽减小，有利于提高接收机的灵敏度和选择性。

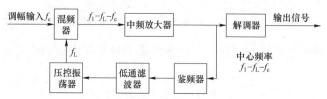

图 8-9　自动频率微调电路的调幅接收机组成框图

2）调频负反馈解调器

图 8-10 为调频负反馈解调器的组成原理框图。由图可见，它与普通调频接收机的区别在于低通滤波器取出的解调电压又反馈给压控振荡器（VCO），代替了本级振荡器信号，作为其控制电压，使压控振荡器振荡角频率按照调制信号变化。

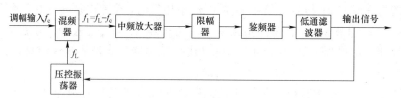

图 8-10　调频负反馈解调器的组成原理框图

显然，在调制负反馈解调中，接在限幅鉴频器的低通滤波器带宽足够宽，以便不失真地取出解调电压，并使 VCO 产生不失真的调频波。而前面介绍的自动微调电路，要求在限幅鉴频器后面的低通滤波器的带宽应足够窄，以便取出反映中频信号的缓变电压，滤除各种杂散分量，因此通常前一种电路称为调制跟踪型环路，后一种电路称为载波跟踪型环路。

8.4　自动相位控制电路

自动相位控制和 AGC、AFC 电路一样，也是一种反馈控制电路，它是一个相位差控制系统。基本原理是将参考信号与输出信号之间的相位进行比较，产生相位误差电压来控制输出信号相位，以达到与参考信号同频的目的。在达到同频状态下，两个信号的稳定相差亦可做得很小。

锁相环早期主要应用在电视机同步系统中，使电视机图像同步性得到了很大的改善。20世纪 50 年代后期，随着空间技术的发展，锁相环技术用来接收空间的微弱信号，显示出很大的优势，它能把深埋在噪声里的信号（噪声比 -10～30 dB）提取出来，因此锁相环得到了广泛的应用。到 20 世纪 60 年代中后期，随着微电子技术的发展，集成锁相环开始出现，它的应用范围越来越广，在雷达、制导、导航、遥控、遥测、通信、仪器、测量、计算机等方面都有广泛的应用，并在集成化上有了进一步应用和发展。

锁相环分为模拟锁相环和数字锁相环。模拟锁相环的鉴相器输出信号相位与参考信号的相位进行比较，其输出的误差信号是连续的，从而对环路输出信号的相位调节是连续的，数字锁相环则与之相反。本节只讲模拟锁相环。

8.4.1 锁相环原理

基本的锁相环环路主要由鉴相器（phase detector，PD）、环路滤波器（loop filter，LF）及压控振荡器（voltage controlled oscillator，VCO）3 部分组成自动相位调节系统，如图 8-11 所示。

图 8-11 锁相环环路基本组成

鉴相器是实现相位比较的装置，它用来比较参考信号 $v_r(t)$ 与压控振荡器输出 $v_o(t)$ 的相位，产生这两个相位差的误差电压 $v_e(t)$。环路滤波器的作用是滤除误差电压 $v_e(t)$ 的高频分量及噪声，保证环路所要求的性能，增加系统稳定性。压控振荡器受环路滤波器输出电压 $v_c(t)$ 的控制，使振荡器向参考信号频率靠拢，二者的差拍频率越来越小，直至两者的频率相同，保持一个较小的相差为止。因此锁相就是压控振荡器输出信号的相位与外来基准相位保持某种特定关系，达到相位同步或相位锁定的目的。

为了进一步了解环路工作过程，下面对环路进行定量分析。

1. 鉴相器基本原理

任何一个理想的模拟乘法器都可以用作鉴相器，当参考信号设定为：

$$v_r(t) = V_{rm} \sin[\omega_r t + \varphi_r(t)] \tag{8-4}$$

压控振荡器输出信号：

$$v_o(t) = V_{om} \cos[\omega_o t + \varphi_o(t)] \tag{8-5}$$

在式（8-4）中，$\varphi_r(t)$ 是以 $\omega_r t$ 为参考相位的瞬时相位；在式（8-5）中，$\varphi_o(t)$ 是以 $\omega_o t$ 为参考相位的瞬时相位。考虑到一般情况下，ω_o 不一定等于 ω_r，为了便于比较两者之间的相位差，统一把 $\omega_o t$ 作为参考相位，这样 $v_r(t)$ 瞬时相位为：

$$\omega_r t + \varphi_r(t) = \omega_o t + (\omega_r - \omega_o)t + \varphi_r(t) = \omega_o t + \varphi_1(t) \tag{8-6}$$

式中

$$\varphi_1(t) = (\omega_r - \omega_o)t + \varphi_r(t) = \Delta\omega t + \varphi_r(t) \tag{8-7}$$

其中，$\Delta\omega = (\omega_r - \omega_o)$ 为参考信号角频率与压控振荡器固有频率之差，称为固有频差，令 $\varphi_o(t) = \varphi_2(t)$，可将式（8-4）和式（8-5）重写为：

$$v_r(t) = V_{rm} \sin[\omega_r t + \varphi_r(t)] = V_{rm} \sin[\omega_o t + \varphi_1(t)] \tag{8-8}$$

$$v_o(t) = V_{om}\cos[\omega_o t + \varphi_o(t)] = V_{om}\cos[\omega_o t + \varphi_2(t)] \quad (8-9)$$

$v_r(t)$ 和 $v_o(t)$ 是鉴频器（乘法器）的输入端，其输出为：

$$v_r(t)v_o(t) = V_{rm}\sin[\omega_o t + \varphi_1(t)]V_{om}\cos[\omega_o t + \varphi_2(t)]$$

$$= \frac{1}{2}V_{rm}V_{om}\{\sin[2\omega_o t + \varphi_1(t) + \varphi_2(t)] + \sin[\varphi_1(t) - \varphi_2(t)]\} \quad (8-10)$$

式（8－10）中第一项是高频分量，被环路滤波器滤除，这样输入压控振荡器的信号为：

$$v_e(t) = \frac{1}{2}V_{rm}V_{om}\sin[\varphi_1(t) - \varphi_2(t)] = V_{em}\sin\varphi_e(t) \quad (8-11)$$

式中，$\varphi_e(t) = \varphi_1(t) - \varphi_2(t)$，其数学模型可以用图 8－12 表示。它所表示的正弦特性就是鉴频器特性，如图 8－13 所示。它表示鉴相器输出误差电压与两个输入信号相位差之间的关系。

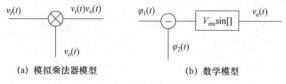

(a) 模拟乘法器模型　　　　　　(b) 数学模型

图 8－12　鉴相器数学模型

2. 鉴相器电路功能

1）压控振荡器

压控振荡器的振荡角频率 $\omega_0(t)$ 受压控电压 $v_c(t)$ 的控制，不管振荡器的形式如何，其总的特性可以用瞬时角频率 ω_o 与控制电压的关系来表示，如图 8－14 所示。

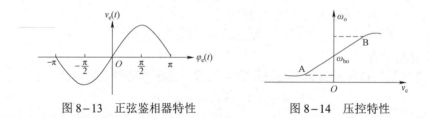

图 8－13　正弦鉴相器特性　　　　图 8－14　压控特性

当 $v_c(t) = 0$ 时，仅有固有振荡，振荡角频率为 ω_{0o}。ω_o 以 ω_{0o} 为中心而变化，在一定范围内呈线性关系，在线性范围内，控制特性可以表示为：

$$\omega_o(t) = \omega_{0o} + Av_c(t) \quad (8-12)$$

式中：A——特性斜率（压控灵敏度或压控增益），rad/（s.V）。

因为压控振荡器的输出对鉴频器起作用的不是瞬时频率，而是瞬时相位，该瞬时相位可通过对式（8－12）进行积分求得：

$$\int_0^t \omega_o(t')\mathrm{d}t' = \int_0^t [\omega_{0o} + AV_c(t')]\mathrm{d}t' = \omega_{0o}t + A\int_0^t v_c(t')\mathrm{d}t' \quad (8-13)$$

$$\varphi_2(t) = A\int_0^t v_c(t')\mathrm{d}t' \quad (8-14)$$

由此可见，压控振荡器在环路中起了一次理想积分器的作用，因此压控振荡器是一个固定积分环节。

2）环路滤波器

环路滤波器具有低通特性，用来滤除鉴相器输出 $v_e(t)$ 的高频等无用的组合频率分量和其他干扰及噪声成分，得到压控振荡器的控制信号 $v_c(t)$，以保证环路达到所要求的性能，并且提高环路的稳定性。环路滤波是一般的线性电路，由线性元件电阻、电容即运算放大器组成，常见的有 3 种环形滤波器。简单 RC 积分滤波器，如图 8–15（a）所示，无源比例滤波器，如图 8–15（b）所示，有源比例积分滤波器，如图 8–15（c）所示，各种滤波器的性能分析在信号与系统中已经讲过，读者自己查询即可。

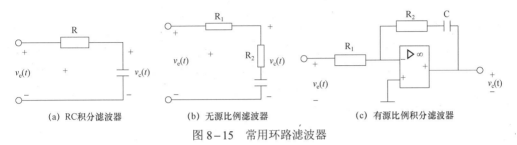

(a) RC积分滤波器　　　　(b) 无源比例滤波器　　　　(c) 有源比例积分滤波器

图 8–15　常用环路滤波器

8.4.2　锁相环特性与应用

1. 锁相环重要特性

（1）跟踪特性。一个已经锁定的环路，当输入回路稍有变化时，VCO 的频率立即发生变化，最终使压控振荡器随输入信号的频率变化而变化的性能，称为环路跟踪特性。

（2）滤波特性。锁相环通过环路滤波的作用，具有窄带滤波特性，能将混入输入信号中的噪声和干扰去除。在设计良好时，这个通带能做得极窄。例如，可以在几十 MHz 的频率以上，实现几十 Hz 甚至几 Hz 的窄带滤波。这种滤波特性是任何 RC、LC、石英晶体、陶瓷片等滤波器难以做到的。

（3）锁定状态无剩余频差。锁相环是利用相位比较产生误差电压的，因而锁定时只有稳定相差，没有剩余频差。虽然其工作过程与自动频率微调系统十分相似，但是二者有本质的区别。由于自动频率微调系统是利用频率比较产生误差的，因而在稳定工作时有剩余频差存在，因此锁相环比自动微调系统能实现更为理想的频率控制，故在自动频率控制、频率合成等方面有广泛的应用。

（4）易集成。组成锁相环的基本部件易于采用模拟集成电路。环路实现数字化后，更易于采用数字集成电路。环路集成可减小体积，降低成本，提高可靠性。

锁相环具有很多独特的优点，使它获得日益广泛的应用，下面介绍几种常见的应用。

2. 锁相环的调制与解调

用锁相环调频，能够得到中心频率高度稳定的调频信号，图 8–16 是锁相环调制器原理框图。

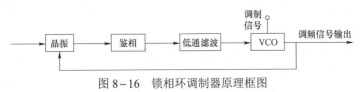

图 8–16　锁相环调制器原理框图

调制跟踪锁相环本身是一个调频解调器。它利用锁相环良好的跟踪特性，使锁相环跟踪输入调频信号瞬时相位变化，从而使 VCO 控制端获得解调输出。锁相环鉴频器原理框图如图 8-17 所示。

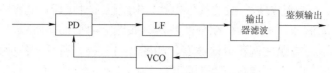

图 8-17　锁相环鉴频器原理框图

3. 同步检波

如果锁相环路的输入电压是一个调幅波，则由于锁相环只能跟踪相位的变化，而调幅波是信号的幅度变化，因此环路不能解调。用锁相环对调幅波进行解调，实际是锁相环提供一个稳定的本地载波信号，用于同步检波的输入信号与已调信号进行相乘，低通滤波后得到调制信号，具体原理图如图 8-18 所示。

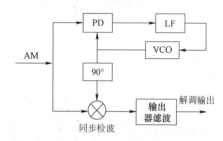

图 8-18　AM 信号同步检波器原理框图

AM 输入信号设为：$v_{AM}(t) = V_o(1 + m_a \cos \Omega t) \cos \omega_c t$

输入载波为：$v_c(t) = V_{cm} \cos \omega_c t$，用载波跟踪环提取后输出为 $v_{co}(t) = V_{cm} \cos(\omega_c t + \varphi_0)$，进入 90° 移相器后得到的相干载波为

$$v_c'(t) = V_{cm}' \sin(\omega_c t + \varphi_0) \qquad (8-15)$$

与调制信号相乘，滤掉高频 $2\omega_c$ 分量，得到调制信号。

锁相环除了有上述应用外，在电视机彩色副载波提取、调频立体声解码、电机转速控制、微波频率源、锁相接收机、移相器、位同步及各种调制方式的解调器和调制器、频率合成器等都有广泛的应用。

4. 集成锁相环应用

集成锁相环按其内部结构分为两大类。

（1）模拟锁相环，主要由模拟电路组成。

（2）数字锁相环，主要由数字电路组成。

集成锁相环按用途分为通用型和专用型两大类。

（1）通用型锁相环适用于各种用途，内部主要包括鉴相器和压控振荡器，有些还包括放大器及其他辅助电路。

（2）专用型锁相环是专门为某特定功能设计的锁相环。

① CMOS 集成锁相环路 CD4046。CD4046 内含两个鉴相器（PD1、PD2）、一个压控振

荡器（VCO）和缓冲放大器（A2）、内部稳压器及输入信号放大整形电路（A1）。⑭脚为信号输入端，可输入方波或 1 V 左右的小信号，经过 A_1 放大整形，以满足鉴相器所要求的方波信号，最高工作频率 1 MHz，如图 8−19 所示。

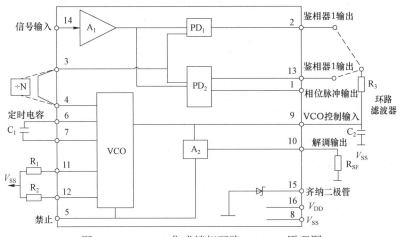

图 8−19　CMOS 集成锁相环路 CD4046 原理图

② 通用单片集成锁相环路 L562。L562 是一个工作频率可达 30 MHz 的单片模拟集成锁相环芯片。内部包括鉴相器 PD、压控振荡器、放大器 $A_1 \sim A_3$ 和限幅器。

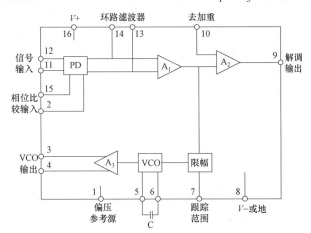

图 8−20　单片集成锁相环路 L562 原理图

锁相环应用还很多，上面只列举了几个简单的例子，读者可以自行查阅资料。

8.5　反馈控制电路的 Multisim 仿真

在反馈控制电路中，锁相环是应用广泛的电子器件，本节仿真主要以锁相环为例，分析器件性能，并验证。

1. 锁相环鉴频器仿真

用 Multisim 14 构建锁相环仿真电路，如图 8−21 所示。V1 是一个调频信号，并用四踪示波器观察锁相环的 PLL in 端、PD in 端、LPF out 端，接频率计 XFC1 在鉴频输出，测量输出频率。

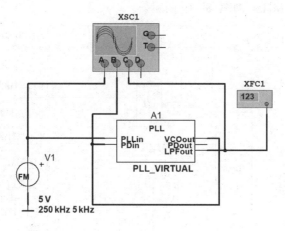

(a) 鉴频仿真电路

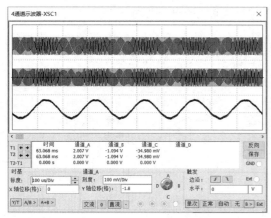

(b) 仿真电路测量波形图

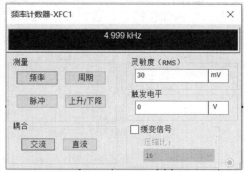

(c) 频率计鉴频输出信号频率测量

图 8-21　锁相环鉴频仿真

按下仿真开关，示波器的仿真结果如图 8-21（b）所示，显示通道从上到下显示波形的顺序是：A，调频波信号；B，反馈信号；C，输出信号。频率计测得输出信号接近 5 kHz，与调制信号基本一致，完成了鉴频作用。

2. 锁相环鉴相器仿真

因为 Multisim 14 中没有调相信号，根据调频信号与调相信号的关联性，采用调频信号代替调相信号，进行锁相环鉴相仿真，对仿真结果进行相应的变换，即可得到鉴相信号。锁相环仿真电路如图 8-22 所示，并用四踪示波器观察锁相环的 PLL in 端、PD in 端、LPF out 端及低通滤波器输出端，接频率计 XFC1 在低通滤波器输出端，测量输出频率。

按下仿真开关，示波器的仿真结果如图 8-22（b）所示，显示通道从上到下显示波形的顺序是：A，调频（也可看出调相）波信号；B，反馈信号；C，LPF out 端输出信号；D，低通滤波器输出端信号。频率计测得输出信号接近 5 kHz，与调制信号基本一致，完成了鉴相作用。

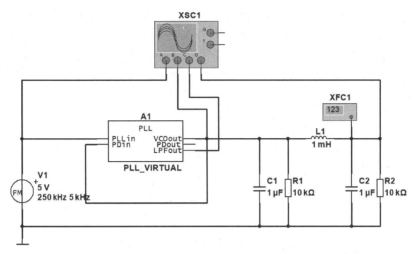

(a) 鉴相仿真电路

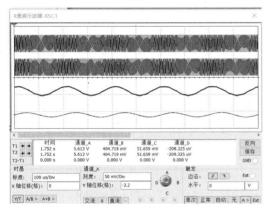

(b) 仿真电路测量波形图

(c) 频率计鉴频输出信号频率测量

图 8-22 锁相环鉴相仿真

本 章 小 结

反馈控制电路在电子技术中得到广泛应用。目的是通过反馈环路的调节，使输入与输出之间保持一种预定的关系。

自动增益（AGC）控制电路的目的是当输入信号很强时，通过 AGC 电路减小环路的增益；而当信号较弱时，通过 AGC 电路增加环路的增益；若输入信号很弱时，AGC 电路将不起作用，最终使输出信号维持稳定。

自动频率控制（AFC）电路的目的是使输出信号的频率维持稳定。而这种稳定的维持必须以环路最终存在一个稳定的频率差为代价。

自动相位控制（APC）电路的目的是通过控制调节相位使输出信号的频率误差被消除。当环路锁定时，最终存在一个稳定的相位差，输出信号的频率误差却得到消除。

在 APC 及 AFC 电路中，若环路原先是锁定的，当输入信号频率发生变化，环路通过调节来维持锁定时最大允许的输入信号频偏称为同步带或跟踪带；若环路原先是失锁的，当输入参考信号与输出信号频差减小到一定数值时，环路就能够由失锁进入锁定状态，这个由失锁到锁定的过程称为捕获，而能够进入由失锁到锁定所允许的最大频差称为捕获带，一般来说，捕获带小于同步带。

习 题 8

1. 有哪几种反馈控制电路？每一类反馈控制电路控制的参数是什么？要达到的目的是什么？

2. AGC 的作用是什么？主要性能指标包括哪些？

3. AFC 的组成包括哪几部分？工作原理是什么？

4. 比较 AFC、PLL、AGC 系统的异同。

5. 为什么鉴相器后面一定要接入环路滤波器？

6. 锁相器应用非常广泛，请举一个应用的例子，画出原理方框图，并说明各部分的作用。

参 考 文 献

[1] 罗健. LC 无线无源眼压传感器信号采集电路设计[D]. 武汉：华中科技大学，2019.

[2] 尚冬梅，刘党军，张雄堂. LC 谐振放大器设计与实现[J]. 电子技术与软件工程，2018（6）：76.

[3] 赵铮. 高频小信号谐振放大器的设计与调试[J]. 通讯世界，2016（19）：92.

[4] 习大力. 基于 Multisim8 的串联谐振电路的仿真分析[J]. 现代电子技术，2013，36（8）：143−144.

[5] 李健明. 基于 Multisim 串联谐振电路的仿真分析[J]. 中国科技信息，2006（8）：313−314.

[6] 潘春玲. 基于 Multisim 的高频谐振功率放大器仿真实验设计[J]. 湖南邮电职业技术学院学报，2021，20（1）：19−22.

[7] 陶彬彬，张静. 基于 Multisim13 的高频谐振功率放大器仿真研究[J]. 赤峰学院学报（自然科学版），2018，34（8）：19−22.

[8] 朱高中. 基于 Multisim 的高频谐振功率放大器仿真实验[J]. 实验室研究与探索，2013，32（2）：92−94.

[9] 彭光含. 基于 Multisim 虚拟仿真实现的耦合电路教学探讨[J]. 科教文汇（上旬刊），2017（13）：61−63.

[10] 唐旭英. 双耦合谐振回路选频特性仿真研究[J]. 国外电子测量技术，2015，34（3）：42−45.

[11] 王远洋. LC 并联谐振回路在通信电子电路中的作用[J]. 数码世界，2017（5）：136−137.

[12] 崔晓，张松炜. 通信电子电路中的 LC 并联谐振回路[J]. 现代电子技术，2011，34（17）：190−192.

[13] 陈洁，张聪，雷双瑛，等. 一种无源 LC 谐振式传感器的无线读出电路[J]. 传感器世界，2014，20（7）：52.

[14] 陈昱璠，何文涛，屈晓南，等. 一种 LC 谐振压力传感器解调电路的设计与实现[J]. 遥测遥控，2016，37（3）：1−8.

[15] 万禾湛，张万荣，谢红云，等. 一种采用 LC 谐振电路的高频差分有源电感[J]. 微电子学，2021，51（2）：179−182.

[16] 刘必洋. 中波发射机 LC 谐振放大电路研究与仿真[J]. 电声技术，2016，40（1）：37−40.

[17] 陈启兴. 通信电子线路[M]. 3 版. 北京：清华大学出版社，2019.

[18] 张培，苏品刚. 通信电子线路设计与实践项目教程[M]. 北京：机械工业出版社，2015.

[19] 聂典，李北雁，聂梦晨，等. Multisim 12 仿真在电子电路设计中的应用[M]. 北京：电子工业出版社，2017.

[20] 童诗白，华成英. 模拟电子技术基础[M]. 3 版. 北京：高等教育出版社，2001.

[21] 徐佳. 基于 Multisim13 的高频电子线路实验设计与仿真[J]. 科学技术创新，2020（33）：105-106.

[22] 周友兵. 基于 Multisim 的丙类谐振功率放大器的仿真研究[J]. 电子制作，2016（17）：22.

[23] 李祥. Multisim12.0 软件在电子线路课程设计中的应用[J]. 人生十六七，2017（17）：52.

[24] 张振红. Multisim12.0 辅助高频小信号放大器实验研究[J]. 电子技术与软件工程，2015（5）：92-94.